福建省公路水泥混凝土路面

Jointed Plain Concrete Pavement in Fujian Province

涂慕溪　林国仁　胡昌斌　著

人民交通出版社

内 容 提 要

本书针对福建南方亚热带气候和区域地理环境特点，从“典型病害、重载交通、路面温度场、山区公路路基、路面施工与材料”等方面，较为系统地对福建省公路水泥混凝土路面的结构性能与破坏机制进行了研究分析，并提出了设计、施工、养护、病害防治技术与对策。

本书可供道路工程专业的科技人员、公路工程领域的从业人员、相关专业的高等院校师生参考。

图书在版编目(CIP)数据

福建省公路水泥混凝土路面/涂慕溪等著. —北京：人民交通出版社，2010.1

ISBN 978-7-114-08094-4

I. 福… II. 涂… III. 水泥混凝土路面—道路工程—研究—福建省 IV. U416.216

中国版本图书馆 CIP 数据核字(2009)第 232501 号

书　　名：福建省公路水泥混凝土路面
著 作 者：涂慕溪　林国仁　胡昌斌
责任编辑：刘永芬
出版发行：人民交通出版社
地　　址：(100011)北京市朝阳区安定门外外馆斜街 3 号
网　　址：http://www.ccpress.com.cn
销售电话：(010)59757969，59757973
总 经 销：北京中交盛世书刊有限公司
经　　销：各地新华书店
印　　刷：北京市密东印刷有限公司
开　　本：787×1092　1/16
印　　张：14.25
字　　数：352 千
版　　次：2010 年 1 月第 1 版
印　　次：2010 年 1 月第 1 次印刷
书　　号：ISBN 978-7-114-08094-4
印　　数：0001—2000 册
定　　价：35.00 元

前　言

Preface

改革开放30年来，福建省修建了大量的水泥混凝土路面，截至2008年年底全省水泥混凝土路面里程达到57 628km，占到普通公路高等级路面中的97%。但近年来，在公路重载交通作用下，福建省公路水泥混凝土路面使用状况不佳，经常出现过早断板的破坏现象，寿命显著低于设计预期。特别是一些以货运为主的重交通干道，其路面的早期断板破坏现象尤为严重。这样，水泥混凝土路面不仅没有体现出寿命长、养护工作量少的优点，而且还凸显其施工周期长、修复困难的弱点，严重制约了福建公路水泥混凝土路面的进一步发展。因此，及时研究分析福建省公路水泥混凝土路面过早破坏的特征与发生机制，提出改善技术对策，具有非常重要的现实意义。

福建省普通公路水泥混凝土路面整体的技术发展历程，与我国其它地区的水泥混凝土路面基本一致，但同时福建省靠近北回归线，气候炎热、高温多雨，山岭库岸路基众多，具有明显的南方地区公路区域特征。因此，要有效改善福建省公路水泥混凝土路面的结构性能，延长路面寿命，除了不断地进行传统研究领域的公路水泥混凝土路面基础理论和技术创新外，考虑福建地区的地理气候环境、路面结构、材料选择、施工、养护的区域特点，将水泥混凝土路面的研究和创新进一步细化、区域化，因地制宜地进行水泥混凝土路面的设计施工和材料选择，也是确保路面具有良好质量的关键。

基于这样的指导思想，2000年以来，在福建省交通厅的领导下，福建省公路管理局和福州大学合作，重点针对福建省普通公路水泥混凝土路面区域特性开展了系列的科研课题研究，内容涉及福建省公路水泥混凝土路面典型病害与防治技术、福建省重载交通水泥混凝土路面结构、福建省水泥混凝土路面温度场与温度应力、福建省路基设计参数与累积变形特性、水泥混凝土路面外加剂的应用、聚丙烯腈纤维水泥混凝土路面等诸多方面。

为及时总结以上有关研究成果，更好地规范福建省公路水泥混凝土路面修筑技术，反映福建省地方水泥混凝土路面建设的技术特色，进一步提高福建省水泥混凝土路面的修筑质量和使用性能，福建省公路管理局和福州大学合作以“福建省公路水泥混凝土路面技术”为题，在相关课题试验和理论研究的基础上，并参考吸收对比国内外最新研究成果，整理撰写这本书。

本书的主要内容包括：

1. 福建省的地理环境与路面发展。

2. 福建省公路水泥混凝土路面典型病害。

3. 福建省重载交通对福建水泥混凝土路面性能的影响与对策。

4. 福建省公路水泥混凝土路面温度场与预估。

5. 福建省公路水泥混凝土路面的路基性能与控制。

6. 福建省公路水泥混凝土路面施工与质量控制。

7. 外加剂与纤维混凝土在水泥混凝土路面中的应用。

8. 福建省公路水泥混凝土路面设计与养护改建技术。

9. 福建省公路水泥混凝土路面研究展望。

全书由福建省公路管理局组稿,涂慕溪(福建省公路管理局)撰写第一、九章,林国仁(福建省公路管理局)撰写第七、八章,福州大学道路交通工程研究所胡昌斌撰写第二、三、四、五、六章。本书在进行研究和总结时,参阅了大量国内外文献和资料,尽可能的都一一引出,在此一并向这些文献资料的原作者表示衷心的感谢和敬意!

限于时间和作者水平,研究和总结必定十分粗浅,还恳请专家、读者批评指正。

作者

2009 年 8 月

目　录

Contents

第一章　福建省的地理环境与路面发展

第一节　福建省的区域地理环境

一、福建的地形地理[1]

福建以福州、建州(今建瓯)各取一字得名,唐属江南东道,后设福建观察使,为福建得名的开始;宋置福建路;元设福建海右道;明置福建省,后改福建布政使司;清改福建省,省名至今未变。因古时为闽越族居地,简称闽。

福建属于中国华东地区,地处祖国东南部、东海之滨,陆域介于北纬 23 度 30 分至 28 度 22 分,东经 115 度 50 分至 120 度 40 分之间,东隔台湾海峡,与台湾省隔海相望,东北与浙江省毗邻,西北横贯武夷山脉与江西省交界,西南与广东省相连(图 1-1)。福建是中国著名侨乡,旅居世界各地的闽籍华人华侨 1 088 万人。其中,菲律宾、马来西亚、印尼这三地的闽籍华人华侨最多。福建与台湾源远流长,关系最为密切,台湾同胞中 80% 祖籍福建。福建居于中国东海与南海的交通要冲,是中国距东南亚、西亚、东非和大洋洲最近的省份之一。

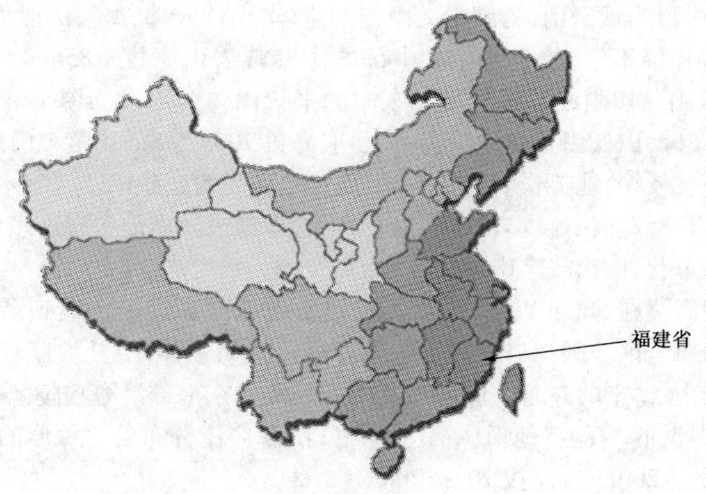

图 1-1　中国福建省

福建平面形状似一斜长方形,东西最大间距约 480km,南北最大间距约 530km。全省土地面积为 12.14 万平方千米,约占全国土地总面积的 1.3%;海域面积达 13.6 万平方千米。从地形角度来看,福建位于欧亚板块的东南部,大地构造属新华夏系巨型构造体系的第二隆起带,南岭纬向构造体系的东端,三面环山,一面临海,多山岭少平地,素有“东南山国”之称。其中武夷山纵贯西北,戴云山横亘中部,山地、丘陵面积占全省土地总面积的 82.4%。

福建境内峰岭耸峙,丘陵连绵,河谷、盆地穿插其间。地势自西北向东南下降,横断面略呈马鞍形,地形呈二起(中部戴云山、西部武夷山)、二伏(东部滨海及西部沙溪等河谷)。受新华夏构造的控制,在西部和中部形成走向大致与海岸平行的、斜贯全省的两列大山带:西列是以武夷山脉为主体的闽西大山带;中列是由鹫峰山、戴云山、博平岭等山脉组成的闽中大山带。这两大山带之间为互不贯通的河谷、盆地,俗称闽中大谷地。东部沿海为丘陵、台地、平原、地带。其中海拔1 000m以上的地面占全省土地总面积的3.3%,500~1 000m的占32.9%,200~500m的占51.5%,200m以下的占12.5%。主要山脉有武夷、戴云、鹫峰、太姥、博平岭及仙霞岭等。海岸曲折,闽东北多为岩岸,闽中南以砂泥岸为主。总的地貌景观是在山区以平原丘陵组成具有多级阶地之盆地与峡谷相间出现;沿海以不同高度的地形面自东向西作阶梯状出现。但紧濒海岸,却又常见花岗岩类丘陵成岬角,更向海域延伸成岛屿。

闽西大山带以武夷山脉为主体,长约530km。山势北高南低,北段以中低山地貌为主,海拔大都在1 200m以上;南段以低山丘陵地貌为主,海拔一般为600~1 000m。位于武夷山市境内闽赣交界处的主峰黄岗山海拔2 158m,是我国大陆东南部的最高峰。山体岩性以花岗岩和火山岩为主,间有凝灰岩、流纹岩出露。断层地貌十分发育,形成许多断块山、断裂谷和断陷盆地。整个山带,尤其是北段,山体两坡不对称:西坡陡,多断崖;东坡缓,有层状地貌发育。由断层陷落或古老河谷被抬升而形成许多与山带呈直交或斜交的垭口,较著名的有分水关、桐木关、铁牛关等。大山带东侧分布着许多北东或北北东走向的串珠状山间盆地和河谷盆地。武夷山、永安、连城等地有红色砂岩层出露,构成风景奇丽的丹霞地貌景观;永安、宁化、龙岩、将乐等地有较大面积的石灰岩分布,溶洞、溶蚀洼地、峰林等喀斯特地貌发育。

闽中大山带由鹫峰山、戴云山、博平岭等山脉构成,长约550km,以中低山地貌为主。闽江、九龙江将山带切割为3段:北段以鹫峰山为主体,平均海拔1 000m以上,山体巍峨,最高峰辰山海拔1 822m;中段为戴云山,为闽中大山带的主体,山体宏伟,海拔一般为1 000~1 200m,1 200m以上的山峰连绵不绝,位于德化县中部的主峰戴云山海拔1 856m。尤溪、梅溪、浐溪(大樟溪上游)将该山脉切割成三列仍呈北东向的平行山体。南段为博平岭,地势较低,坡度较缓,地表切割较破碎,以低山丘陵地貌为主,一般海拔700~900m。整个山带两坡不对称:西坡陡峭,多断崖;东坡较缓,地势作阶梯状下降,层状地貌发育(图1-2)。山体岩性主要由花岗岩、流纹质凝灰熔岩、凝灰岩、流纹岩、英安岩、安山岩等组成。山地中有许多山间盆地,博平岭山间盆地多呈马蹄形状,向南或东南方向开口。

东部沿海一般海拔在500m以下,地貌类型通常由丘陵到红土台地到沿海平原,花岗岩、流纹岩等火山岩遍布全区。闽江口以北以花岗岩高丘陵为主体,山丘坡度较大,顶面崎岖,多直逼海岸。在戴云山、博平岭东延余脉散布花岗岩丘陵。东南部沿海丘陵区有基岩裸露,经流水长期冲蚀,形成典型的"石蛋"地形。福清至诏安沿海广泛分布着由深厚的风化残积层组成的红土台地,面积约4 200km^2,海拔10~50m。

平原仅分布在河口和海滨地带,这些平原规模不大,且为丘陵所分割,呈不连续状。较大的平原有漳州平原、福州平原、泉州平原和兴化平原,原系第四纪断陷盆地,后地壳上升,分别由九龙江、闽江、晋江和木兰溪等河流泥沙冲积和海湾淤泥堆积而成,属冲积海积平原。这些平原并非完全平坦,多散布有孤山、残丘。沿海一带,尤以长乐梅花、江田,晋江金井,漳浦古雷半岛,以及平潭、东山等岛屿风积地貌发育,有覆盖沙、新月形沙丘、新月形沙丘链、沙垅等景观。

福建海岸线曲折,港湾众多,岛屿星罗棋布。陆地海岸线全长3 752km,仅次于广东省,居全国第二位;岸线多呈锯齿状,十分曲折,曲折率为1:5.7,曲折程度居我国沿海各省份之首。

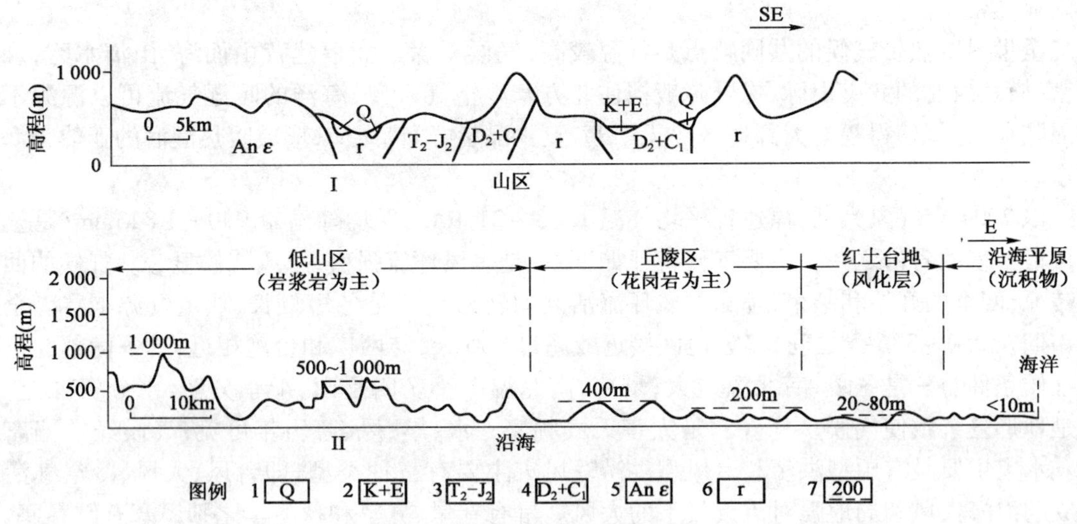

图 1-2　福建省地貌形态示意剖面图

1-第四系；2-白垩系至老第三系红层；3-安仁足至漳平群；4-南靖群—林地组石英岩等；5-前寒武系变质岩；6-花岗岩；7-夷平面或剥蚀面及高程（m）

海岸类型以侵蚀海岸为主，堆积海岸为次，红树林海岸自南向北呈斑点状分布。侵蚀海岸多出现在半岛、岛屿岬角和岸线转折堤段，主要分布在闽江口以北一带，闽江口以南的福清、平潭、莆田、厦门、东山、诏安等沿海亦有分布，常见有海蚀崖、海蚀洞、海蚀拱桥、海蚀柱和海蚀阶地等侵蚀形态。堆积海岸多出现在港湾内部岸段和岸线比较平直的地段，九龙江口以南龙海、漳浦一带海岸较为平直，堆积形态较为发育，常见有海滩、沙堤、沙嘴等，并以海滩为主。全省滩涂面积约 20.7 万公顷，底质以泥、泥沙或沙泥为主。

全省大小港湾 125 个，自北向南有沙埕港、三都澳、罗源湾、湄洲湾、厦门港和东山湾等 6 个特大深水港湾。这些港湾多深入内陆，与半岛相间出现。沿海岛屿的分布格局和地质岩层均与附近陆地的山地丘陵相同，实属陆地的延伸部分。全省共有岛屿 1 500 多个，较大的有海坛、金门、南日、马祖等岛屿；原有的厦门岛、东山岛等已分别有跨海海堤与大陆相连形成半岛。

在沿海地区，最近的地质历史时期曾发生过多次海侵、海退，形成多级不同高度的海滨阶地、海蚀平台。原先的古海湾，由于河海的交互堆积，形成冲积、海积平原。著名的福州平原、莆田平原、泉州平原、漳州平原，总面积 1 865km^2，是福建经济文化最为发达的地区。

全省水系发育，河网密度大。全省拥有 29 个水系，663 条河流，内河长度达 13 569km，河网密度每平方千米超过 0.1 千米。闽江为全省最大河流，全长 577km，流域面积约占全省面积的一半。由于受断裂构造的控制，主要河流多与山脉走向垂直，支流与山脉平行，形成典型的外流区单向性的格状水系；河谷形态多呈串珠状，峡谷和盆谷相间排列；属山地性河流，多峡谷险滩，河床比降大，多在万分之五以上，加上境内降水量大，径流量相当丰富，水力资源蕴藏量居华东各省之首位。

二、福建省的气候环境[2]

福建省靠近北回归线，属于典型的亚热带气候。全省地跨中亚热带和南亚热带两个自然地理带，福建境内，以福州—福清—永春—漳平—上杭—线为界，可分为中亚热带和南亚热带。其中大部分属中亚热带，闽侯白沙、福州新店和连江黄岐半岛以南，戴云山和博平岭以东为南亚热带。

全世界亚热带气候的共同特点是气温较高,气候干燥。而福建背山面海,山清水秀,森林茂密,横亘西北的武夷山脉,像屏障般挡住北方寒冷空气入侵,海洋的暖湿气流可以源源不断输向陆地,这就使得福建大部地区冬无严寒,夏少酷暑,雨量充沛,形成暖热湿润的亚热带海洋性季风气候。

以2004年气象为例,福建省平均气温15.3~21.9℃,平均降雨量930~1 843mm,是全国雨量最丰富的省份之一。主要气候特征如下:一是季风环流强盛,季风气候显著。气候的回暖和转凉,四季的开始和结束,都随季风环流活动而转移。二是冬短夏长,热量资源丰富。全省无霜期在250~336天之间,多数地区接近或超过300天,与两广和台湾相近,具备优越的三熟制气候条件。三是冬暖,南北温差大;夏凉,南北温差小。四是雨、干季分明,水分资源充沛。五是地形复杂致使气候多样。六是灾害天气频繁。水、旱、风、寒历年可见,气候经常偏离常态。水灾主要是霉雨型洪涝和台风型洪涝。风灾主要有三种类型,即台风、大风、冷空气活动造成的沿海大风和局地强对流天气下的大风。旱有春旱、夏旱和秋冬旱之别。寒有倒春寒、五月寒、秋寒和隆冬寒四种。

福建多年平均水面蒸发量1 000~2 300mm,自山区至沿海渐增。多年平均降雨量为1 000~2 000mm,自沿海至山区渐增。雨期较集中,暴雨量也大。多年平均相对湿度70%以上,在岛屿上及武夷山与其东侧则大于80%。风向以东北风为主、但夏季有西南季风,内陆则尚有偏南、偏北风等,平均风速1~7m/s、自陆向海增加,5~11月间常有台风,尤以7~9月为多。常伴暴雨(最大暴雨量达590mm)和风、潮、洪灾,但也赖以解决干旱问题,其瞬间风速可达12级。

福建山地,地形复杂,形成了多种多样的地方性气候,而且气候的垂直变化也比较显著。一些较高的山地(如黄岗山等),除山麓基带属于中亚热带外,随着高度上升,就会出现北亚热带、暖温带,甚至中温带气候,降水量也随着高度不同发生变化。复杂多样的气候,形成不同的生态环境,为各种生物的生息繁衍,为发展丰富多样的农、林、副业生产提供了有利条件。

广大丘陵以红壤为主,在滨海台地、低丘有红壤化砖红壤,在山地有灰化红壤等;分布在较冷湿之山地及低洼地的有山地黄壤及灰化黄壤;此外尚有红层风化之紫色土、水稻土、盐渍土、风积土及山地草甸土等。2009年全省森林覆盖率为62.96%,居全国之首,树种达一千余种。在沿海属亚热带雨林区,山地属暖温带照叶林区,其类型除天然之雨林(如赤楠、红拷等)及照叶林(如拷、储、栋、樟等)外,尚有包括马尾松、杉、竹等大面积人工林及经济林,平原上有桉、榕、槐等,海滩有红树林,此外较高山地有灌木及草甸等。

第二节　福建省公路的发展[3]

在道路交通方面,历史以来由于福建三面环山,一面临海,多山岭少平地,崇山峻岭的阻隔使其与相邻省份的交通面临重重障碍。古人云:“闽道更比蜀道难。”近代以前福建省的道路,总体发展缓慢,长期处于人力、兽力运输的状态。至清代,福建主要的省际道路有如下几条:

(1)自浙江入闽:除经仙霞岭的“福州官路”外,尚有由浙东沿海岸温州入闽,经福宁(今霞

浦）、宁德、罗源、连江至省城福州。

（2）自江西入闽：除经杉关、光泽，循水路到延平会合的另一条“福州官路”外，尚有：①由河口逾分水关，经崇安，循水路经建阳会于建宁（今建瓯）；②由瑞金经汀州、清流，乘船下九龙滩；如欲避开九龙滩，则走将乐，经颇昌会于延平；如由汀州陆路至漳州，须经上杭、永定，则岭高路险，与福宁羊肠小道相仿佛。

（3）自广东入闽：由分水关过诏安、漳浦，从漳、泉、兴化一路直达省城，虽有坡岭，不通舟楫，但福建只此一途较为平坦。

此外，与浙、赣、粤三省相邻州县互通道路，尚有30多条。

福建省公路的真正大发展是近代和在新中国成立后。1949年11月福建省人民政府公路局宣告成立，1950年开始大规模的公路建设。1954年底旧有公路的技术状况明显提高。1955～1957年，大规模的新线公路建设时期来临。经过几年的积极建设，福建省通车里程达6 003km，不通公路的县只剩下寿宁、周宁、松溪、政和和尤溪5个县。通过本阶段的建设，奠定了福建公路的基本骨架。1958年，在贯彻执行“全党全民办交通”和“地群普”（即依靠地方，依靠群众，普及为主）修路方针中，县乡公路迅速发展，至年底实现了县县通公路。1960年底，全省公路总里程达13 269km，80%的人民公社（乡镇）和55%的生产大队（村）有了公路 。

上述时间期间，路面黑色化工程于1956年开始试验，到1971年全省各地区普遍开展铺设，并在摸索中逐步改进。到1976年底主要干线繁忙地段，共铺高级、次高级路面1 068km。县乡公路修建，逐步与山、水、田、林、路综合治理相结合。1973年以后，新的公路技术标准和各种设计、施工规范逐步颁发实施，省交通工程管理局、省交通规划设计院和省交通科学研究所先后成立。到1976年底，全省公路通车里程达25 752km。全省886个公社中，除海岛外只剩下27个公社不通公路。

1978年，党的十一届三中全会后，全党全国的工作重点转到了经济建设上来，福建公路交通事业也进入开创新局面的大好时期。1979年，恢复了福建省公路局，将各地区养路段体制完全收归省管。接着依据交通部部署，进行了公路大普查，按新技术标准，对全省公路作全面检查，重新划分等级、核实全省公路通车里程共有33 921km（包括未验收接养的乡村公路6 454km），其中等外路达18 836km。公路密度较高，基本上起到了改变山区闭塞状况的作用。

1981年后，全省公路系统继续贯彻党的十一届三中全会以来的路线、方针、政策和六中全会的决议，调整改革组织机构，整顿交通秩序，改进养收办法，拟定国家干线和省干线公路网规划，全面贯彻交通部提出的“全面规划，积极改善，重点发展，科学管理，保证畅通 ”的建设方针，努力改善路况，提高标准，改进管理。重点增建并改造重要港口及大中城市进出口运输繁忙路段；提高扩建福州至马尾和福州至厦门公路；新建国道316线光泽高田至花山界段、沙溪口及水口水电站淹没区改线公路、福州洪塘大桥、福州洪山大桥、泉州大桥、南平鲤鱼洲大桥以及油路铺设等重点工程；同时抓好贯穿闽、赣、湘三省的国道319线公路的测设工作，并修建和改善旅游公路。

1985年全省公路从过去单纯抓专业公路养护转变到抓整个公路行业，采取开放式的多层次、多渠道、多形式的集资办法来修建、养护公路。从过去以政治为中心发展公路网，转变到以经济为中心向外辐射发展公路与铁路、水运、空运综合交通联网，逐步形成以厦门经济特区，福州马尾经济开发区、闽南厦漳泉三地区11个县市的沿海经济开发区为主干线和沿海港口为中心的内地辐射的新公路网。1986年以后，福建省制订了“七五”期间公路建设总规划，实行“三区四港”(即:厦门特区、马尾开发区、闽南三角地区,福州港、嵋州湾港、泉州港、厦门港)、“三桥四线”(即:洪塘大桥、赛岐大桥、浮宫大桥;福鼎—福州—漳州—诏安沿海线;浦城—南平—朋口内陆线;国道316线;国道319线)为重点建设的战略。贯彻以提高改造为主的方针,继续补充和完善以国道干线公路为骨干,配合港口、铁路、内河、民航等交通运输,构成向内陆辐射延伸、干支结合四通八达的交通网。

到1989年年底全省公路通车里程达40 030km(尚有未列年鉴的等外县乡公路5 084km,等外林区公路1 844km未计在内),其中:国家干线公路2 222km,省干线公路5 861km,县公路5 041km,乡公路24 750km,专用公路2 157km。总里程中一至四级路为25 179km,等外路为14 852km,公路总里程比1949年初解放时的945km增长了42倍多,公路密度达到每百平方公里土地有公路32.43km,居全国第5位。全省高级次高级路面达5 390km,路面铺装率为87.43%,居全国第16位。全省83%的行政村通了公路,由省会和重要城市射向各地的公路网,有力地承担起全省社会和经济发展的交通运输任务。全省公路从业队伍从小到大,科学技术不断提高,测设工作逐步实现了电算化,施工、养护的机械化水平不断上升。

进入20世纪90年代,福建省经济快速发展,各地机动车猛增,主要路线普遍出现超负荷运行。为适应新一轮的经济增长,解决交通瓶颈,省委、省政府于1992年8月在福州马尾召开了“加快福建发展步伐研讨会”。1993年起,提出了加决福建省农村改革开放、促进经济发展战略,作出在约4 000km的公路主干线及繁忙路段上实施公路“先行工程”的重大决策,从而翻开公路建设的新篇章,公路建设进入高速发展阶段。1993年,公路“先行工程”确立了以打通国省道断头路、提高公路技术等级和路面等级为重点的路网建设,带动县乡公路的等级改造建设,全面提高了福建省公路通行能力。经过4年公路“先行工程”建设,福建省公路事业取得令人瞩目的成就,构筑了福建省“两纵三横”高等级公路干线网络。

到1996年年底,全省高等级公路达到4000多公里,是1992年的8.6倍,初步形成以国省干线为主骨架、城乡沟通、四通八达的公路网。1998年交通部在福州召开全国加快公路建设会议后,福建省公路建设投资又进一步加大,重点加强入闽通道建设。进入21世纪后,福建省开始实施“年万里农村公路网工程”,大力扶持通乡镇、建制村公路水泥路面铺设。至此,普通公路无论是技术等级还是路面结构形式都有了较大的变化,路网结构得到较大的改善。

2000年,交通部和国家统计局开展了第二次全国公路普查。适值福建省《省级干线公路网规划(2001~2020)》和《农村公路发展规划(2001~2020)》编制完成,并通过各级政府的批准。福建省借机对全省除国道网外的路网进行了大规模调整。调整后的省道为“八纵九横”17条,县道399条,乡道4 181条,专用公路867条。

截至2008年年底,福建全省公路通车总里程为88 607km。其中:国道3 843km,省道5 879km县道13 254km,乡道35 369km,专用公路489km,林道29 772km。全省公路总里程居全国第23位,公路密度72.99km/km^2,居全国第16位。其中,四级以上等级公路里程66 461km,等外公路里程22 146km。等级公路中高速公路1 767km,一级公路509km、二级公路6 988km、三级公路5 650km、四级公路51 547km。实现了100%乡镇通硬化路面,96.2%的行政村实现了通硬化路面(以上数据为交通部计划处新的统计口径)。福建省国省干线公路分布可见图1-3。

在普通公路迅速发展的同时,福建的第一条高速公路泉厦高速公路也于1994年6月4日破土动工。在接下来的13年,从泉厦、夏漳到福泉,到罗宁、罗长,到漳诏、福宁,到漳龙、三福,再到邵三、机场一期,再到今天的龙长、浦南、泉三、莆秀,福建省高速公路建设速度迅猛,尤其

是近六七年来，发展速度令世人瞩目，已大步进入高速发展时期。截至2008年年底，全省累计完成高速公路投资989亿元，已保质保量建成了“一纵”、“两横”及福州机场一期等12个高速公路项目，通车里程1 229km，实现全省各设区市都通上了高速公路，“一纵两横”高速公路骨架网、省会福州至各设区市“四小时交通经济圈”基本形成。

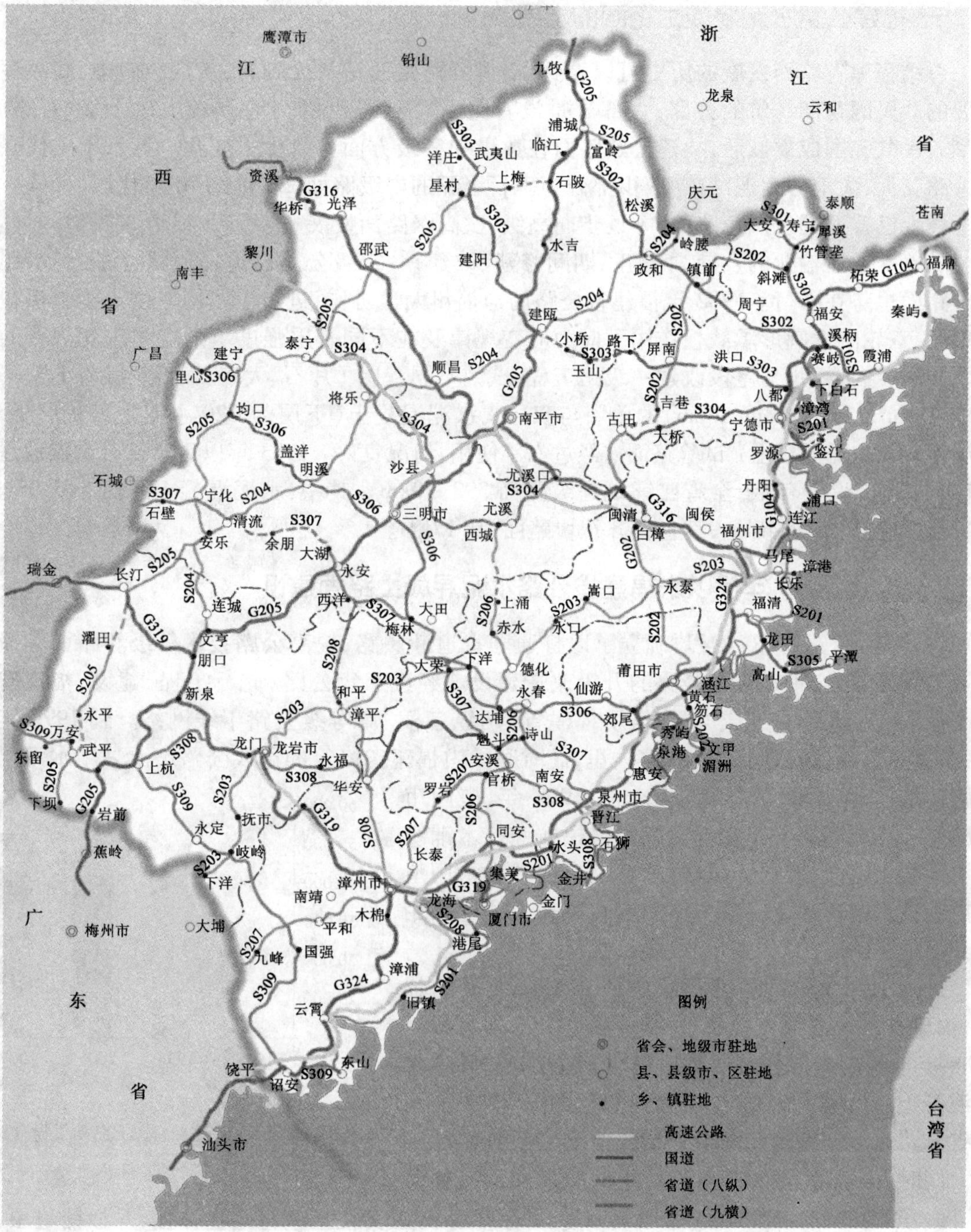

图1-3　福建省国省干线公路图

第三节　福建省水泥混凝土路面的发展概况

一、福建公路水泥混凝土路面的发展[4]

总结福建省路面发展的历史可以看到，福建公路路面是从无到有，从低级向中、高级逐步发展的。民国初期修筑的公路，大部分是没有路面的土路，后来才逐步铺上砂土、砂石路面。中华人民共和国成立以后，福建公路路面在数量和等级方面都发生了变化。五六十年代兴筑的公路路面，大部分为泥结碎石，少部分为砾石级配的中级路面；20 世纪 70 年代以后，全省主要干线上已普遍铺设黑色路面，并逐步向高级、次高级路面发展。

随着交通运输业的发展，"七五"期间修建、改建一、二级公路已迫在眉睫，而发展水泥混凝土路面也势在必行。1982 年福建省公路局与福州大学协作，进行了不同厚度混凝土板在柔性单轮、双轮刚性圆形承载板作用下应力应变规律及在不同基层强度下的应力应变规律的试验。同时，结合福州马尾段改建一级路工程，试铺不同基层（片石、大碎石、石灰煤渣土）、不同厚度(20cm、22cm、24cm、26cm)的单层与双层式水泥混凝土(下层为 C20 水泥粉煤灰混凝土、上层为 C30 水泥混凝土）试验路面。经过六年使用，情况良好。1983 年以后全省有重点地逐步推广，截至 1989 年年底，全省已铺筑高级路面 398. 70km。其中：水泥混凝土路面 340. 08km，沥青混凝土路面 39. 45km，其它整齐石块路面 19. 17km。

二、20 世纪 90 年代以来福建省公路水泥混凝土路面建设

1993 年，公路"先行工程"确立了以打通国省道断头路、提高公路技术等级和路面等级为重点的路网建设，带动县乡公路的升级改造建设。经过 4 年公路"先行工程"建设，福建省公路事业取得令人瞩目的成就，构筑了福建省"两纵三横"高等级公路干线网络。到 1996 年年底，全省高等级公路达到 4 000 多公里，此时间段内福建省修筑的干线公路广泛采用水泥混凝土路面结构，路面板厚度多为 22cm。1998 年，厦门市公路局在漳龙高速公路中首次应用滑模摊铺技术铺筑水泥混凝土路面，取得了成功，填补了福建省省采用滑模摊铺技术铺筑水泥混凝土路面和在高速公路上采用水泥混凝土路面的空白。

进入 21 世纪后，随着福建省经济交通发展的加速，福建省水泥混凝土路面里程增长更为迅猛。截至 2008 年年底福建省公路通车里程为 88 607km，其中水泥混凝土路面里程 57 629km，占总里程的 65. 04% 。福建省公路水泥混凝土路面里程增长情况可见图 1-4。

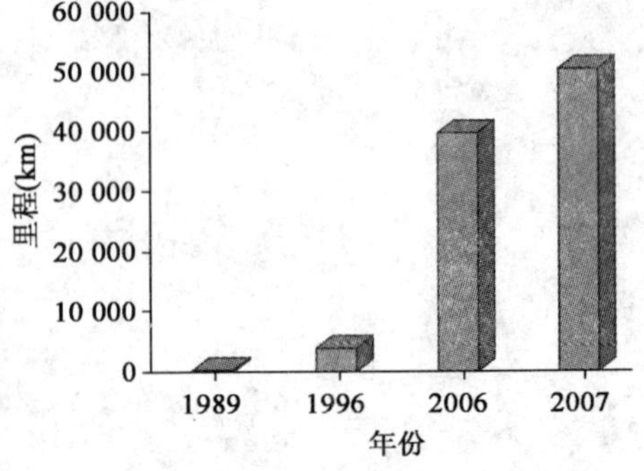

图 1-4　福建省公路水泥混凝土路面里程增长情况

同时，由于进入 2000 年以后重载交通路面破损严重，国省干道开始采用 24cm 的面板厚度，并采用冲击压实技术进行改建补强，并加铺垫层、水泥稳定基层和 24cm 厚的水泥混凝土路面板。对于重载交通特别严重的路段，如 319 国道局部路段使用达到 25 ~26cm 的面板厚度。福建公路混凝土路面板块划分为宽 4. 5m ×5m；5. 5m ×

5m;3.75m×5m 等形式,设置水泥混凝土硬路肩,浆砌边沟等。部分福建省水泥混凝土路面典型结构如表 1-1 所示。

福建省部分水泥混凝土路面结构类型 表 1-1

序号	路面结构
1	20cm 水泥混凝土面板 +20cm 手摆片石
2	22cm 水泥混凝土面板 + 油毡 + 旧路面
3	22cm 水泥混凝土面板 +15cm 水泥稳定基层 +7~15cm 填隙碎石底基层
4	20cm 水泥混凝土面板 +12cm 5% 水泥稳定基层 +12cm 填隙碎石
5	23cm 水泥混凝土面板 +15cm 5% 水泥稳定基层 +20cm 填隙碎石
6	24cm 水泥混凝土面板 +8cm 5% 水泥稳定基层 +15cm 填隙碎石
7	24cm 水泥混凝土面板 +15cm 5% 水泥稳定基层 +15cm 填隙碎石
8	22cm C35 水泥混凝土面板 +15cm 5% 水泥稳定基层
9	23cm C40 水泥混凝土面板 +15cm 5% 水泥稳定基层
10	24cm C40 水泥混凝土面板 +15cm 5% 水泥稳定基层
11	22cm 厚 C35 水泥混凝土面板 +5% 水泥砂砾稳定基层 + 天然砂砾基层
12	22cm 厚 C35 水泥混凝土面板 +15cm 厚 5% 水泥稳定基层 +15cm 级配碎石垫层

三、福建省公路水泥混凝土路面的养护管理与科技发展

在福建省水泥混凝土路面大规模建设的同时,2000 年以来福建公路不断加大管理力度,提高水泥混凝土路面的建设质量,严格控制道路建筑材料品质和新建路面抗折强度和厚度,广泛推广机械化搅拌站、电子计量以及三辊轴机械化施工,采用冲击压实技术进行改建补强和加铺水泥混凝土路面,推行预防性养护和公路绿化建设,从而在根本上提高了福建省修筑的水泥混凝土路面的综合承载力,改善了路面服务性能,适应了福建省经济和交通发展的需求。

在水泥混凝土路面技术创新和研究方面,2000 年来以来在福建省交通厅的领导下,福建省公路管理局和各地方公路局,以及和福州大学合作开展了系列科研课题研究。具体包括:重载交通水泥混凝土路面结构研究、福建省水泥混凝土路面温度场与温度应力研究、福建省路基设计参数与累积变性特性研究、冲击压实改建旧水泥混凝土路面技术研究、水泥混凝土路面嵌缝料研究、废弃路面再生混凝土再生技术研究、掺粉煤灰水泥混凝土路面研究、露石混凝土路面研究、聚丙烯腈混凝土路面研究、防滑水泥混凝土路面研究、凝石混凝土路面研究、改建加铺路面结构研究、水泥混凝土路面的脱空注浆技术、外加剂在水泥混凝土路面中的应用等。

通过不懈攻关和实践努力,这些科研项目取得了丰硕成果。基于研究成果,2009 年福建省公路管理局和福州大学共同编写的《冲击压实改建旧水泥混凝土路面技术规范》、《福建省公路水泥混凝土路面设计规范》、《福建省公路水泥混凝土路面施工技术规范》和《福建省公路水泥混凝土路面养护技术规范》等四个地方标准,已由省质量监督局批准发布,进一步促进和规范了福建省水泥混凝土路面的建设和发展。在科技创新的推动下,近 15 年来福建省水泥混凝土路面修筑技术不断完善、不断改进,为福建省交通运输和经济发展作出了巨大贡献。

第四节　福建省公路的发展与挑战

总结以上，经过多年的建设，福建省的公路网已形成以高速公路和国省道主干线为内容的“两纵三横”主骨架，并取得了巨大成绩。但应该看到，为实现中央提出的发展“海峡西岸”经济战略，完善福建公路交通网络，创造更好的基础设施条件，福建公路事业仍需要进一步完善。

（1）公路发展全省不平衡，经济发展基本呈现沿海“强”、内陆山区“弱”，由沿海向内陆山区梯度发展的格局。沿海与山区间路网密度、技术等级差异较大，这在一定程度上制约了地区间经济的平衡发展。

（2）福建省路网中高等级公路比重偏低，公路网络化程度较低，路网连接状况仍有待进一步改善和提高。

（3）福建省全境多山的地形特点决定了公路路线多为依山傍河布设，高边坡较多，再加上资金、环境等众多因素的制约，容易发生水毁和事故，公路防灾和安全保障能力有待提高。

进入21世纪以来，福建省公路交通均呈现出车速加快、交通量显著增大、车辆载重日趋重型化的三大特点，这也给福建省公路建设带来了新的挑战。

（1）福建省不同历史阶段修建的公路先天相对基础薄弱，近年来重载交通下路面破坏严重，需要对现代交通下路面结构进行更深入的理论与实践研究，以适应未来更大交通量和重载交通的要求。

（2）福建省公路已逐步由建设发展时期转入建养并重的阶段，大量以往修建的路面工程开始接近寿命期限，需要进行维修改建，亟须进一步加大福建省公路路面的改建养护新技术方面的研究。

（3）随着现代交通量的急剧增长，福建山区公路交通安全问题日益突出，如何消除公路建设历史遗留的安全隐患，加强管理，做好安保工程，增进公路交通安全，也是目前新出现的紧迫问题。

第二章　福建省公路水泥混凝土路面典型病害

为了解福建省公路水泥混凝土路面的使用状况和典型病害，2006年福建省公路管理局和福州大学组织了全省干线公路水泥混凝土路面病害情况调查，并对国道319漳州段、龙岩段，国道316福州段、南平段，国道324莆田段、国道205南平环城路等重载交通路段进行了重点走访。结合统计数据和现场调查，对福建省各地区水泥混凝土路面的典型病害特征进行了分析。

第一节　福建省公路水泥混凝土路面的病害调查

一、福州市

对福州市G104、G316、G324、S201、S202、S203、S305路线共180.476km的调查分析发现，G104破坏总里程为75.764km，G316破坏总里程为7.204 km，G324破坏总里程为6.225 km，S201破坏总里程为74.706 km，S203破坏总里程为3.919 km，S305破坏总里程为12.658 km。路面板破坏类型的统计数据、路面的典型病害等级类型分布见表2-1、表2-2和图2-1、图2-2。

福州市面板破坏类型的统计数据(单位:km)　　表2-1

病害类型	G104	G316	G324	S201	S203	S305	合计
唧泥、错台和沉陷	1.585	0.640	0	1.140	0	0	3.365
开裂、断板	60.125	5.839	3.820	49.100	3.919	10.209	133.012
露骨	0.085	0.140	0	0.08	0	0.850	1.155
接缝处的破坏	5.337	0.244	0	0	0	2.449	8.030
板破碎	11.262	0.400	2.605	0	0	0	14.267

福州市路面破坏程度的统计数据(单位:km)　　表2-2

破坏程度	G104	G316	G324	S201	S203	S305	合计
轻度	22.697	2.400	1.070	49.431	0.734	1.600	77.932
中等	36.780	0.708	1.860	15.850	0.883	9.003	65.084
严重	16.287	4.096	3.295	9.475	2.307	2.055	37.515

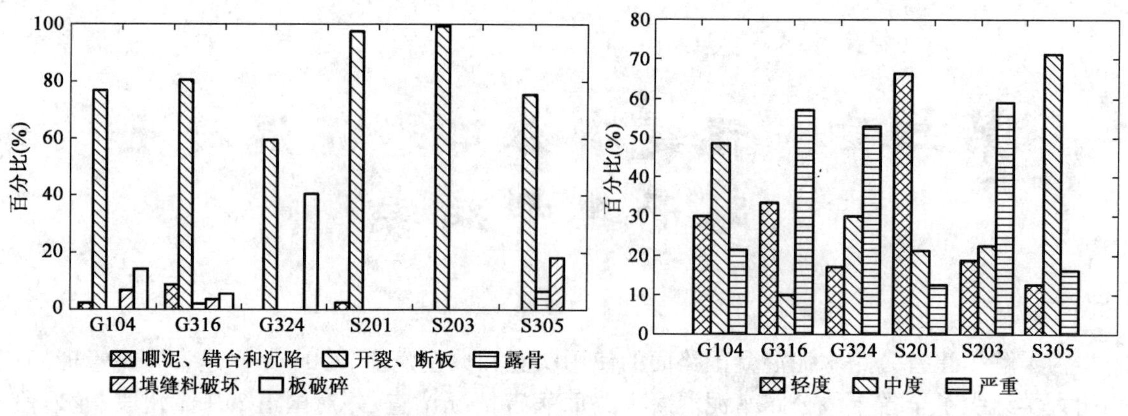

图 2-1 福州市路面的典型病害类型分布

图 2-2 福州市路面典型病害等级比例图

福州国省道路面病害统计表明，最主要的路面病害是开裂、断板，G104、G316、G324 板破碎也占到一定比例，G104、G316、S201 还出现了唧泥、错台病害，其中 G316 最严重，G104、G316、S305 出现了填缝料破坏，其中 S305 最严重。从病害等级比例图可以看出，破坏程度最严重的是 G316、G324、S203，破坏程度最轻的是 S201。

二、南平市

对南平市 G205、G316、S204、S205、S302、S303 路线共 458.146km 的调查分析发现，G205 破坏总里程为 159.609km，G316 破坏总里程为 132.744km，S204 破坏总里程为 90.581km，S205 破坏总里程为 41.523km，S302 破坏总里程为 3.608km，S303 破坏总里程为 30.081km。路面板破坏类型的统计数据、路面的典型病害等级类型分布见表 2-3、表 2-4 和图 2-3、图 2-4。

南平市路面破坏类型的统计数据(单位:km)　　表 2-3

破坏类型	G205	G316	S204	S205	S302	S303	合计
唧泥、错台和沉陷	28.895	0	37.472	0	0	0	66.367
开裂、断板	143.577	132.744	89.981	41.523	2.838	30.081	440.744
板破碎	47.073	0	0.6	0	0.770	0.500	48.943

南平市路面破坏程度的统计数据(单位:km)　　表 2-4

破坏程度	G205	G316	S204	S205	S302	S303	合计
轻度	75.255	102.397	37.472	41.523	0	20.062	267.709
中等	56.988	28.827	22.159	0	1.3	9.519	118.793
严重	27.366	1.52	30.950	0	2.308	0.500	62.644

南平各国省道路面病害统计表明，最主要的路面病害是开裂、断板，G205、S302 板破碎也占到一定比例，G205、S20 唧泥、错台也比较严重。从病害等级比例图可以看出，破坏程度最严重的是 S204、S302，破坏程度最轻的是 S205。

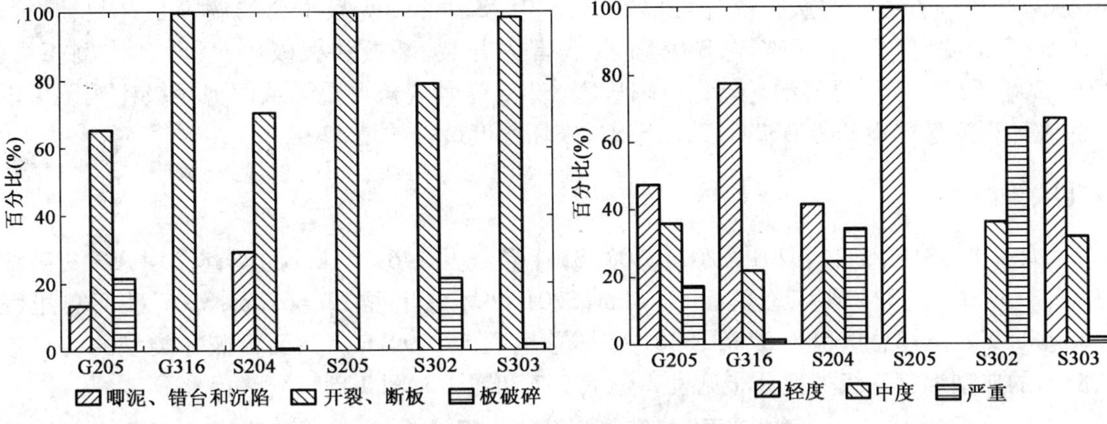

图 2-3 南平市路面的典型病害类型分布

图 2-4 南平市路面典型病害等级比例图

三、泉州市

对泉州市 G324、S201、S203、S206、S306、S307、S308 路线共 241.52km 的调查分析发现，G324 破坏总里程 69.788km，S201 破坏总里程 0.442km，S203 破坏总里程 25.015km，S206 破坏总里程 66.148km，S306 破坏总里程 25.244km，S307 破坏总里程 30.933km，S308 破坏总里程 23.95km。路面板破坏类型的统计数据、路面的典型病害等级类型分布见表 2-5 和图 2-5、图 2-6。

泉州市面板破坏类型的统计数据(单位:km) 表 2-5

病害	G324	S201	S203	S206	S306	S307	S308	合 计
冲刷	0.930	0	4.341	12.040	0	0	1.000	18.311
唧泥	19.458	0.442	25.015	38.508	25.244	5.733	20.950	135.350
脱空	0	0	0	26.525	0	0	0	26.525
错台	—	—	—	—	—	—	—	—
断板	57.855	0.010	1.000	15.600	0	25.200	0	99.665

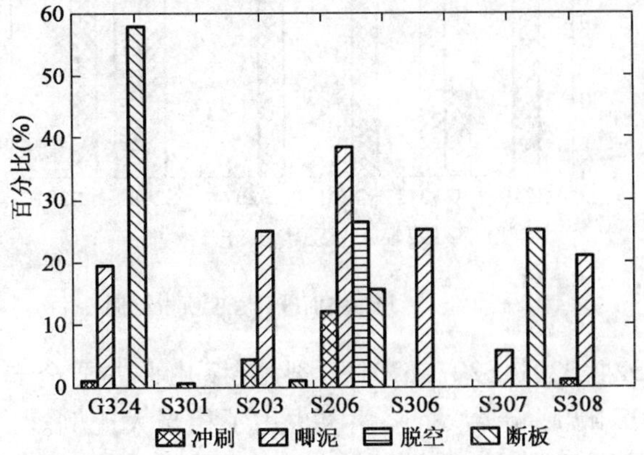

图 2-5 泉州市路面的典型病害类型分布

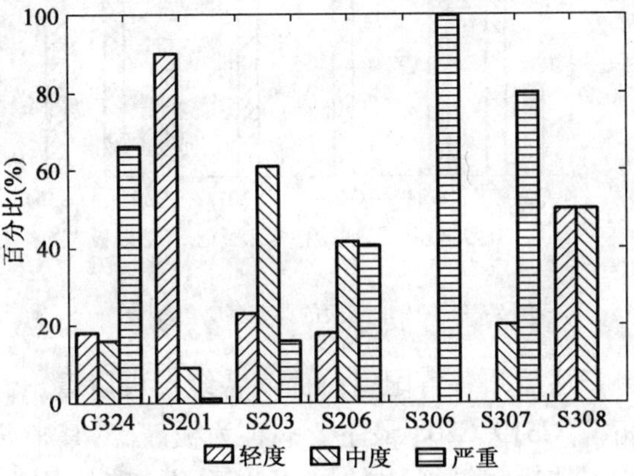

图 2-6 泉州市路面破坏程度所占比例

从泉州各国省道路面病害统计可以看出，S201、S203、S306 最主要的病害是开裂、断板，G324、S307 最主要病害为板破碎，S308 主要病害为开裂、断板和板破碎，且两者比例相当，S203、S206 还出现了明显唧泥、错台、沉陷病害，S206 露骨现象严重。从病害等级比例图可以看出，破坏程度最严重的是 G324、S306、S307，破坏程度最轻的是 S201。

四、漳州市

对漳州市 G319、G324、S201、S207、S208、S301 路线共 146.245km 的调查发现，G319 破坏总里程 8.532km，G324 破坏总里程 55.2km，S201 破坏总里程 12.662km，S207 破坏总里程 9.382km，S208 破坏总里程 5.27km，S301 破坏总里程 55.199km。路面板破坏类型的统计数据、路面的典型病害等级类型分布见表 2-6、表 2-7 和图 2-7、图 2-8。

漳州市面板病害类型的统计数据（单位：km） 表 2-6

病害类型	G319	G324	G201	S207	S208	S301	合计
冲刷	0	0	0	0	1.460	0	1.460
唧泥	2.070	6.073	12.662	9.377	1.230	55.799	87.211
脱空	0.250	0	0	0.006	0	0	0.256
错台	—	—	—	—	—	—	—
断板	6.455	—	0	0	2.58	0	9.035

漳州市路面破坏程度的统计数据（单位：km） 表 2-7

破坏程度	G319	G324	S201	S207	S208	S301	合计
轻度	0.065	1.342	12.516	9.380	0	55.199	78.502
中等	8.392	4.731	0.141	0.020	2.870	0	16.154
严重	0.075	0	0.005	0	2.400	0	2.480

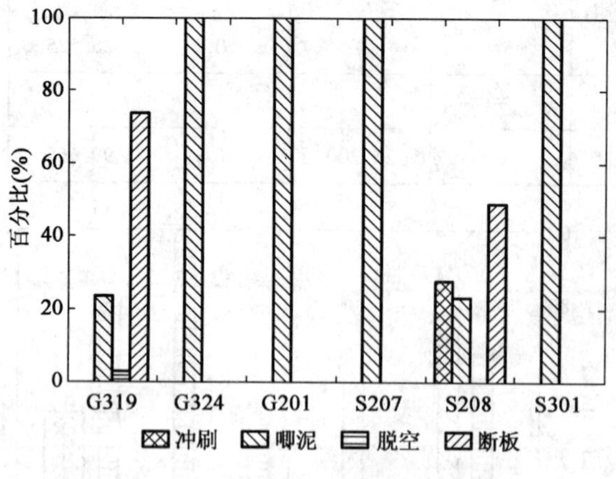

图 2-7 漳州市路面的典型病害类型分布

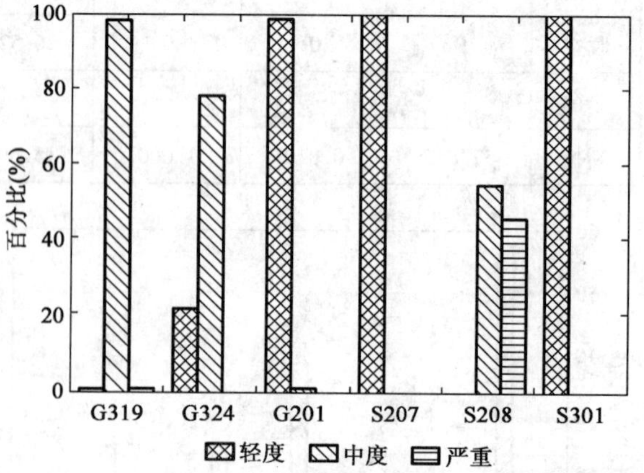

图 2-8 漳州市路面破坏程度所占比例

从漳州各省国道路面病害统计可以看出，G324、S201、S207、S301 开裂、断板几乎占了全部病害，G319、S208 最主要病害为板破碎，其中 S208 唧泥、错台、沉陷病害也占了相当大比例。

从病害等级比例图可以看出，破坏程度最严重的是 S208，破坏程度最轻的是 S201、S207、S301。

五、宁德市

对宁德市 G104、G316、S301 路线共 15.660km 的调查分析发现，G104 破坏总里程 15.040km，G316 破坏总里程 0.130km，S301 破坏总里程 0.490km。路面板破坏类型统计数据、典型病害等级分布见表 2-8、表 2-9 和图 2-9、图 2-10。从宁德各国省道路面病害统计可以看出，路面以唧泥和断板病害为主。

宁德市面板破坏类型的统计数据（单位：km）　　表 2-8

病害类型	G104	G316	S301	合　计
冲刷	—	—	—	—
唧泥	15.040	0.130	0.120	15.290
脱空	—	—	—	—
错台	—	—	—	—
断板	0	0	0.370	0.370

宁德市路面破坏程度统计数据（单位：km）　　表 2-9

破坏程度	G104	G316	S301	合　计
轻度	14.965	0.105	0	15.070
中等	0.750	0.020	0.385	1.155
严重	0	0	0.110	0.110

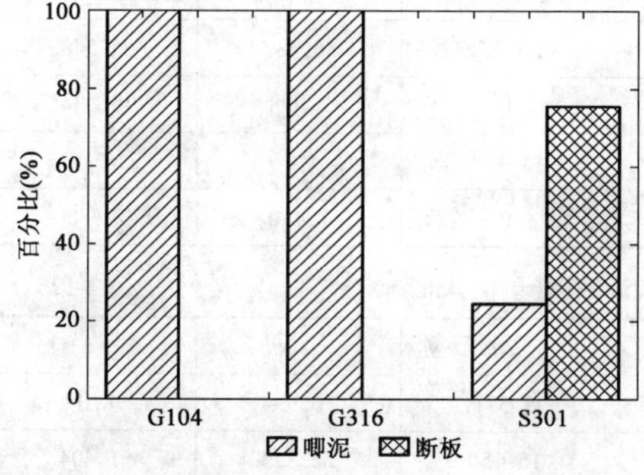

图 2-9　宁德市面板破坏类型所占比例

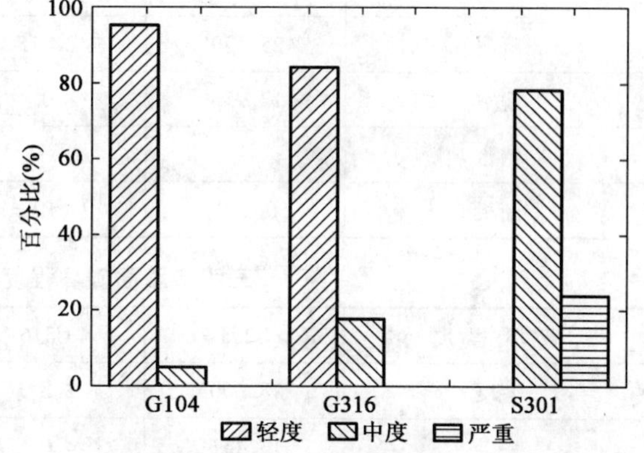

图 2-10　宁德市路面破坏程度所占比例

六、莆田市

对莆田市 G324、G325、G326、S201、S202、S306 路线共 335.780km 进行调查发现，G324 破坏总里程 146.020km，G325 破坏总里程 9.640km，G326 破坏总里程 5.420km，S201 破坏总里程 17.570km，S202 破坏总里程 25.990km，S306 破坏总里程 131.140km。G324、G325、G326、S201、S202、S306 路线调查中路面产生的破坏均为开裂、断板。路面板破坏类型的统计数据、典型病害类型分布见表 2-10 和图 2-11。

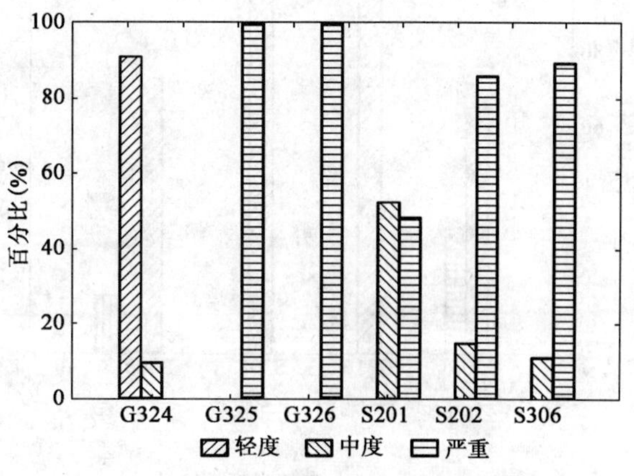

图 2-11　莆田市路面破坏程度所占比例

莆田市破坏程度统计数据(单位:km) 表2-10

破坏程度	G324	G325	G326	S201	S202	S306	合　计
轻度	132.526	0	0	0	0	0	132.526
中等	13.490	0	0	9.120	3.740	14.070	40.420
严重	0	9.460	5.420	8.453	22.428	117.070	162.831

七、三明市

对三明市G205、G316、S208、S306路线共108.182km进行调查发现,G205破坏总里程44.619km,G316破坏总里程2.875km,S208破坏总里程20.821km,S306破坏总里程39.867km。路面板破坏类型的统计数据、路面的典型病害等级分布见表2-11、表2-12和图2-12、图2-13。路面以唧泥和断板、脱空病害为主。

三明市面板破坏类型的统计数据(单位:km) 表2-11

病害类型	G205	G316	S208	S306	合　计
冲刷	0	0	0	2.720	2.720
唧泥	25.470	2.875	20.721	36.482	85.548
脱空	12.956	0	0	2.978	15.934
错台	—	—	—	—	—
断板	0.250	0	0	7.490	7.740

三明市路面破坏程度统计数据(单位:km) 表2-12

破坏程度	G205	G316	S208	S306	合　计
轻度	18.600	2.875	5.571	10.994	38.04
中等	13.431	0	15.150	22.823	51.404
严重	2.01	0	0	6.05	8.06

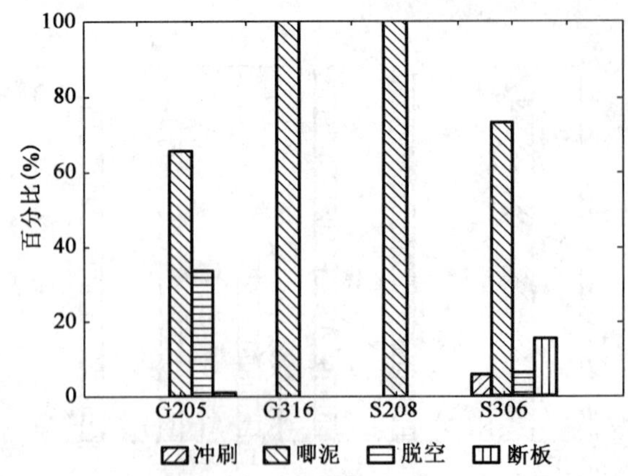

图2-12　三明市面板破坏类型的统计数据

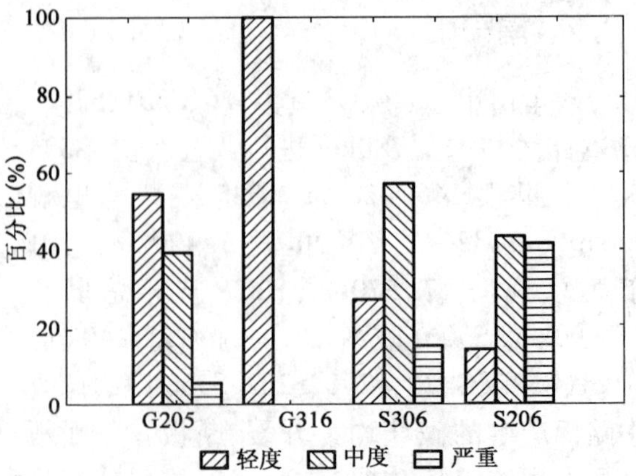

图2-13　三明市路面破坏程度所占比例

八、厦门市

对厦门市 G319、G324、S206 路线共 110.200km 的调查分析发现，G319 破坏总里程 22.000km，G324 破坏总里程 55.200km，S206 破坏总里程 33.000km。路面板破坏类型的统计数据、典型病害等级分布见表 2-13、表 2-14 和图 2-14、图 2-15。路面以唧泥和断板病害为主。

厦门市面板破坏类型的统计数据（单位：km）　　表 2-13

病　害	G319	G324	S206	合　计
冲刷	—	—	—	—
唧泥	22.000	34.200	33.000	89.200
脱空	—	—	—	—
错台	—	—	—	—
断板	3.000	21.000	15.000	39.000

厦门市路面破坏程度统计数据（单位：km）　　表 2-14

破坏程度	G319	G324	S206	合　计
轻度	0	0	2.000	2.000
中等	18.000	23.000	16.000	57.000
严重	4.000	33.200	15.000	52.200

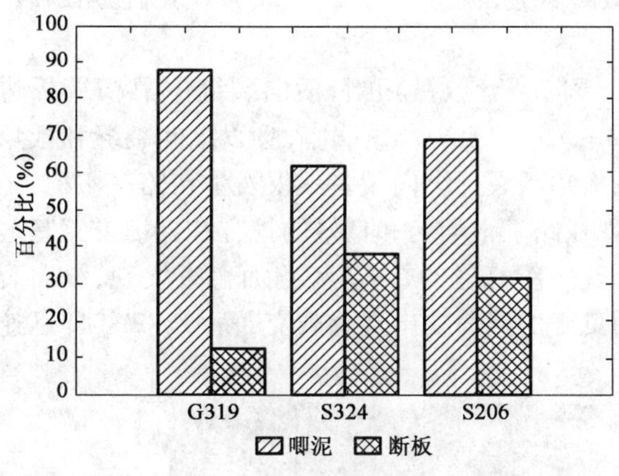

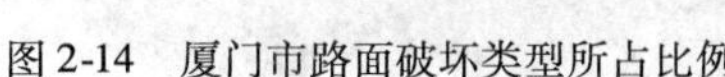

图 2-14　厦门市路面破坏类型所占比例

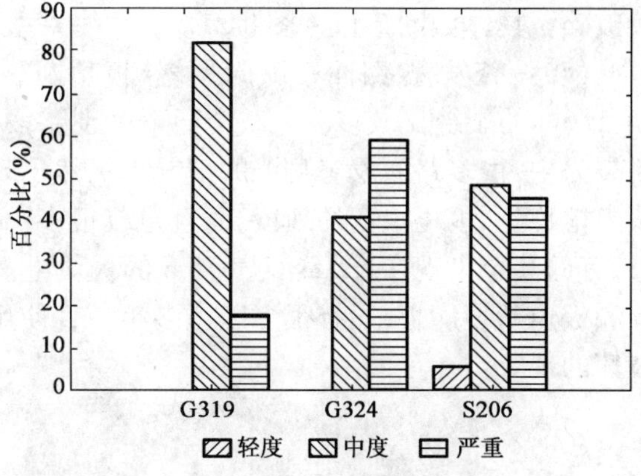

图 2-15　厦门市路面破坏程度所占比例

第二节　福建省公路水泥混凝土路面的使用状况与典型病害

综合前节 8 市的调查总结可以看到：

（1）从各地区的路面破坏情况看，南平、泉州和漳州三地区破坏较为严重，这与当地公路的重载交通情况对应。如漳州境内的 319 国道由于运矿车辆众多，满载车辆行驶的一幅路面比另一侧空载的路面明显破损严重。唧泥、脱空、沉陷、接缝损坏在各地区均有较为严重的路段。少数地区存在路面磨光、露骨现象（图 2-16）。

（2）福建省修建的水泥混凝土路面有接近 20 年的历史，局部路段（如 G324 和渔溪-江口大桥段）的水泥混凝土路面使用接近 20 年仍然保持完好，但交通量较大的路面使用寿命普遍在 12 ~ 13 年之间，特别是近年来公路重载化后许多路面迅速破坏，板破碎严重，亦存在个别新建路段重载交通仅使用 3 ~ 5 年即出现病害，显著低于设计预期年限的情况。

(3)调查发现福建省水泥混凝土路面出现主要的典型病害类型依次为，断板、脱空、板破碎唧泥、错台、沉陷、接缝剥落、填缝料损坏磨光、拱起等几大类，病害以断板、唧泥、脱空为主。

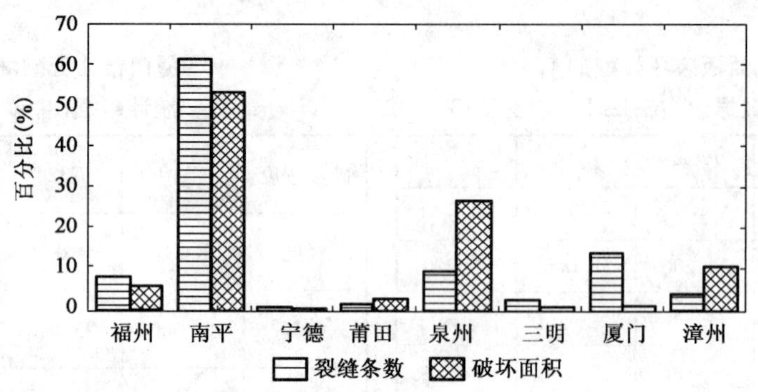

图 2-16　福建省各地区水泥混凝土路面破坏情况图

(4)断板且呈现多样性，主要类别有：板中横向裂缝，板边横向裂缝，纵向裂缝，板角断裂，板破碎。具体如图 2-17 ~ 图 2-21。

(5)调查发现，路面中纵向裂缝、板角断裂、横向裂缝数量相当，横向裂缝中靠横缝板边 1 ~ 1.6m 的裂缝比较多。重载交通下个别路段 3 ~ 5 年即出现严重病害，且以纵向裂缝和板角断裂为主，很多路面没有唧泥的情况下仍然出现板角断裂。纵向裂缝不仅发生在路基不稳、半填半挖路基、板宽很宽的地段，而且也有很多出现在路基很均匀和良好的挖方和低填方路基地段，有的甚至出现在长 5m 宽 3.75m 的板块上。省内新修建的 6 ~ 7 年路面普查发现，纵向裂缝和板角断裂病害，还有很多以往多年一直使用良好的路面在出现重载交通后 1 ~ 2 年即迅速破坏的现象。

图 2-17　板中横向裂缝

图 2-18　板边横向裂缝

图 2-19　纵向裂缝

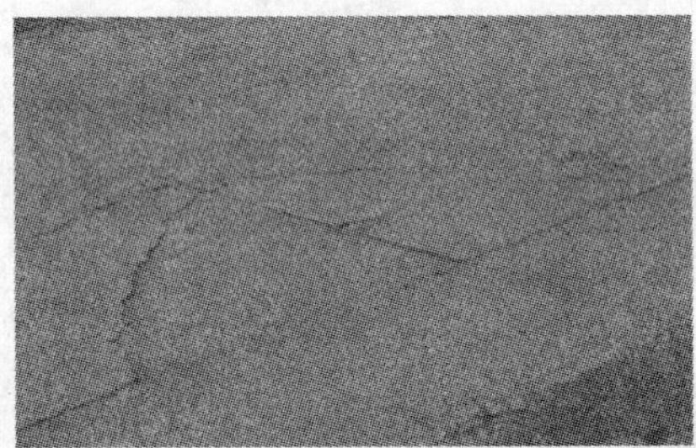

图 2-20　板角断裂

图 2-21　板破碎

以南平 G205 环城路统计资料为例(图 2-22),除板中横向开裂外,还出现了另外的由非结构设计所控制的断裂或病害。横向裂缝、纵向裂缝、板角裂缝为主,三者数量相当,这反映福建水泥混凝土路面的临界荷位出现了位置转移和复杂化的情况。

传统路面经验或力学设计方法主要集中于预估面板纵向板中自下而上的横向疲劳裂缝,这些复杂的破坏现象按传统刚性路面分析与设计理论均无法很好解释。

(6)福建省水泥混凝土路面存在很多唧泥错台病害(图 2-23),唧泥现象起始于板边缘的局部范围或者板角。随着重型车辆荷载的反复作用范围进一步扩大,甚至贯穿于整个板内。唧泥发生后,随即会产生错台,并由于板底脱空而引发断裂。

(7)调查发现,既有唧泥造成的面板脱空,也存在没有唧泥、冲刷等病害下的路面明显脱空现象。此类路面脱空现象特别是在冬季表现更加严重。冬季路面在重载车辆经过时,面板会出现显著的耦合振动现象,伴随很大的振动声响。在龙岩长汀和南平建瓯、福州水泥混凝土路面调查时均发现此类现象存在。

(8)剥落和接缝处混凝土损害往往在通车不久就可以观察到(图 2-24)。

(9)在福建省山区公路填挖方路基和沿河沿库岸的路基,由于路基侧向变形直接引起的

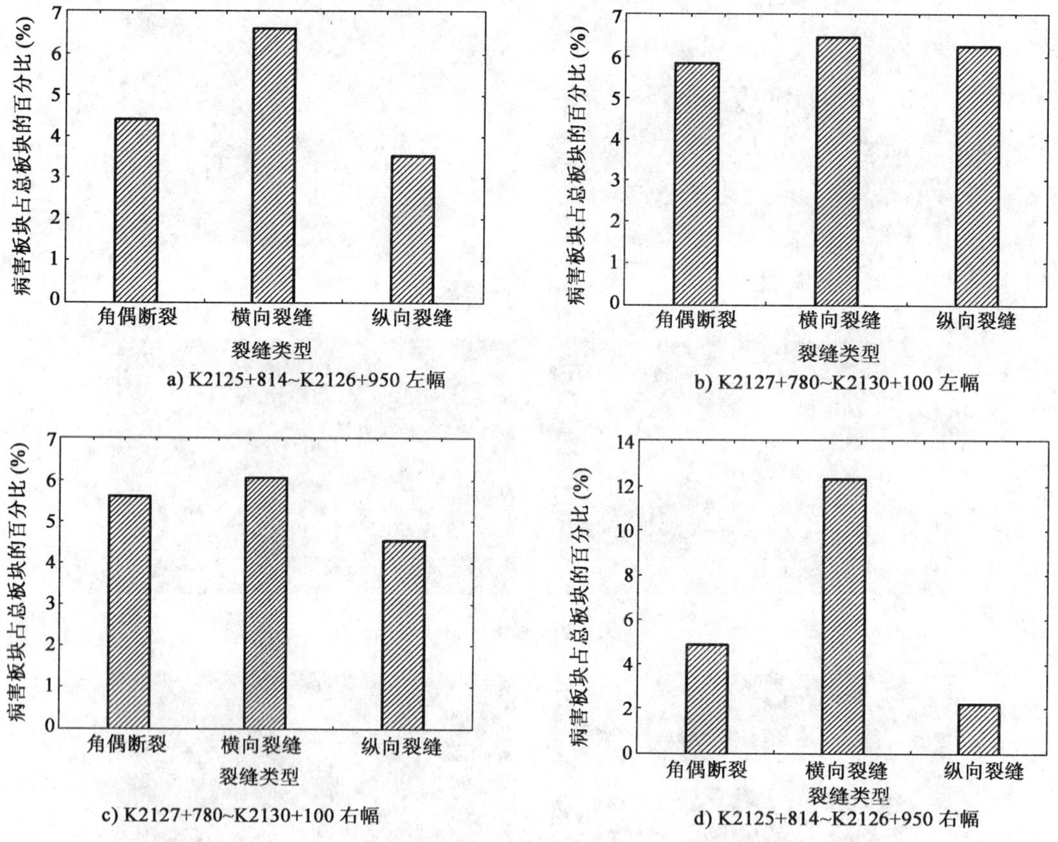

a) K2125+814~K2126+950 左幅

b) K2127+780~K2130+100 左幅

c) K2127+780~K2130+100 右幅

d) K2125+814~K2126+950 右幅

图 2-22　南平市环城路试验路面裂缝分布

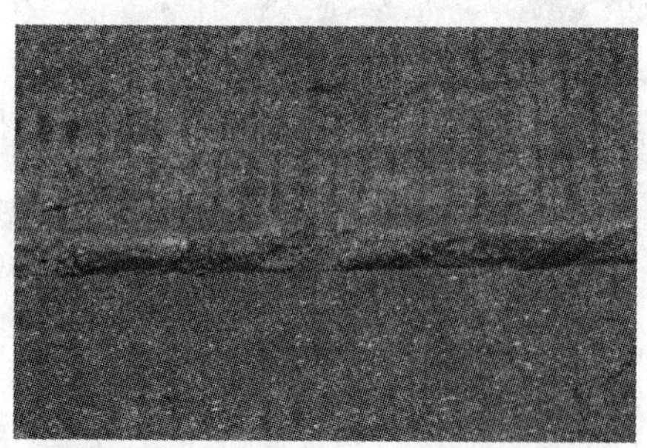

图 2-23　错台、唧泥

图 2-24　剥落(纵横接缝位置)

路面开裂，很多处于临界稳定状态，在重载交通车辆和库岸水位涨落的作用下，路基经常现侧向滑移变形的现象，路面板边缘脱空，破碎严重（图2-25）。

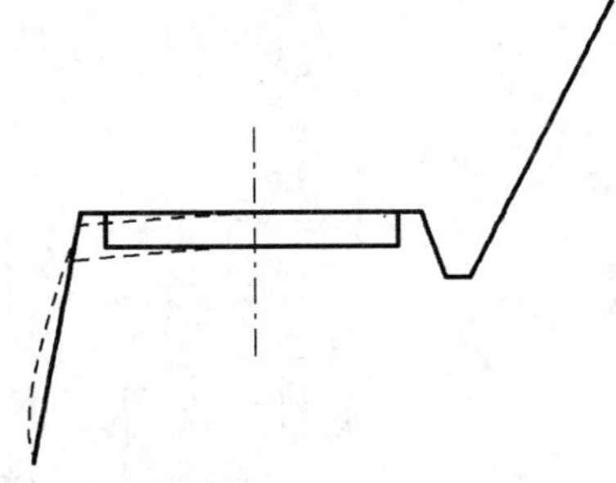

图2-25　沉陷

（10）一些使用时间不长的水泥混凝土路面，也出现构造磨光的现象。水泥混凝土路面磨光露骨后，路面平整度和抗滑能力急剧下降，影响行车舒适和安全。

（11）福建省夏季气候炎热高温，太阳辐射强烈，水泥混凝土路面局部地段会产生拱起现象，特别是胀缝位置，有时候设置传力杆比不设传力杆的情况更容易发生拱起现象。

第三节　福建省公路水泥混凝土路面病害成因与影响因素

水泥混凝土路面的破坏与建设技术水平、施工状况、所经历的交通荷载、外部环境场、路面结构构造设计、材料性能都直接相关。不断作用在路面上的交通荷载和年变化、季节变化、日变化的外部环境场（主要包括温度场和湿度场）是导致路面性能衰减直至破坏的两个最大的外部敌人。特定时期和建造水平、养护条件下不同的路面结构、材料在特定的交通荷载和环境场的综合作用下，路面必定会产生特定的性能演变规律、破坏模式，也将有着不同的使用寿命（图2-26）。

总结以上可以看到，福建省公路水泥混凝土路面绝大部分最终都是以断板形式而逐渐丧失使用功能的，而路面病害中唧泥和脱空是诱发路面板过早出现断板的重要原因。

根据各市公路局反馈的福建省路面病害成因可以看到（图2-26），重载交通、环境场、施工与材料、路面结构分析设计理论、养护水平等，以及气候地理区域特性均影响水泥混凝土路面的结构性能。以下首先从这几个方面予以简要分析。

一、重载交通

重载交通一般是指道路通车后累计当量标准轴次大大超过一般水平，路面性能衰减超常规发展的交通现象。在发达国家，重载交通主要体现为货运向集装箱、大型化、多轴化方向发展。在我国，重载交通则往往反映在车辆的载重超限，即运输车辆轴重超过了有关法律所规定的限值，超过了有关设计标准，它对路面的一次性破坏较为严重。福建南平环城路上的重型车辆如图2-27。

实践和研究均表明，近年来水泥混凝土路面使用状况不佳，首要原因就是公路的交通量和交通荷载特性发生了显著变化，公路交通由中轻交通转向重载交通。重载交通的出现将直接改变水泥混凝土路面的力学工作特性,原有路面结构与服务的交通特性出现不匹配,从而出现过早破坏。

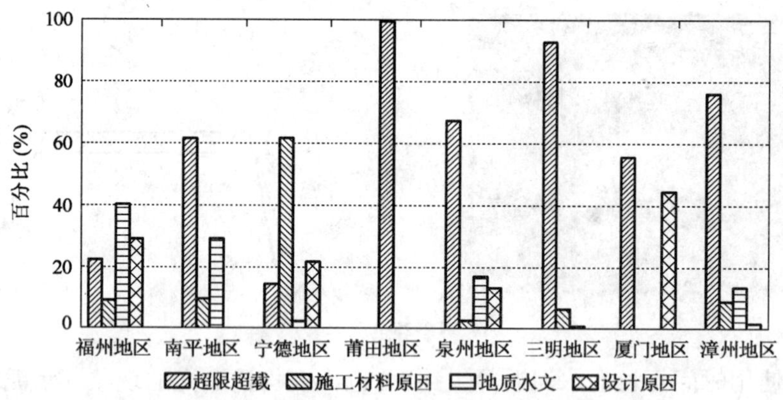

图 2-26 福建省各地区反馈的水泥混凝土路面破坏成因统计图

图 2-27 福建南平环城路上的重型车辆

总结重载交通的作用特性及其对路面性能的影响,可总结为如下方面:

首先重载交通增加了面板的弯拉应力,级数级增长的当量轴载次数,从而显著降低路面板的疲劳寿命。

其次对于基层和整体路面结构的综合承载力提出了更高的要求,对路基整体强度和刚度、整体稳定性和抗动变形能力也都提出了更高的要求。超重车辆的作用,使荷载的影响深度大大增加,对路基和路床提出了更高的要求。路基和路床中的微小缺陷会很快反映至路表面并迅速扩大。目前,路面设计方法中,认为车辆荷载的作用对路床以下 80cm 的路基影响可予以忽略。这一认识是基于现行的轴限标准(单后轴 100kN,双后轴 180kN)的基础之上的,对于严重超载超限的情况是不合适的。福建省以往修建的路面结构在重载下综合承载力不足,往往导致路面过早破坏。

第三,我国路面在缩缝位置基本均采用假缝形式,假缝主要依靠集料嵌锁作用,传荷能力有限,重载下传荷能力不足(图 2-28)。由于以往我国未对此方面加强深入研究,有关集料嵌锁接缝的性能控制在设计施工中一直没有得到具体体现,以往我国建设的普通水泥混凝土路面接缝集料嵌锁性能在重载交通下迅速衰减,水泥混凝土路面板内应力进一步显著提高,寿命缩短。

图 2-28 水泥混凝土路面板接缝传荷示意图

第四，重载交通下加大了水泥混凝土路面板底自由水的动水压力，加速了基层冲刷，促使唧泥脱空现象迅速出现，导致路面过早破坏。

第五，在重载交通路段还存在较为严重的磨耗破坏现象。磨耗破坏主要表现为路表水泥砂浆体在车轮剪切作用和冲击作用下脱落，碎石或砂砾骨料出露（简称露骨）、混凝土剥落，有的甚至出现坑槽。继之，裸露的粗集料在车轮尤其是重车轮剪切作用和冲击作用下，极易被冲击松动、脱落，形成空穴，导致与车轮接触面减小，作用在路表面的剪切应力和冲击应力增大，空穴周围的砂浆极易被磨耗掉，空穴也因此逐步扩大。如此反复进行，严重影响水泥混凝土路面使用性能，直至最后路面结构的破坏。水泥混凝土路面一旦出现露骨，路面平整度和抗滑能力将急剧下降，严重影响行车舒适、安全及路面使用寿命，而且也是诱发路面其它损坏的原因。

二、环境场

公路是一个三维带状构造物，水泥混凝土路面结构处于自然环境的影响中，持续经受着周期性变化的各种环境因素的综合作用。环境场是除了交通荷载以外，另一个降低路面使用性能的重要因素。不同的外部环境场将直接形成路面结构不同的温度场和湿度场，从而对路面性能产生影响。

显著影响路面温度场和湿度场的自然因素如图 2-29 和图 2-30 所示。在众多环境因素中，气温和太阳辐射对水泥混凝土路面温度场的影响最为显著。太阳辐射仅出现在白天，是促使路面在白天温度升高的重要因素，也是除气温之外最主要的影响因素。路面结构表面和大气之间的复杂热量交换，使路表产生复杂的温度变化，造成路表与路面其它部分的温度差异，从而导致路面板产生温度变形和温度应力。更为复杂的是，这些温度应力和温度变形（翘曲、以及接缝宽度变化、面板由于温度梯度和基层之间的脱空），会和重载交通动荷载共同作用，在路面板内产生复杂的力学行为，导致路面的过早破坏。

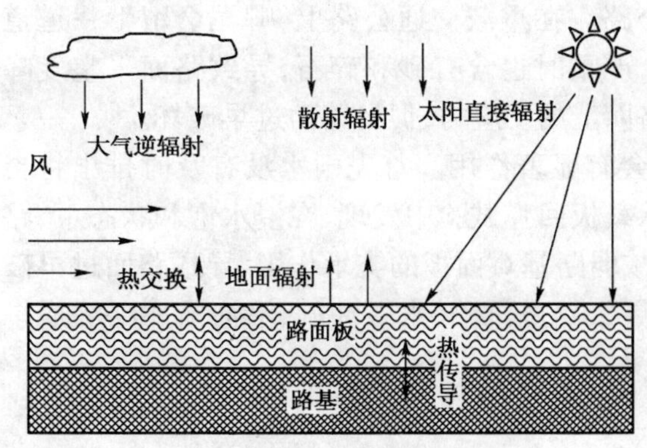

图 2-29　水泥混凝土路面板外部环境场

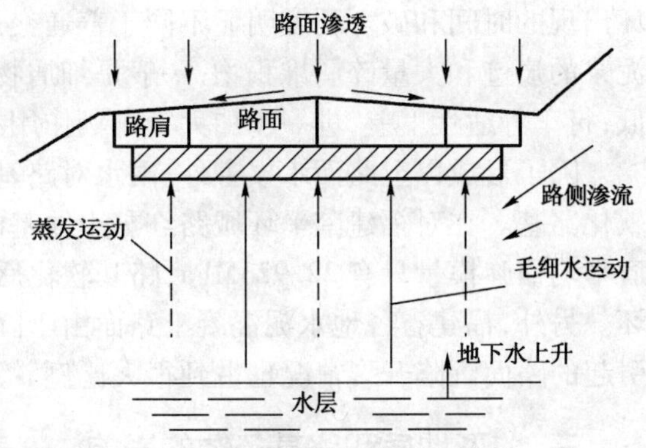

图 2-30　路面结构内水的来源

福建省高温气候现象普遍，2007 年 7 月福州市出现了连续 35 天的 35℃以上高温天气，这种高温天气将对路面形成不利的影响。计算表明，高温天气将显著增大面板的拉应力。当板顶温度高于板底温度（正温度梯度）时，板面的伸长变形大于板底的伸长变形，当基层刚度较大时，板的中部将向上拱起，如图 2-31 所示，这种翘曲将使路面板中部出现脱空；当基层刚度较小时，板角将向基层下嵌，等多次重复作用后，这种翘曲将使路面板板角出现脱空。

另外，在高温天气铺筑水泥混凝土路面将显著增大路面产生早期裂缝的风险。一是高温天

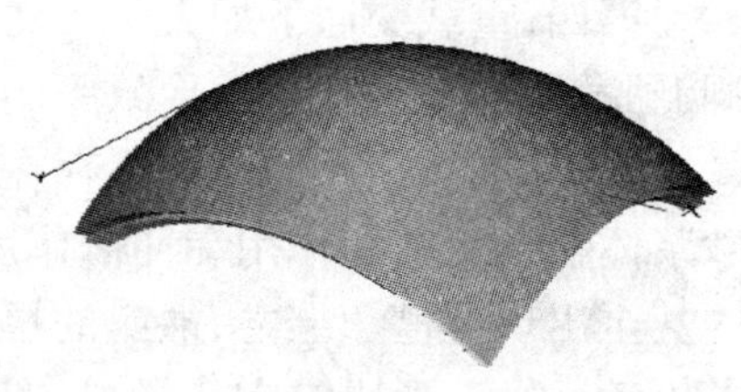

图 2-31 正温度梯度时路面变形情况

气铺筑水泥混凝土路面将产生显著的温度收缩。混凝土水化热反应是一个发热的过程，混凝土凝结初期，水化反应剧烈，其剧烈程度取决于周围的温度和湿度。高温铺筑混凝土时，将导致水化反应阶段混凝土温度急剧上升，致使混凝土在一个较高的温度场发生凝结，当周围温度回落、水化反应趋于结束时，路面板温度大幅度下降，若养护不及时，易使混凝土产生收缩。由于显著的温度收缩，在锯缝之前甚至之后由于温度收缩应力超过了混凝土的早期强度，将可能出现随机裂缝形式的温度开裂。虽然这些裂缝开始很紧密，但是它们会扩展到整个深度，影响路面结构的整体性，交通荷载和随后的温度变化将加快路面性能的衰变，严重影响路面的长期性能。

高温天气铺筑水泥混凝土路面也将提高产生塑性收缩的风险。高温天气铺筑水泥混凝土路面，路面蒸发率较高，高蒸发率将导致水泥混凝土路面产生塑性收缩，引起路面早期裂缝，导致板面的剥落、开裂等。

相对于温度场，另一个对路面性能有重要影响的环境因素就是湿度场的作用，如图 2-30。影响公路湿度场变化的因素包括路面降雨渗透下来的水、路侧渗透水、路表和路内蒸发作用、毛细水以及地下水位的升降等。这些变化的因素引起面板顶部湿度场的变化而诱发干湿翘曲，并提供基层顶面的自由水，改变路基的模量和抗动变形能力等。

福建省雨量多、雨季长，雨水很容易冲刷侵蚀基层，诱发唧泥。特别是福建省水泥混凝土路面的接缝嵌缝料质量低下，雨水容易从接缝渗入板底，在基层顶面形成滞留水，在行车荷载的作用下，对基层材料进行反复冲刷，产生唧泥。

冲刷破坏在重载交通路面中普遍存在且非常严重。重载交通对水冲刷破坏有极强的催化作用，加速了路面中水冲刷破坏的进程，并加剧了冲刷破坏的程度，因而重载交通路面冲刷破坏出现的时间和破坏程度明显不同于普通交通公路。在重载交通公路上，唧泥会留下一道道泥浆的痕迹和大量碎屑堆积物，一般是细屑物质，严重时也含有砂和碎石，导致路面平整度降低，行车舒适性度差，进一步加大了车辆作用在路面上的动应力，促发路面过早破坏。

除了形成以上路面水损害外，雨水对路基也会有显著作用。首先雨水没有及时排出将会软化路基。在对福建南平环城路红黏土地基的承载板回弹试验中发现，在浸水饱和状态下，路肩平均回弹模量只有 22.923MPa，路基软化后将减弱路基对面板的支承作用，导致路面过早破坏。另外，福建省各地水泥混凝土路面由于降雨导致路基沉陷、水毁冲刷、沿河沿库路堤崩岸引起的路面沉陷开裂情况也占到很大比例。

三、地形地质和路基条件的影响

福建地区山岭众多，公路多依山傍河布设，边坡高，半填半挖路基多；而沿海地区又广泛存在软土地基，这些地形地质条件对福建省水泥混凝土路面保持优良的使用性能十分不利。

半填半挖地基的刚度差异大将导致严重的不均匀沉降。对于半填半挖地基，填方段路基为新填土，而挖方段路基为原始地面，填方段路基土从材料性质和压实度都与挖方段路基土存在很大差异，导致填挖两部分土体的强度和稳定性的差异。如果填挖方交接处理不好，容易发生半填半挖路基不均匀沉降和沿填挖界面滑移等现象，严重的不均匀沉降将导致路面弯折破坏，从而产生路面裂缝、错台，严重时导致路面沉陷。

调查发现,福建省公路高边坡由于坡率设置不合理导致发生坡体移动的现象也有很多。由于边坡坡率设置不合理,致使很多边坡处于临界稳定状态,在雨季等不利季节,坡体发生移动。由于水泥混凝土路面对变形敏感,在车辆荷载作用下容易产生断板等破坏。

福建省沿海地区的软土地基导致路面产生过大沉降或不均匀沉降。软土的正常压密和固结度极低,而且具有触变性,因而压缩性大,抗剪强度低,抗压强度低,扰动后强度降低大。车辆行驶在软土地基路面板上时,路基易产生滑动破坏,如果不处理或处理不当,就会造成地基失稳、下陷,导致路面板产生过大沉降或不均匀沉降,从而引起路面板下陷、断板等破坏。

在福建省沿海地区通常采用填砂来处理软土地基,即在软土地基上填 1.2m 的海砂,而海砂在降雨条件下,容易被冲走,特别是在福建省的多雨气候下,海砂被冲走的速率加快,软土地基易导致的病害也随之产生。

四、路面施工与材料

路面的施工技术水平和材料性能,直接影响路面的结构性能。实践表明,在保证材料质量和材料配合比设计正确的前提下,材料和配比的稳定性、施工控制和生产技术水平是影响路面性能的重要因素。以下针对施工中的几个问题进行简单探讨。

1. 施工生产的变异水平

施工生产水平具体表现为技术水平、施工水平、机械化程度和管理水平。体现在路面质量上,就是路面平整度、铺筑材料和尺寸、路段土基和基层弯沉等几个方面的均匀性或变异性。

施工生产力技术水平低时,容易出现路面不平整、面板欠密实,欠振、漏振现象。实践证明,欠振、漏振、离析的混凝土强度也将显著低于密实的混凝土,疲劳寿命显著降低。同时局部混凝土强度偏低,也会导致路面磨损严重,表面裸露骨料,局部成坑,平整度严重劣化,路基和基层弯沉值变异大,将导致支承不均从而使路面板出现过大的附加应力等。

施工生产的变异性,决定了路面薄弱区域出现的几率和显著度。在轻交通作用下,薄弱的路面施工质量并没有显现,但在严酷重载交通的作用下,会在施工变异隐蔽的路面薄弱部位马上暴露出来,路面出现过早破坏也就不足为奇。

我国现行《公路水泥混凝土路面施工技术规范》指定高速、一级公路的水泥混凝土路面施工使用滑模摊铺技术,事实上也是要在求降低水泥混凝土路面施工的变异水平。

2. 原材料控制、配合比设计和变异水平

严格控制原材料的质量,除了提高材料性能外,另一个重要目的也是为了降低材料性能的变异水平,减少局部薄弱区域。我国虽然自改革开放以来,经济技术有了长足发展,但我国仍然属于发展中国家,管理和技术水平仍然有很多地方有待提高,现代化水平仍然不高。材料供应的农业化,原材料和配合比要求粗放,水泥的路用品质要求不严,水泥混凝土路面中的外加剂和掺合料使用混乱,混凝土配合比精度不够等等,都需要通过今后不断的努力加以改善。

3. 施工控制

这里的施工控制包括两方面的意思,一个就是施工控制标准的合理性,一个就是施工过程的控制水平。要保证合理和高水平的施工控制,除了管理层面的水平外,还取决于相应有关水泥混凝土路面施工控制的理论和实践研究水平,然而目前此方面我国还存在很多不足。

近年来,许多国外学者发现,水泥混凝土路面施工阶段的质量和早龄期(铺筑后的 72 小

时)性状,对于路面的长期功能会产生显著影响。路面设计、材料和配合比设计、环境、施工工艺等因素均影响水泥混凝土路面的早龄期性状,而在这些因素综合作用下形成的路面早龄期状态(如:接缝/裂缝的张开量、固化翘曲、水分散失诱发的表面开裂等、初期路面平整度),将直接影响路面长期性能,甚至路面破坏模式。但我国目前在此方面研究不足。研究的不足直接反映在技术水平、施工控制技术标准制定和施工过程控制的不足或缺失等方面,造成路面性能不足,通过重载交通很快就会表现出来。

4. 路面混凝土的配合比设计

原材料和配合比设计的合理控制也是为了在经济允许的前提下,得到最优的材料力学品质。但这里有一个值得注意的是,所有这些材料控制标准和配合比设计方法都取决于相关理论的研究进展水平。路面混凝土必须满足路面多种施工阶段和使用阶段的性能要求。但混凝土材料某些方面的性能本质是互相矛盾的,多项性能综合要求与需要配制混凝土的性能之间要综合平衡,目前此方面还存在很多不足。研究表明,水泥胶浆、集料以及水泥胶浆和集料之间的过渡界面是构成混凝土强度和性能的三大因素,但福建省很多混凝土芯样的强度不足,已明确表明水泥和集料之间过渡界面的控制技术不足是目前质量控制的一个薄弱环节。因此,可以看到,混凝土性能的理论研究仍然是一个重要的基础研究问题。

五、路基路面结构组合与构造设计

对于路面来讲,虽然路面破坏是外在交通荷载和环境场综合作用的结果,但在保证施工质量的前提下,路面结构组合与设计也十分关键。“依据外在交通和环境要求自由地设计对应的路面结构”是路面科技工作者的最大目标,但这种自由取决于目前对水泥混凝土路面力学行为和破坏机制的认识水平。水泥混凝土路面是一个复杂的结构(图 2-32),其复杂性主要体现在如下方面:

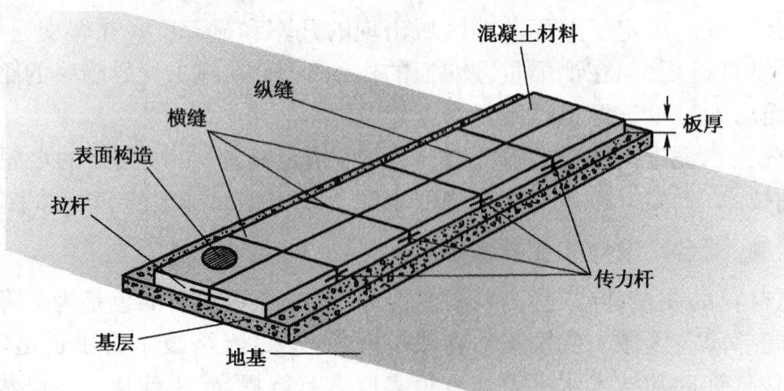

图 2-32　水泥混凝土路面结构

(1)混凝土板搁置在基层、底基层、土基上,各层位功能相互耦合、相互作用;

(2)受到各种各样不同位置的轴载动荷载作用,作用机制十分复杂;

(3)受到季节变化和日变化的温度场影响;

(4)受到季节变化的湿度场和水的影响;

(5)存在横向接缝和纵缝(拉杆);

(6)施工接缝和胀缝处设置传力杆;

(7)面板与基层之间存在复杂的接触面;

(8)施工混凝土早龄期性状对路面早期及长期结构性能有显著影响;

(9)涉及多种复杂的材料特性。

在这些因素的综合重复作用下,水泥混凝土路面的力学行为和破坏机制十分复杂,虽然近200年来,伴随着科技的进步,学者们不断研究,不断创新,但要想得到其间细致准确的机理还任重道远。例如很多有待攻克的问题:

(1)车路系统动力相互作用机制;

(2)路面性能发展演变规律精确预估与分析;

(3)复杂应力状态下的混凝土疲劳模式;

(4)路面早龄期性状产生机制对路面长期性能的影响;

(5)精细化的三维动载—环境场路面力学响应分析等等。

以上路面分析的基础理论研究每前进一小步,都将付出艰辛的工作和劳动,然而这些理论的研究恰恰又是走向自由路面分析设计,指导其它决策和技术开发的关键基础理论问题。

六、养护管理

路面养护方法共分为三类,即预防性养护、日常养护和纠正型或反应型养护。实践证明,合理科学及时的路面养护可以显著延长路面的寿命。精心、细致的路面养护工作,不仅能减缓路面使用性能下降的速度,延长其使用寿命,更能减少大中修的费用,降低公路全寿命成本。

路面预防性养护是公路养护的一种新理念,指公路养护部门在公路路面结构良好或是路面病害发生初期,即对其进行养护,不让公路病害进一步向更深层次发展,从而达到延长路面使用寿命、保持公路完好率和平整度、提高公路质量、降低公路寿命成本、延长中修或大修期限为目的的作业方式。它与传统的公路养护遵循的“坏了才修、不坏不修”的原则截然不同,而是强调预防性。经验表明,预防性养护能延缓路面破坏,延迟昂贵的路面大、中修和重建,有利于降低公路的全寿命成本,是一种效益费用比非常高的养护措施。

在我国南方多雨地区,当水泥混凝土路面出现接缝破损、裂缝、板底脱空以及路面排水系统失效等类型的病害时,雨水不断沿着裂缝渗入基层甚至路基,导致路面承载能力下降,加速路面使用性能的衰减,缩短路面的使用寿命。因此及早进行路面的预防性养护,在延缓路面使用性能恶化速率、延长其使用寿命和节约寿命周期费用方面有着重要的意义。

然而好的养护离不开科学的养护决策和先进的养护技术和材料,科学的养护决策离不开合理的养护标准和科学的管理方法,也同样离不开路面基础分析理论研究的进步。养护技术水平和材料的研发使用也和社会总体生产力水平、经济水平直接相关。目前此方面无论从认识上还是技术上,我国和国外发达国家相比还有很大差距,也直接影响了我国水泥混凝土路面的使用性能和寿命。

第四节　福建省公路水泥混凝土路面的理论与技术问题

综合以上可以看到,福建公路水泥混凝土路面病害是在车辆荷载—福建区域地理气候环境—特定路面结构和材料—施工水平—养护条件等因素综合作用下形成的。福建省公路水泥

混凝土路面外部的条件十分复杂,具有典型的地域特性。具体可以归纳为如下方面:

(1)福建气候炎热,降雨量大。

(2)山区公路普遍存在的填方、挖方、半填半挖路基。土质有残积土、软土、高液限土等不同类型,不同路基条件下路面结构性能将有显著不同。

(3)公路建筑材料特性和分布,地基土质等也均具有很强的区域性特点。例如路面混凝土集料以花岗岩为主,这种含石英的岩石膨胀系数较大,对于路面温度应力不利。

(4)不同历史阶段福建省也有着不同的典型路面建造结构和方法。实践分析发现,对于福建省典型路面病害的合理解释,需要从路面建造的历史、路面所处的环境、服务的交通、施工状态和材料综合分析和理解,才能较好地理解目前路面的行为和破坏特征。

在以上区域因素和循环往复的交通荷载和环境场的综合作用下,福建省水泥混凝土路面病害类型多样且成因十分复杂。各地路面病害既有共性,也有个性的问题。目前福建省路面表现出来的典型病害,一方面脱离不开我国公路整体技术发展的大背景,但另一方面,又与福建公路的区域特性息息相关。因此,要想有效改善福建省公路水泥混凝土路面的结构性能,延长路面寿命,除了不断地进行传统研究领域的水泥混凝土路面基础理论和技术创新外,考虑各地区的气候地理、路面结构、材料选择、施工、养护的区域特点,将水泥混凝土路面的研究和创新进一步细化、区域化,因地制宜地进行公路的设计、施工和材料选择,无疑也是确保路面具有良好质量的关键。

由福建省的路面病害调查可以发现,福建省公路水泥混凝土路面绝大部分最终都是以断板形式而逐渐丧失使用功能的,而路面病害中唧泥和脱空是诱发路面板过早出现断板的重要原因。因此,要显著改善水泥混凝土路面的性能、延长路面寿命,就必须防治过早断板,而首先分析清楚路面过早断板和脱空、唧泥发生的复杂机制,是提出有效改善措施的必要前提。

基于以上,本书以下针对福建南方亚热带气候和区域地理环境特点,从“典型病害、重载交通、路面温度场、山区公路路基、路面施工与材料”等方面,较为系统地对福建省公路水泥混凝土路面的结构性能与破坏机制进行了研究分析,并提出了设计、施工、养护、病害防治技术对策。

第三章　福建省重载交通水泥混凝土路面性能与技术对策

第一节　福建省公路重载交通

实践和研究均表明,货车是造成水泥混凝土路面过早破坏的主要原因。近年来,随着经济的快速增长,福建公路运输业特别是公路货物运输快速发展。一方面,路面上行驶的车辆日益大型化、多轴化和重载化;另一方面,货物运输业主为了获取更多的利润,超载超限运输现象十分普遍和严重。以龙岩市为例,该地区主要运输流为向闽南三角洲地区(厦门)运送物资并从沿海地区返运砂石、服装等商品。据往年在对通过319国道龙岩坂寮岭收费站的142辆货运汽车进行的现场调查显示,除2辆空车外,有131辆实载车超载,超载比例高达92%以上。货车超载达货厢标重的3~5倍最为普遍,约占被调查车辆总数的45%,其次为超载5~7倍,约占被调查车辆总数的25%。超载3倍以上的车辆共占调查车辆总数的80%。表3-1和表3-2显示了国产和进口车的超载情况。

不同吨位货车的国产货车载重的实值分布情况　　表3-1

核载重量(t)	5	8	10	20
实际载重(t)	17~40	22~45	25~53	50~80
平均超载重量(t)	28.5	33.5	39	65
平均超载倍数	5.7	4.19	3.9	3.25

不同品牌的进口车辆超载极值情况　　表3-2

车型	额载(t)	实载(t)	超载(t)	车型	额载(t)	实载(t)	超载(t)
HINO	10	88.4	78.4	三菱	12	89	77
三菱	10	73	63	三菱	15	90.5	75.5

除龙岩漳州319国道以外,福建南平环城路、324国道莆田段、永春运煤线等诸多路段重载交通现象都十分严重。在这样的重型交通荷载综合作用下,福建省水泥混凝土路面不堪重负、早期断板现象严重。许多年一直使用良好的路面在重载交通后1~2年即出现严重的路面破碎现象,一些运矿道路新修路面使用3~5年即出现路面断裂等严重破坏。同时现场发现,福建重载交通路面断板模式与规范控制的临界荷位(板中疲劳)并不相同,多以纵缝、板角裂缝为主。这些问题的出现直接给福建省公路水泥混凝土路面的建设提出了挑战。

2000年以来,有关重载交通对水泥混凝土路面性能的影响,国内很多地区和学者开展了相关研究。福建省普通公路水泥混凝土路面的整体技术发展历程,与我国其它地区的水泥混凝土路面基本一致。其表现出来的性能特点和病害特征，与国家大的技术背景有关的共性特征。但同时也应该看到，福建省靠近北回归线，气候炎热、高温多雨，山岭库岸路基众多，公路路面具有明显南方地区的区域特征。因此，福建省公路路面病害除了共性的原因外，路面破坏往往是重载交通和福建地区个性特征耦合作用的结果。因此，结合具体地区的实际情况对福建重载交通水泥混凝土路面的典型病害特征、成因进行分析，对于提出有效的技术对策具有重要实践意义。

基于以上，本章通过福建省重载交通特性调查分析了重载交通的荷载特性，基于福建省典型路面结构采用三位有限元分析方法进行了不同轴型和工况条件下的受力特性和疲劳损坏分析，综合福建省气候地理环境特性分析重载交通对水泥混凝土路面性能的影响特性，并提出具体技术对策。

第二节　福建省重载交通特性调查

为了解福建省公路的重载交通特性，首先对福州、南平、龙岩等地的交通状况进行实地调查。

一、南平国道205线环城路交通调查

1. 交通量和车型分布

通过2006年7月对南平环城路12小时交通量统计，可以发现在9:00~11:00和15:00~17:00时间短交通量最大，见图3-1。同时由图3-2、图3-3可以发现南平地区的货车轴型比较多，其中后单轴货车最多，后双轴及以上货车也占了很大比例。货车在所有交通量中占了75.5%，货车中又以后单轴解放大货车占最大比例。把货车轴型单独分析(图3-3)，可以看出，后单轴大货车在货车中占了57.2%，2、3、4轴大货车也占到了25.7%。

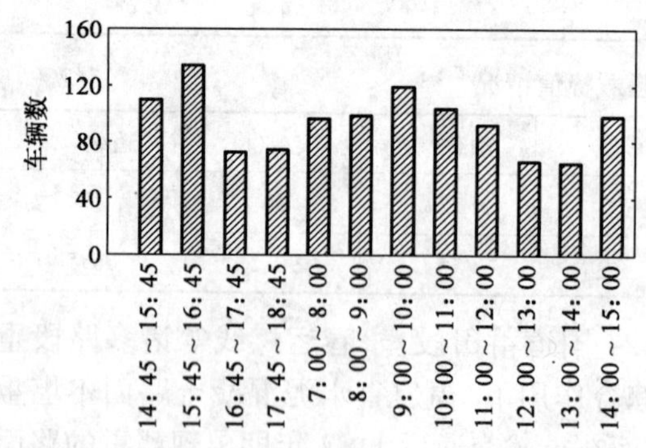

图3-1　南平环城路8月1日~2日12小时交通量统计

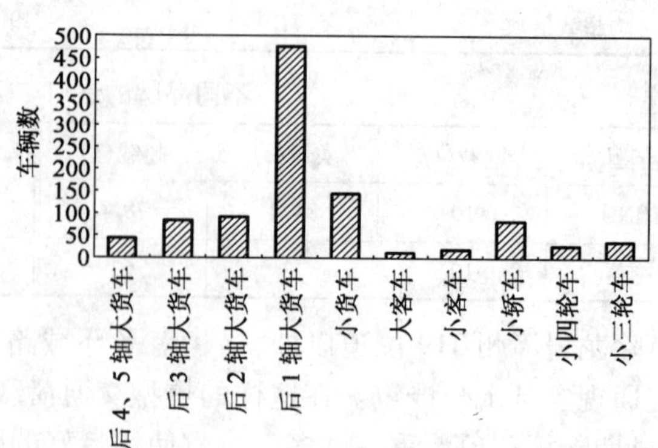

图3-2　南平环城路12小时交通量车型分布统计

2. 车重和轴载分布

采用轴载测重仪对南平环城路货车轴载进行测试(图3-4~图3-7)。

根据国内道路车辆允许总质量，南平环城路后单轴货车超载车辆占后单轴货车数量的

41.6%，后双轴货车超载车辆占后双轴货车数量的39.5%，后三轴货车超载车辆占后三轴货车数量58%（图3-8、图3-9）。

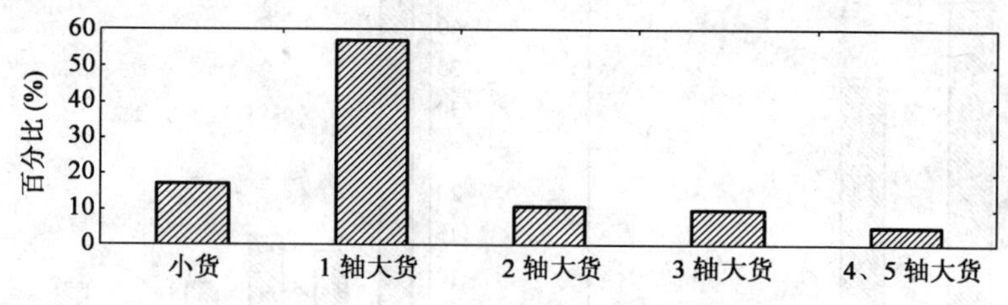

图3-3　南平环城路货车车型分布图

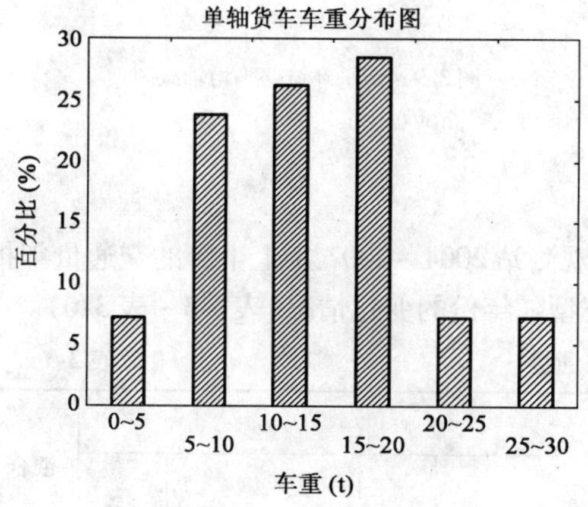

图3-4　南平环城路单轴货车车重分布图

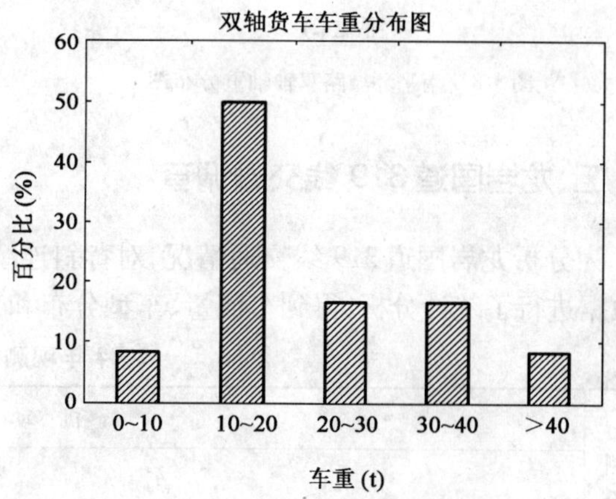

图3-5　南平环城路双轴货车车重分布图

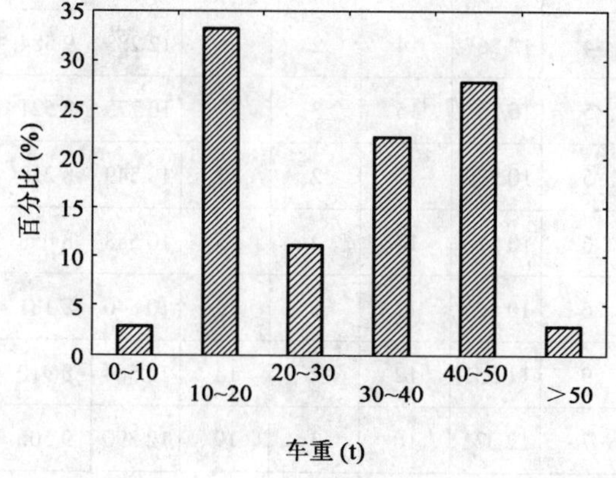

图3-6　南平环城路三轴货车车重分布图

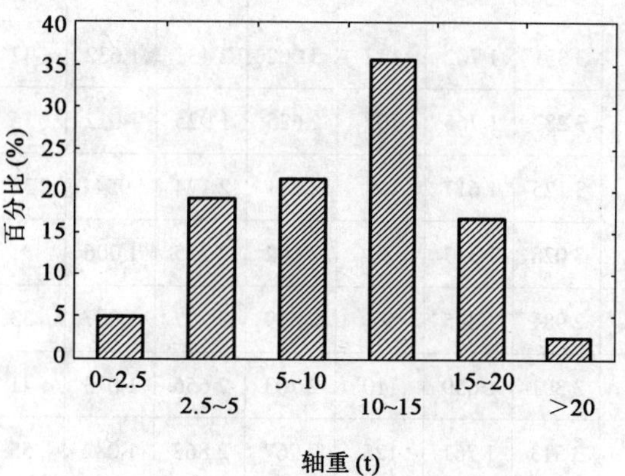

图3-7　南平环城路单轴轴重分布图

单轴轴重最大限载为10t，单轴轴重超过10t的已占54.8%。最大超载率已达107%。双联轴限载值为18t，双联轴轴重超过18t的已占31.22%之多。最大超载率已达115%。环城路轴载谱调查表明，轴重大于13t的轴数占有效轴数（轴重大于2.5t的为有效轴数）的14%，其中大于19t的约占2.51%，17～19t的约占0.5%，15～17t的约占2%，13～15t的约占9%，重载轴数的数量相当大。

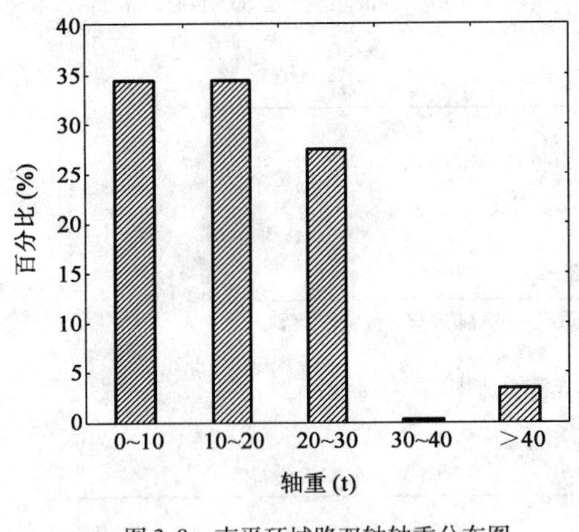

图 3-8　南平环城路双轴轴重分布图

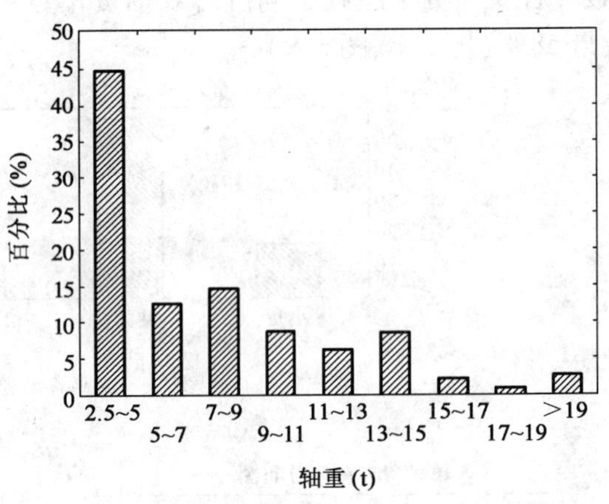

图 3-9　南平环城路平均轴载图

二、龙岩国道 319 线交通调查

为分析龙岩国道 319 线交通情况，对背斜连续式观测站 2004 ~ 2007 年上半年的交通量年报表数据进行了统计分析，得到车流量、车型分布和各车型随年份的变化情况（表 3-3 ~ 表 3-6）。

2004 年观测站交通量

表 3-3

观测月份	机动车													混合交通量
	汽车									拖拉机			合计	
	小货	中货	大货	小客	摩托车	大客	拖挂车	集装箱	小计	小拖	大中拖	小计		
1	3 199	1 364	101	4 229	3 021	1 919	28	4	13 805	16	3	19	13 824	10 215
2	3 351	1 702	113	3 002	2 431	1 632	32	4	12 267	14	2	16	12 283	9 584
3	3 287	1 765	102	2 625	1 925	1 012	36	5	10 758	15	3	17	10 775	8 521
4	3 125	1 617	103	2 521	2 174	954	33	5	10 532	15	2	17	10 549	8 220
5	3 028	1 317	88	2 842	2 255	1 006	31	6	10 573	14	2	15	10 588	8 058
6	2 981	1 345	97	2 559	2 797	1 007	33	6	10 824	12	3	15	10 840	8 181
7	3 301	1 659	110	2 703	2 656	1 073	41	9	11 551	12	2	14	11 564	8 910
8	3 513	1 761	125	2 967	2 862	1 082	55	7	12 371	16	3	19	12 390	9 506
9	3 308	1 732	125	2 686	2 689	967	52	5	11 564	15	1	16	11 580	8 921
10	3 529	1 904	136	3 160	2 921	982	59	4	12 694	14	1	15	12 710	9 701
11	3 508	1 920	128	2 942	2 491	1 030	58	5	12 083	16	2	18	12 101	9 416
12	3 804	1 964	134	3 122	2 243	1 021	60	7	12 354	17	2	19	12 373	9 724
平均	3 323	1 671	113	2 946	2 539	1 140	43	6	11 781	15	2	17	11 798	9 080

2005 年观测站交通量 表 3-4

观测月份	机动车													混合交通量
	汽车									拖拉机			合计	
	小货	中货	大货	小客	摩托车	大客	托挂车	集装箱	小计	小拖	大中拖	小计		
1	3 899	2 074	152	3 639	2 039	1 356	71	8	13 238	11	2	13	13 251	10 450
2	3 030	1 090	78	5 582	3 443	2 439	37	3	15 702	5	0	5	15 707	11 214
3	3 418	1 928	129	3 404	1 985	1 327	67	7	12 265	7	1	8	12 273	9 615
4	3 748	1 940	127	3 556	2 270	1 107	70	8	12 825	9	2	11	12 836	9 961
5	3 474	1 767	120	3 710	2 307	1 112	55	8	12 553	7	2	8	12 561	9 584
6	3 325	1 769	109	3 252	2 383	1 080	61	8	11 986	6	2	7	11 994	9 211
7	3 672	2 105	121	3 452	2 472	1 127	64	8	13 022	9	2	11	13 033	10 107
8	3 497	1 968	116	3 460	2 629	1 106	75	7	12 858	7	1	8	12 866	9 862
9	3 620	2 218	124	3 489	2 656	1 127	80	8	13 322	7	2	9	13 331	10 303
10	3 746	2 326	138	5 823	2 677	1 839	95	11	16 654	8	0	8	16 662	12 465
11	3 891	2 458	148	3 493	2 343	1 104	91	20	13 547	9	0	9	13 556	10 693
12	3 981	2 554	141	3 493	1 796	1 103	95	17	13 179	7	0	7	13 185	10 597
平均	3 608	2 016	125	3 862	2 417	1 319	72	9	13 429	7	1	9	13 438	10 339

2006 年观测站交通量 表 3-5

观测月份	机动车													混合交通量
	汽车									其它机动车			合计	
	小货	中货	大货	特大货	拖挂车	集装箱	小客	大客	小计	摩托车	拖拉机	小计		
1	3 854	1 966	108	0	74	17	5 622	1 400	13 040	2 675	6	2 701	15 741	17 713
2	3 540	1 674	94	0	50	8	5 765	1 772	12 903	3 469	4	3 485	16 389	18 322
3	3 529	2 044	111	0	62	11	3 935	882	10 574	2 078	5	2 098	12 672	14 392
4	3 605	1 958	121	0	64	16	4 093	761	10 618	2 307	6	2 331	12 949	14 589
5	3 456	1 974	118	0	59	10	4 359	814	10 790	2 356	4	2 370	13 160	14 810
6	3 381	1 826	111	0	58	7	3 736	768	9 887	2 120	4	2 135	12 022	13 560
7	3 680	1 958	125	0	68	6	4 093	827	10 758	2 280	6	2 302	13 060	14 726
8	3 829	2 065	103	0	62	7	4 456	789	11 311	2 823	8	2 855	14 166	15 836
9	3 773	2 229	103	0	60	8	4 178	788	11 139	2 644	7	2 672	13 811	15 558
10	3 895	2 219	106	0	65	9	5 159	837	12 289	3 153	8	3 186	15 475	17 256
11	3 987	2 145	156	0	58	10	4 689	799	11 844	2 445	6	2 468	14 312	16 076
12	4 239	2 236	136	0	67	10	4 807	810	12 305	2 163	5	2 184	14 490	16 303
平均	3 731	2 024	116	0	62	10	4 574	937	11 455	2 543	6	2 566	14 020	15 762

2007 年观测站交通量 表 3-6

观测月份	机动车													混合交通量
	汽车									其它机动车			合计	
	小货	中货	大货	特大货	拖挂车	集装箱	小客	大客	小计	摩托车	拖拉机	小计		
1	4 269	2 228	153	0	81	12	5 131	939	12 814	1 919	4	1 934	14 748	16 671
2	3 918	1 413	101	0	48	8	8 231	1 974	15 693	4 266	3	4 280	19 972	21 879
3	3 929	1 897	119	0	72	9	5 409	1 303	12 737	2 647	3	2 658	15 396	17 275
4	3 986	2 144	127	0	78	11	5 138	931	12 414	2 224	4	2 238	14 652	16 494
5	3 993	2 224	148	0	80	10	5 545	964	12 964	2 522	3	2 534	15 498	17 421
6	3 796	2 009	142	0	90	15	4 905	928	11 884	2 674	3	2 685	14 569	16 389
平均	3 982	1 986	132	0	75	11	5 726	1 173	13 084	2 709	3	2 722	15 806	17 688

表 3-3 ~ 表 3-6 数据分析可以看出小货车随着年份呈不断增长的趋势，中货车数量到 2006 年和 2007 年基本趋于稳定，在 2006 年和 2007 年拖挂车急速增长。机动车随着年份呈增长趋势，年平均增长率为 10.32%（图 3-10 ~ 图 3-13）。

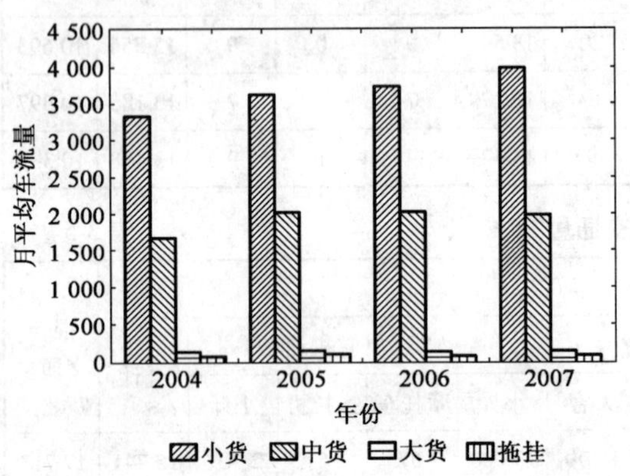

图 3-10 背斜车流量

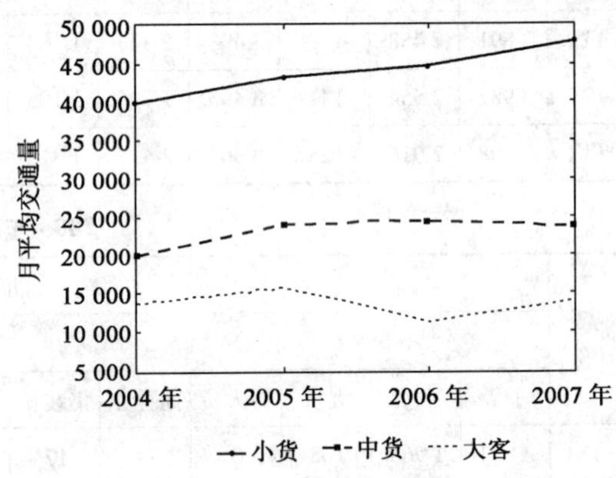

图 3-11 小货、中货及大客月平均交通量随年份的变化

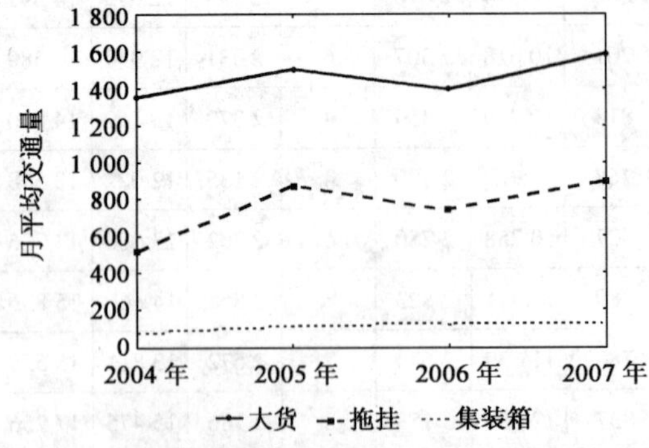

图 3-12 大货、拖挂、集装箱月平均交通量随年份变化

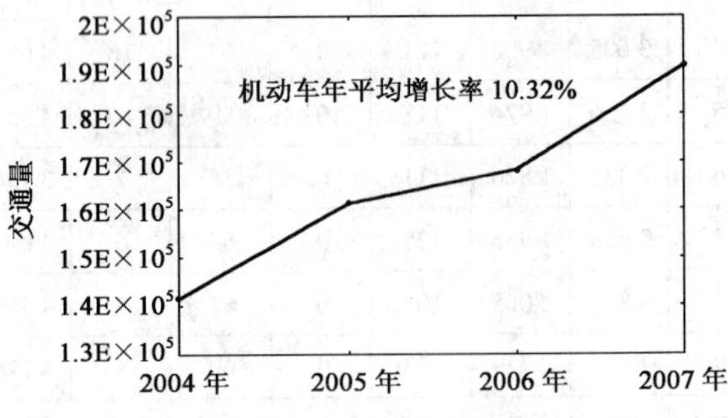

图 3-13 机动车交通量随年份的变化

从轴型分布图（图 3-14）看，后 1 轴、后 2 轴、后 3 轴占了很大比例，三者比例都很大，分别为 25.6%、33.8%、29.7%。其中后 2 轴货车比例最大，这与南平后单轴占到 75% 的轴型分布

特性有很大区别。

采用轴载测重仪对龙岩319国道行驶在该路线上的货车轴载进行测试,分析发现,根据国内道路车辆允许总重量(图3-15～图3-17),后单轴货车超载车辆占后单轴货车数量的86%,后双轴货车超载车辆占后双轴货车数量的70.9%,后三轴货车超载车辆占后三轴货车数量87.9%。前轴轴重最主要分布在4～6t,其次是6～8t,如图3-18所示。虽然车重很大,但前轴轴重一般都不会超过10t。后单轴轴重最大限载为10t,单轴轴重超过10t的已占43.5%,如图3-19所示,最大超载率已达106%;双联轴限载值为18t。双联轴轴重超过18t的已占73%之多,如图3-20所示,最大超载率已达111%。

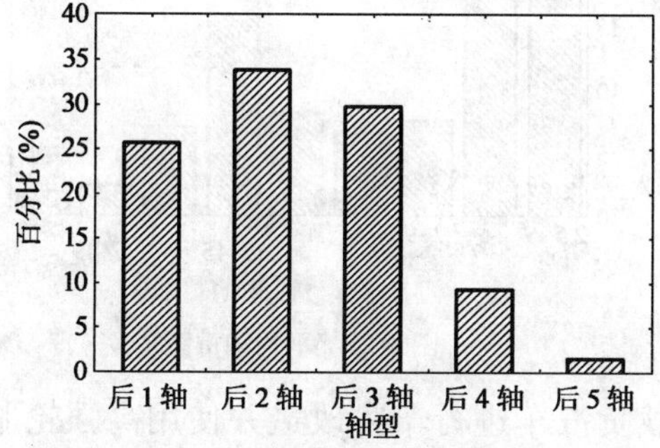

图3-14　背斜观测站轴型分布

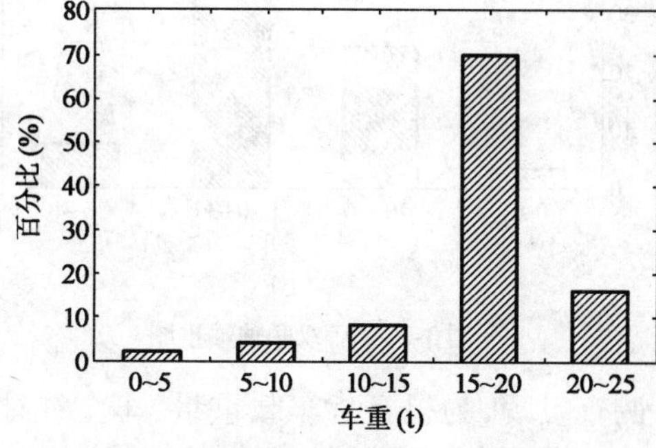

图3-15　后一轴货车车重

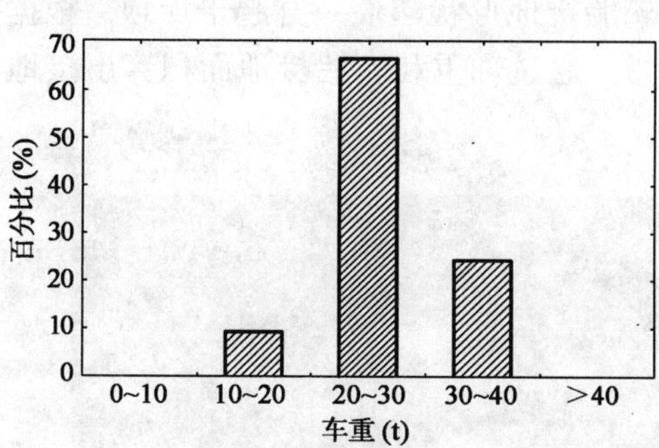

图3-16　后二轴货车车重

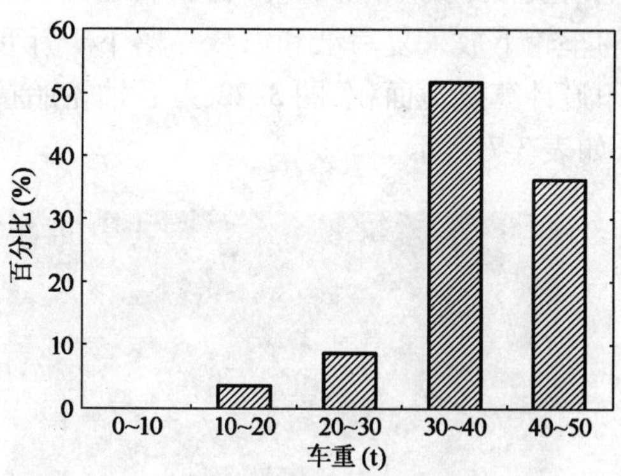

图3-17　后三轴货车车重

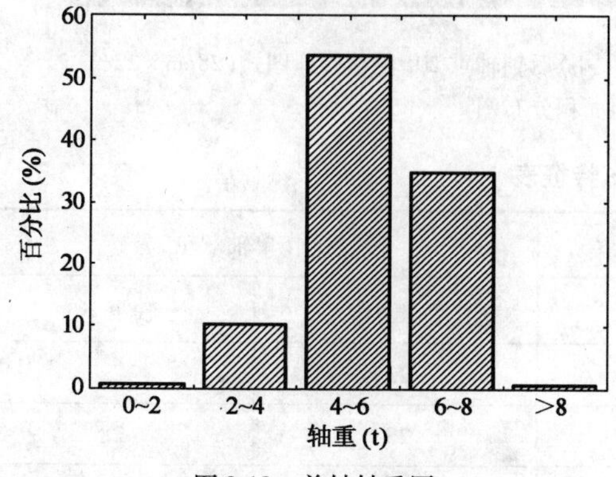

图3-18　前轴轴重图

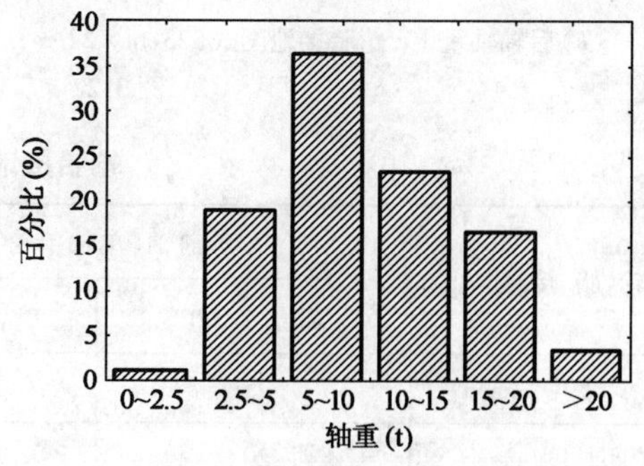

图3-19　后单轴轴重图

龙岩319国道平均轴载谱调查表明，轴重大于13t的轴数占有效轴数（轴重大于2.5t的为有效轴数）的28.3%，其中大于19t的约占1.88%，17~19t的约占2.35%，15~17t的约占7.05%，13~15t的约占16.9%，如图3-21所示。由平均轴载谱组成说明龙岩319国道重载轴数的数量相当大。

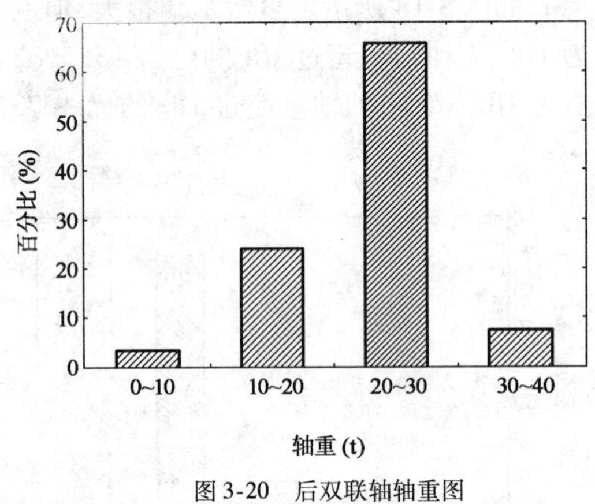

图3-20 后双联轴轴重图

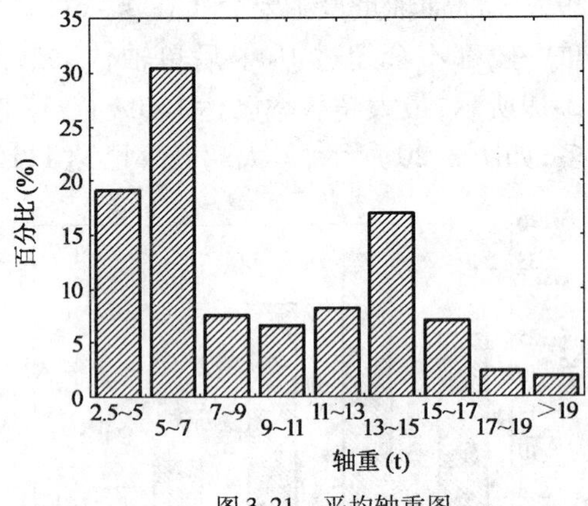

图3-21 平均轴重图

调查发现，为提高货车载重量，车主往往对普通载货汽车进行车身改造并使用高强轮胎。为了解轮胎接地面积和接地压强实际分布情况，对部分有代表性超限车辆进行轮胎接地面积、轴重以及轴距的实地测量。轮胎接地面积的测量方法：用千斤顶支撑起车辆后轴→在车轴一侧的车轮下放入复写纸和白纸→落下千斤顶→获取轮胎接地形状印痕→升起千斤顶→根据接地印痕计算接地面积，图3-22为后轴轮胎接地印痕图。通过轴重和轮胎接地面积算出接地压强，如表3-7所示。

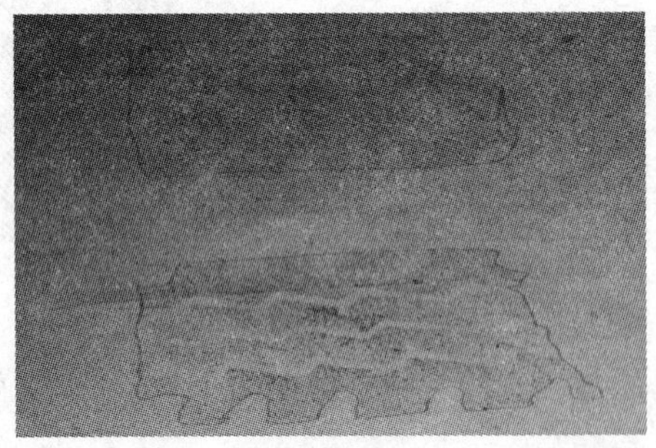
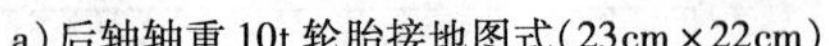
a）后轴轴重10t轮胎接地图式（23cm×22cm）

b）后轴轴重20t轮胎接地图式（28cm×22cm）

图3-22 后轴轮胎接地面积分布图

轮胎接地面积分布特征表

表3-7

轮胎接地	前轴（单轴单轮）		后轴（单轴双轮）	
	轴重4.39t	轴重5.9t	轴重10t	轴重20t
轮印宽度（cm）	21	22	22	22
轮印长度（cm）	20	21	23	28
轮胎接地压强（MPa）	0.523	0.649	0.494	0.812

由于轮胎横向刚度较大，轮胎接地宽度基本上为一定值，约22cm，不受充气压力和负荷条件的影响。由于轮胎宽度基本不变，随着荷载的增加，轮胎愈加变长，也愈偏离圆形荷载假设，接近矩形假设。国内外学者亦对轮胎接地压力进行了试验研究[18,19,24]。国内外轮胎接地压力测试，比较通用也是比较成熟的测试方法是压力传感器法。K. Himeno[31]等通过一种Pizeo Electric Ceramics Sensors装置，测试了不同车型的轮胎在不同荷载、不同气压及不同的车速情形下的垂直压应力分布及大小；Ikeda[32]在实测数据的基础上得到了如下描述平均接地压力c(kgf/cm^2)与胎压p(kgf/cm^2)和轮载L(kgf)的回归关系式：

$$c = 0.489L + 0.373p + 2.222 \tag{3-1}$$

$$c = 0.420L + 0.290p + 1.228 \tag{3-2}$$

式(3-1)考虑了胎面上花纹的影响，式(3-2)不考虑花纹的影响。

南非学者M. de Beer[33]在光滑轮胎接地压力的实测方面做了大量的工作，他的数据表明，在重载作用下，光滑胎面的平均接地压力要比胎压高29%～58%，而且轮胎中部的接地压力集度随胎压的变化而变化，受轮载的影响不大；轮胎边缘的接地压力集度主要受轮载的控制，与胎压没有多大的关系。研究发现，当轮载较小时，轮胎中部的压力分布较为均匀，压力集度与胎压大致相等；轮载较大时，轮胎肩部的压力增大。

我国吉林工业大学汽车地面力学研究室和长春汽车研究所的试验[17]认为：轮胎的接地形状介于矩形和椭圆形之间。但对于载重车轮胎，特别是荷载较大时，其接地形状更接近于矩形，所以提出了如下经验公式来计算接地长度L和宽度B：

$$\begin{cases} L = 2D\left(\dfrac{\delta}{D}\right)^{s} \\ B = B_0(1 - e^{-t\delta}) \end{cases} \tag{3-3}$$

式中：s，t——经验系数；

B_0——轮胎直径；

D——轮胎直径；

δ——轮胎轮廓侵入路面的距离。

综合以上，本章后续计算的接地压强按表3-8取值；根据实测结果，轮胎接触宽度取22cm，长度再根据接地压强和轮胎宽度算得。

各轴型接地压强　　表3-8

轴　型	轴载(kN)	接地压强(MPa)	轴　型	轴载(kN)	接地压强(MPa)
单轴单轮	$M=60$	0.45	单轴双轮	$M \leqslant 100$	0.45
	$60<M=90$	0.7		$100<M=150$	0.7
	$90<M=120$	0.8		$150<M=200$	0.8
	$120<M$	1.0		$200<M$	1.0
双轴双轮	$M=180$	0.45	三轴双轮	$M=220$	0.45
	$180<M=270$	0.7		$220<M=330$	0.7
	$270<M=360$	0.8		$330<M=440$	0.8
	$360<M$	1.0		$440<M$	1.0

利用测速仪对在龙岩319国道路段背斜坡行驶货车的上下坡车速进行测量，了解各车型货车的速度分布情况。从图3-23和图3-24可以看出，货车下坡速度分布在30～70km/h，最主要分布在50～60km/h，上坡速度主要分布0～50km/h，最主要分布在20～30km/h。

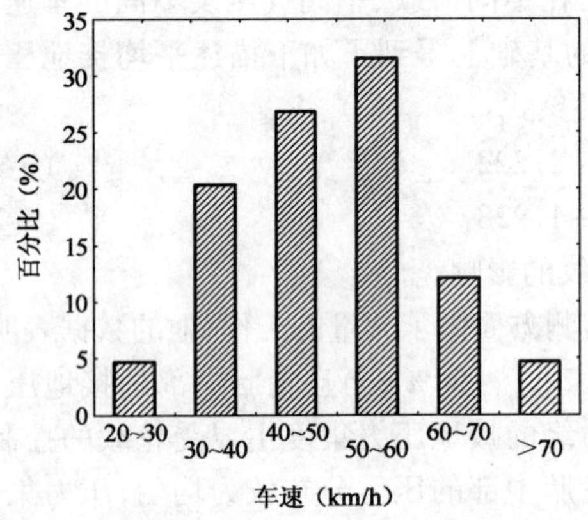

图3-23 背斜坡货车下坡平均速度分布

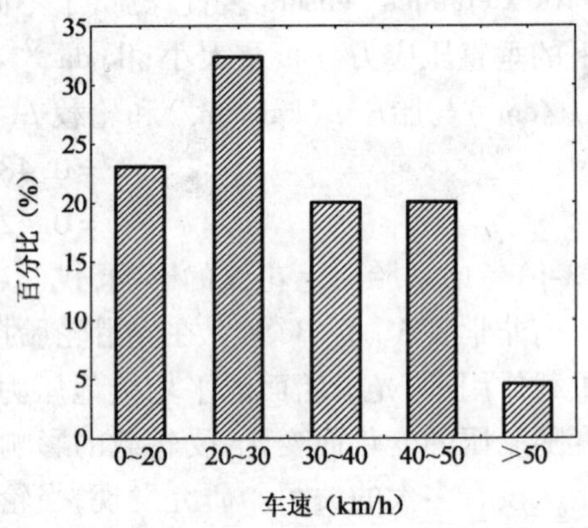

图3-24 背斜坡货车上坡平均速度分布

从大、中、小货车的上下坡速度分布图3-25和图3-26可以看出，速度比较低时，所占比例：大货＞中货＞小货，而当速度比较大时，所占比例：小货＞中货＞大货。

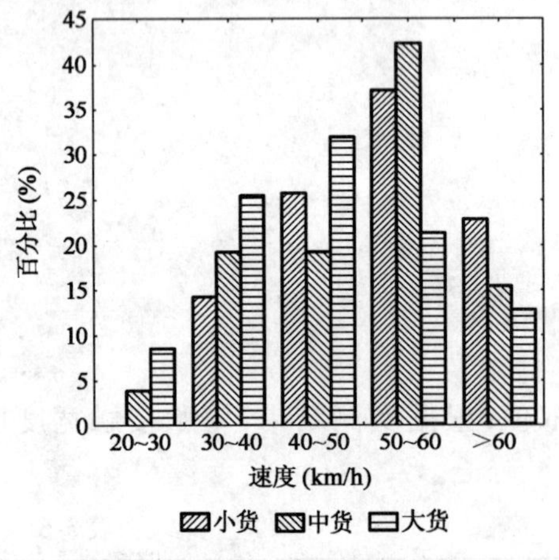

图3-25 背斜坡货车下坡速度分布图

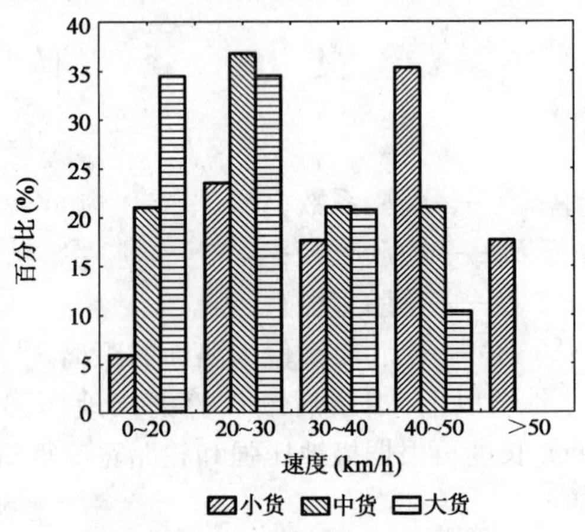

图3-26 背斜坡货车上坡速度分布图

三、轴型尺寸调查

为了解我国货车的轴型特性，对国内货车生产厂家公布的货车轴型资料进行了分析统计，统计结果如表3-9。

结合福州、南平环城路试验路现场试验使用的货车轴距情况，可发现，双联轴及三联轴的轴距一般在1.25～1.35m之间（图3-27～图3-31），可取均值1.3m。

从南平和福州两地区实测车轴型尺寸也可以看出，一侧双轮间距有32.5cm、33cm、34cm和35cm，取均值34cm；同时轮隙间距有1.67m、1.84m、1.855m、1.86m，取1.8m。

双轴和三轴轴距　　表 3-9

车　　型		轴　距　(m)
东风牌载货汽车	EQ1132F	1.25
混凝土搅拌运输车	SLA5220GJB	1.27
东风 3208 自卸车	EQ3208G7	1.3
东风 3290 前四后八自卸车	EQ3290GF	1.300
东风牵引王	EQ4243G	1.3
东风 1290 前四后八厢式货车	CLW	1.3
化工液体运输车	CSC5310GHYC	1.35
化工液体运输车	CSC5250GHYC	1.35
洒水车	DLQ5250GSSC	1.35
随车起重运输车	SMJ5251JSQJC	1.35
运油车	SGZ5380GYY	1.35
粉粒物料运输车	DLQ5380GFLC	1.35

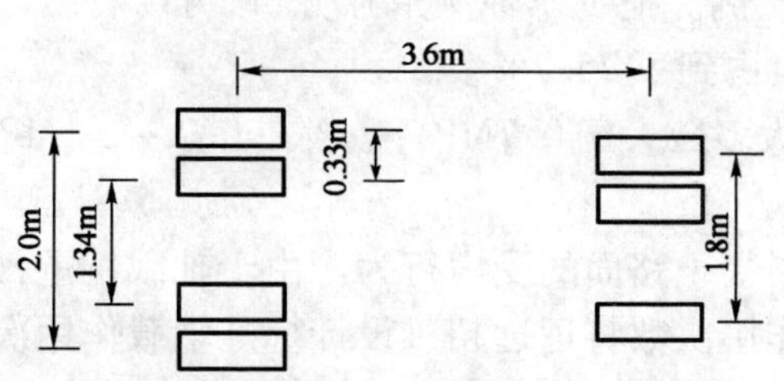

图 3-27　南平环城路实测车后单轴货车轴距图

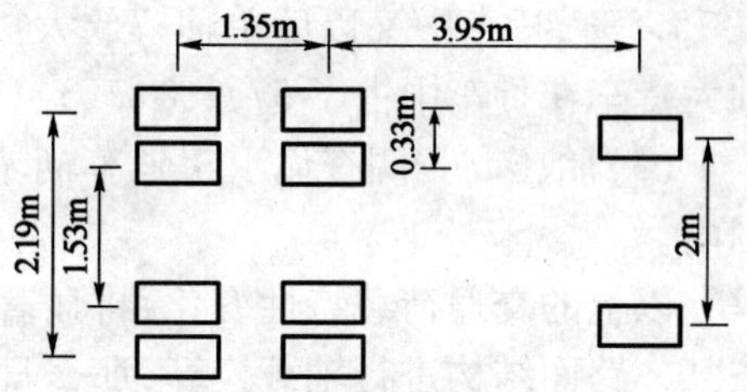

图 3-28　南平环城路实测车后双轴轴货车轴距图

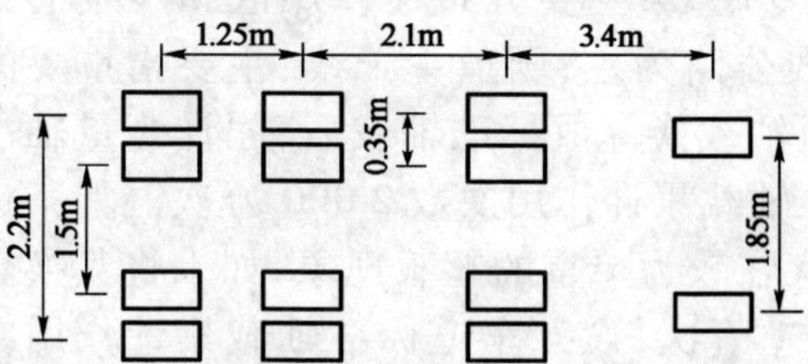

图 3-29　南平环城路实测车后三轴货车轴距图

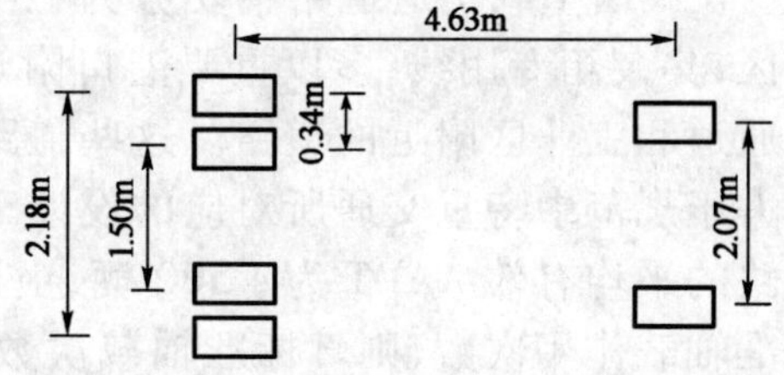

图 3-30　福州实测车后单轴轴距图

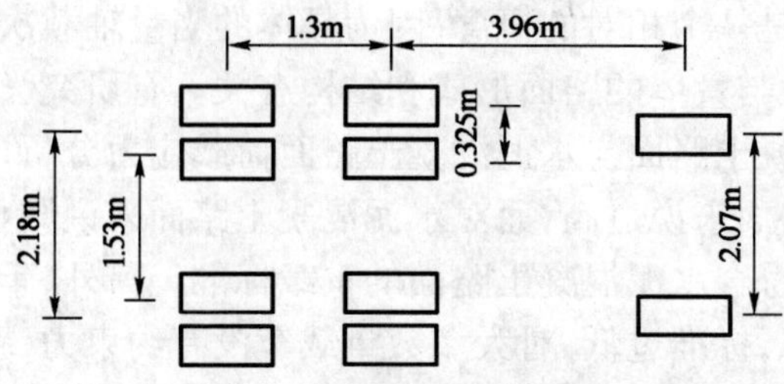

图 3-31　福州实测试验车后双轴轴距图

综合以上的调查,后续计算的轴型轮组尺寸按图 3-32 取值。

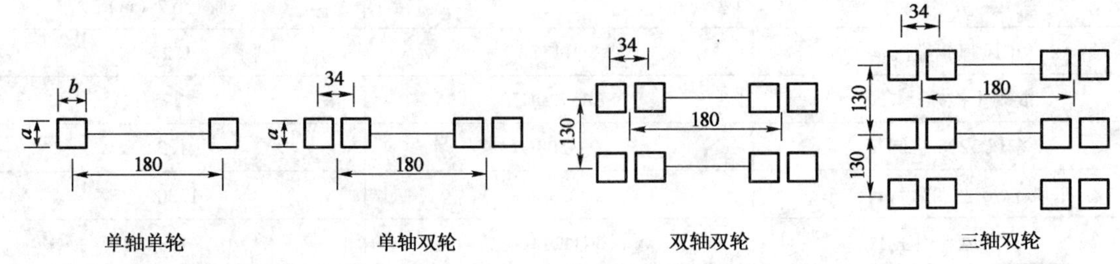

图 3-32　轴型轮组图(尺寸单位:cm)

四、重载交通的荷载特性

以上对福建具体路段的交通调查表明,公路实际运行的货车与设计规范依据的典型车型参数有较大不同,主要体现在以下几点:

(1)轴载偏重。调查结果显示,单轴超限最少的地区有 1/4 左右,双轴超限(18t)的比例均大于 1/3,其中最大单轴轴重重达 31t,双后轴最大轴重达 50t 左右。

(2)货车比例大、交通量大。国道 205 线交通调查表明,南平环城路货车在所有交通量占了 75.5%,货车中又以后单轴解放大货车占最大比例。把货车轴型单独分析,可以看出,后单轴大货车在货车中占了 57.2%,2、3、4 轴大货车也占到了 25.7%。

(3)胎压高。调查显示超限车辆轮胎内压绝大多数大于 0.7MPa,一般在 0.7～1.1MPa 范围内。

以上的交通荷载特性变化,将显著改变水泥混凝土路面的受力行为。由于轴载偏重,如果按某一路面结构进行轴载换算,那么日标准轴载作用次数将远远超过设计标准轴载作用次数;由于货车比例大的特点和具体的货车轴型分布,将有可能改变具体路面的典型破坏模式。业界往往把这种显著影响路面受力行为的交通荷载特性称为“重载交通”。

在我国重载交通道路主要分为三类:运煤专用线,主要分布在产煤区和煤炭的销往地区;集装箱专用线,多以重要港口附近的干线公路为主;国道主干线,主要指重要的货运通道和工业区附近的道路。这些道路的交通轴载换算成标准轴载后,累计当量轴次远远大于规范中特重交通所对应的设计车道标准轴载累计作用次数 2 000 万次。如某运煤线路的平均有效 AADT 为 4 500 辆,由于普遍存在较为严重的超载现象,如果将其换算为标准轴载作用次数,则日标准轴载次数将大于 1 万次,设计车道标准轴载累计作用次数至少在 5 000 万次以上,采用现有的轴载分级标准已不适用实际情况,必须提出新的分级标准[16]。

但实际上,重载交通是一个相对的概念,因为具体的当量轴载次数和导致路面承载力非常规破坏的交通和荷载特性与具体的路面形式和结构有关。有研究尝试采用路面结构承载力来界定重载,但由于沥青混凝土路面与水泥混凝土路面荷载应力分析以及破坏标准不同,同样的标准可能对沥青混凝土路面来说过高,而对水泥混凝土路面来说则显得太低,因此不容易找到一个既符合沥青路面、又符合水泥混凝土路面的重载标准。另外,重载标准的界定一定要结合重载道路的实际运营情况,标准过低,对大多数重载车没有约束力,路面设计将会过于冒险;标准过高,将会限制许多货车的运营,路面设计的安全储备将会增加。

目前,究竟达到怎样的标准属于重载交通尚无准确的定义,但公认的一个观点就是:

(1)重载交通与重交通不同,重交通只是当量轴载次数大,但车辆荷载特性并不一定有以上的3个荷载特征。重载交通一定有上述荷载特征,而且折算的当量轴次很大。实际上,重载交通和重交通有着本质的区别,重交通意味着轴载作用次数多,重载交通意味着主要车型轴重大。低吨位大交通量也可以判断为重交通,但重载交通不仅仅是轴载作用次数多,重载交通对路面破坏表现为显著改变路面力学特性,不是简单的重交通。

(2)重载交通下按常规设计的路面往往承受不住,经常出现过早和非常规的破坏现象。究竟是什么原因导致了路面的加速非常规破坏,是重载交通路面问题研究的关键,也是重载交通研究必须解决的问题。进行重载交通路面设计时,除了要考虑轴载多次作用下的疲劳,还要考虑路面结构组合问题以及重载交通下路面结构表现相对薄弱环节的性能提高问题,特别是接缝传荷问题,路面各层结构整体强度、刚度、耐久性问题,路基稳定、变形问题,填挖过度导致的不均匀刚度和不均匀沉降的问题。

根据大量重载道路的调查情况,分析通过车辆的具体轴载图,分析重载道路的交通组成、轴重组成,计算超载车辆百分比以及超载率,然后归纳不同道路上重载相同点;同时,还应结合实际当量轴载换算,对此相同点进行验证与校正,才能得出具体水泥混凝土路面结构的重载标准。综合比较国内外现有研究成果,建议采用2005年蒋应军博士论文中的观点[16],即采用轴载累计作用次数分级的方法。因为传统的轴载换算方法,由于疲劳试验和换算方法上的一些缺陷,不能反映实际的道路轴载组成对路面设计的影响。综合分析我国目前重载道路和普通道路的交通组成情况,建议重载交通用单轴双轮轴载大于100kN的轴次占混合交通(机动车)总量百分比来界定。轴载大于100kN的车型主要为重型载货汽车,以及大型客车和部分超载严重的中型载货汽车。随着国家对载货汽车超限、超载治理力度加大,以及运输部门为了提高运输效益,重型载货汽车必将成为大宗货物运输的主流车辆,因此,重载交通亦可以简单地用重型载货汽车在道路上行驶的比重来界定。考虑到我国道路的实际轴载整体上大大超过100kN轴载标准,建议当道路上行驶的重型载货汽车交通量与混合交通量之比大于20%时定义为重载交通。

第三节 重型轴载下福建公路水泥混凝土路面受力特性

为深入了解福建省水泥混凝土路面在重载下的受力特性,采用三维有限元程序对不同工况下福建省典型水泥混凝土路面结构的力学行为特性进行研究,讨论各因素对路面结构使用寿命的影响,为重载交通水泥混凝土路面结构设计提供参考。

一、三维有限元分析模型

1.单元离散

应用三维有限元分析程序EverFE2.24计算和求解路面板的应力,程序采用5种单元(图3-33):

(1)离散面板及弹性基层、底基层的20结点二次固体单元;

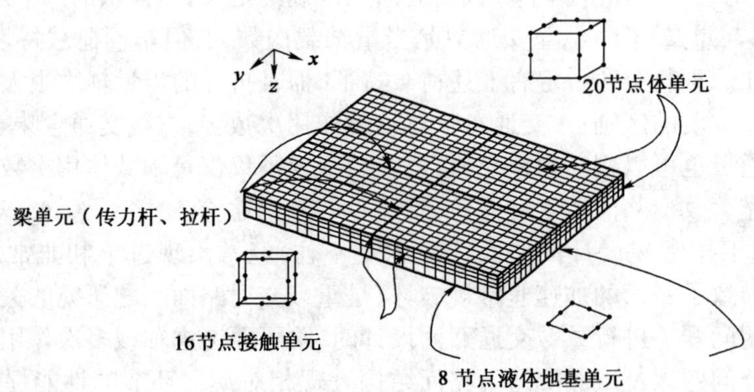

图 3-33　单元划分及类型

(2)稠密液体地基的 8 结点二次平面单元；

(3)模拟接缝集料嵌锁作用以及面板与基层之间剪力传递的 16 结点二次接触面单元；

(4)离散横缝传力杆及纵缝拉杆的 3 结点弯曲单元；

(5)离散横缝传力杆及纵缝拉杆的 2 结点剪切梁单元。

2. 接触界面模型与参数

在接触界面问题的处理上,EverFE2.24 可以将面板与基层视为完全黏结,也可以将其考虑为在拉力作用下的部分分离。两种情况下,面板与基层均不共用结点,而是用结点约束来满足接触条件的需要,如图 3-34。求解法则采用修正的拉格朗日公式。

EverFE2.24 采用的接触界面模型实际上是一种双线性的、弹塑性剪力传递模型,采用 16 结点零厚度的二次接触面单元,如图 3-35。该单元采用标准二次形函数,以此确保与其共享结点的 20 结点立方体单元(用于模拟路面板和基层的实体单元)的位移相一致。EverFE2.24 应用了等参单元,并用 9 点(3×3)高斯积分法计算刚度矩阵和等效结点力。

Rasmussen 和 Rozychi[30] 于 2001 年给出了这种双线性、弹塑性剪力传递模型的本构关系,如图 3-36,它用初始分布刚度 K_{SB}(MPa/mm)和滑动位移 δ(mm)来表征,并通过路面板的顶推试验得到了几种典型基层与路面板接触界面参数,如表 3-10 所示。只要路面板与基层保持接触,K_{SB} 被认为沿 x 和 y 是均匀分布且相互独立的。而事实上,当路面板与基层不完全接触时,剪应力传递的很小,甚至没有,这一点只要满足相对竖向位移 $\delta_z>0$,就可将接触面刚度和剪应力置为零来实现。

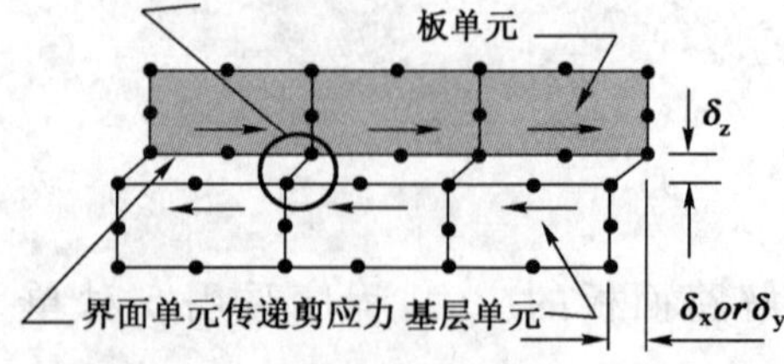

图 3-34　面板与基层接触界面剪力传递模型

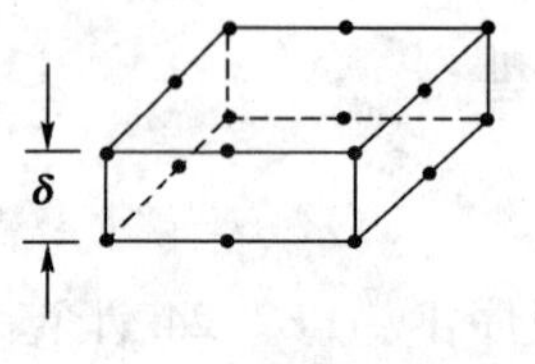

图 3-35　16 结点接触界面单元

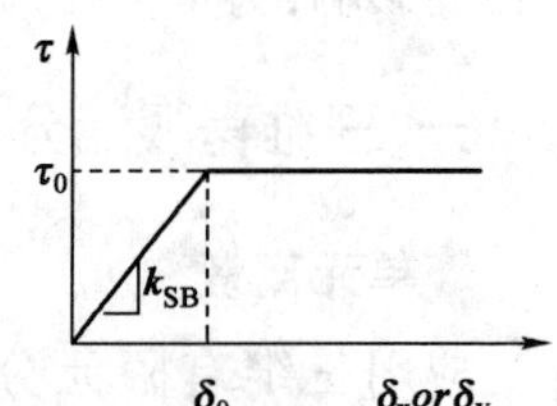

图 3-36　接触界面双线性单元本构模型

典型基层与路面板接触界面参数　　表 3-10

基层类型	K_{SB}(MPa/mm)	δ_0(mm)
表面粗糙的沥青混凝土(R. HMA)	0.270	0.250
表面光滑的沥青混凝土(S. HMA)	0.068	0.510
表面粗糙的沥青稳定碎石(R. AS)	0.200	0.510
表面光滑的沥青稳定碎石(S. AS)	0.065	0.640
水泥稳定碎石(CS)	4.100	0.025
级配碎石(Granular)	0.027	0.510

与摩擦模型不同,上述剪应力的大小不依赖于正应力。然而,当 K_{SB} 值很大时,这种模型类似于具有较大摩擦系数的库仑摩擦模型;当 K_{SB} 很小时,则相当于在界面处没有摩擦力。EevrFE2.24使用这种模型的优点在于使系统刚度矩阵保持对称,这样就可以使用高效率的预处理合成梯度法求解。如果采用库仑摩擦模型,则系统刚度矩阵非对称,因而需要更为复杂的求解技术,使效率大为降低。本文计算参数在没有特别说明的情况下,板与地基在层间接触面为水泥稳定碎石($K_{SB}=4.1$,$\delta_0=0.025$mm)。

3. 地基模型参数

对于程序中稠密液体地基模型参数采用下式进行计算:

$$k=\frac{E_0}{h(1-\nu_0^2)}\sqrt[3]{\frac{E_0}{E_c}} \tag{3-4}$$

式中:E_0——地基弹性模量;

E_c——混凝土弹性模量;

h——混凝土面板厚度;

ν_0——地基泊松比。

4. 荷载图式参数

在轴载输入时,EverFE2.24 只需输入轴重、轴载、几何尺寸以及作用位置即可,并将轮胎的接地面积简化为矩形。各轴型尺寸按实际调查结果取值;轮胎接地宽度取 22cm,长度再根据接地压强表 3-8 和轮胎宽度算得。

5. 最不利荷载位置

为了解不同轴型下板块的最不利荷载位置有无不同,分别采用轴载 100kN 的单轴双轮、双轴双轮和三轴双轮对单块板进行加载,各结构层参数如表 3-11。作用位置分别取纵缝边缘中部、板角、板中、横缝边缘中部,计算三种轴型在板块四个不同作用位置的板底最大拉应力(图 3-37)。

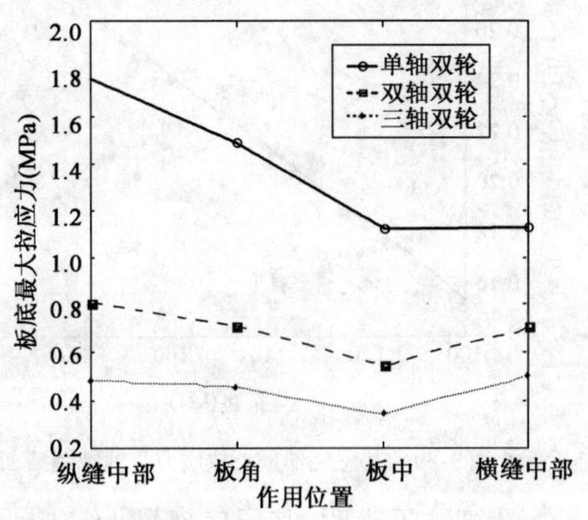

图 3-37　不同轴型在四个作用位置产生板底最大拉应力

各结构层参数 表 3-11

结构层	厚度	材料参数	备注
面板	$h_1=240\text{mm}$	混凝土弹性模 $E_c=30\text{GPa},\mu_1=0.15$	长×宽 $=5\text{m}\times4.5\text{m}$
基层	$h_2=150\text{mm}$	回弹模量 $E_1=3\,000\text{MPa},\mu_2=0.25$	—
土基	—	回弹模量 $E_2=30\text{MPa},\mu_0=0.3$	—

由图 3-37 可见，板的最不利荷载位置和轴型有关，单轴、双轴最不利荷载位置为纵缝边缘中部，三轴最不利荷载位置为横缝边缘中部。虽然双轴不利荷载位置仍在纵缝边缘，但和单轴比起来不利荷载位置有向横缝边缘转移的趋势，即当货车多轴化后，不利荷载位置将发生转移。图 3-38分别给出了单轴、双联轴、三联轴最不利荷载作用位置。

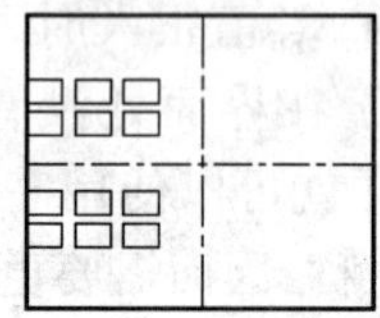 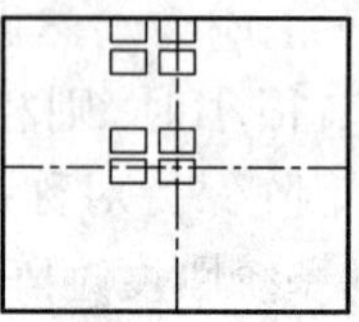 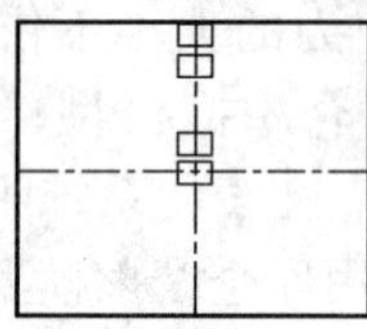 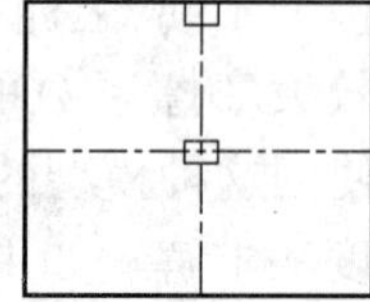

图 3-38 各种轴型的最不利加载位置

以下涉及轴型的计算，除特别说明外，均采用图 3-38 所示的最不利荷载位置进行加载。

二、重载对福建省水泥混凝土路面的力学影响

1. 轴载的影响

1）对拉应力的影响

为了解轴载增加对板底受力的影响，分别对单轴单轮、单轴双轮、双轴双轮、三轴双轮轴型作用下的板底最大拉应力和单轴双轮作用下的基层底部最大拉应力进行计算（图 3-39、图 3-40），计算时各结构层参数如表 3-11 所示。

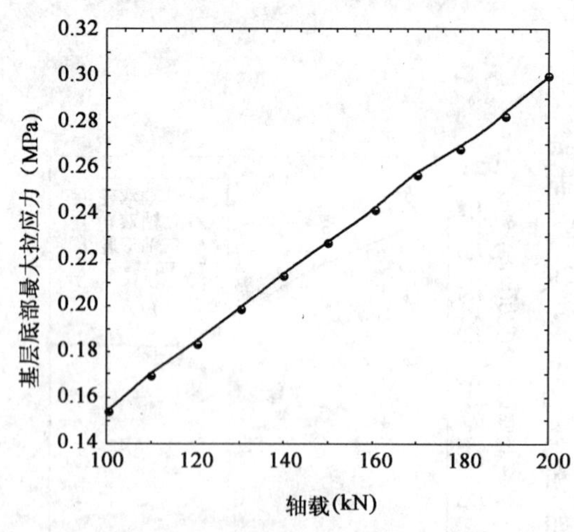

图 3-39 基层底部最大拉应力与轴载关系

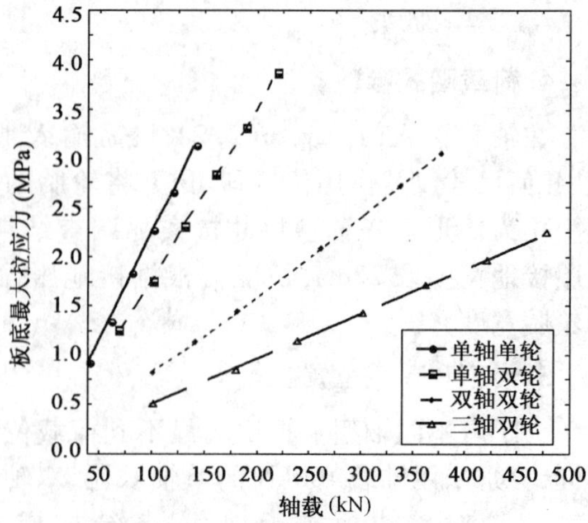

图 3-40 各轴型轴载和板底最大拉应力关系

计算结果表明，基层底部最大拉应力与轴载几乎呈线性增长关系，如图 3-39，同时可以发现轴载作用下基层底部产生的拉应力很小。即使当轴载超载 100% 时，基层底部最大拉应力

也只有0.3MPa。

由图3-40可看出，四种轴型轮组下，面板板底最大拉应力都随着轴载的增大而增大，且四种轴型轮组作用下板底最大应力与轴载几乎呈线性增长关系，其中单轴单轮增长速率最大，紧接着依次为单轴双轮、双轴双轮和三轴双轮。可见轴载对面板拉应力有显著的影响，且随着轴数或轮组数的增加而影响效果减弱。

2）对使用寿命的影响

一般情况下造成路面板早期开裂的主要原因是重载引起的疲劳损坏。为定量分析重载对水泥混凝土路面疲劳寿命的影响，采用计算出的板底最大拉应力来计算允许重复荷载作用次数 N_f。计算时采用波特兰水泥协会推荐的疲劳方程：

当 $\alpha/f_{cm} \geqslant 0.55$ 时：

$$\log N_f = 11.737 - 12.077(\alpha/f_m) \tag{3-5}$$

当 $0.45 < \alpha/f_{cm} < 0.55$ 时：

$$N_f = 4.2557/[(\alpha/f_{cm}) - 0.4325]^{3.268} \tag{3-6}$$

当 $a/f_{cm} \leqslant 0.45$ 时：N_f 不限。

式中：α——板的弯拉应力；

f_{cm}——板的设计弯拉强度（MPa）。

选取单轴双轮、双轴双轮、三轴双轮三种轴型进行计算，各结构参数如表3-11，对所得结果进行分析，结果列于表3-12～表3-14。

三轴双轮荷载作用下水泥混凝土路面结构使用寿命对比　　表3-12

轴载（kN）	轴载增量（%）	板底最大拉应力（MPa）	允许重复荷载作用次数	允许重复荷载作用次数折损率（%）
300	0	1.420	不限	—
330	10	1.555	不限	—
360	20	1.700	不限	—
390	30	1.834	不限	—
420	40	1.967	不限	—
450	50	2.124	不限	—
480	60	2.257	48 827 772	—
510	70	2.393	2 649 534	94.574
540	80	2.525	603 336	98.764
570	90	2.656	220 148	99.549
600	100	2.786	101 788	99.79

单轴双轮荷载作用下水泥混凝土路面结构使用寿命对比　　表3-13

轴载（kN）	轴载增量（%）	板底最大拉应力（MPa）	允许重复荷载作用次数	允许重复荷载作用次数折损率（%）
100	0	1.572	不限	—
110	10	1.974	不限	—
120	20	2.146	不限	—
130	30	2.316	10 004 051	—
140	40	2.483	902 261	90.981
150	50	2.648	232 226	97.679

续上表

轴载（kN）	轴载增量（%）	板底最大拉应力（MPa）	允许重复荷载作用次数	允许重复荷载作用次数折损率（%）
160	60	2.837	76 650	99.234
170	70	3.003	30 448	99.696
180	80	3.166	12 298	99.877
190	90	3.328	4 995	99.95
200	100	3.488	2 052	99.98
210	110	3.711	594	99.99
220	120	3.876	237	100

双轴双轮荷载作用下水泥混凝土路面结构使用寿命对比 表 3-14

轴载（kN）	轴载增量（%）	板底最大拉应力（MPa）	允许重复荷载作用次数	允许重复荷载作用次数折损率（%）
200	0	1.617	不限	—
220	10	1.772	不限	—
240	20	1.926	不限	—
260	30	2.078	不限	—
280	40	2.245	不限	—
300	50	2.396	2 539 899	—
320	60	2.547	497 665	80.4
340	70	2.695	171 698	93.24
360	80	2.841	74 963	97.049
380	90	3.035	25 484	98.997
400	100	3.186	11 004	99.567
420	110	3.334	4 831	99.81
440	120	3.482	2 121	99.916
460	130	3.708	604	99.976
480	140	3.854	268	99.989
500	150	4.001	118	99.995

允许重复荷载作用次数值可以反映出路面结构使用寿命，允许重复荷载作用次数值越少，则路面的使用寿命越短。从计算结果可以看出，超载对水泥混凝土路面结构使用寿命影响显著。

对于单轴双轮而言，如果超过标准轴载在30%内，对允许重复荷载作用次数影响不大；在30%～40%之间，允许重复荷载作用次数将骤减；超过40%后，只剩下不足10%允许重复荷载作用次数，如图3-41a）。

对于双轴双轮而言，如果超过标准轴载在50%内；对允许重复荷载作用次数影响不大，在50%～75%之间，允许重复荷载作用次数将骤减；超过75%后，只剩下不足10%允许重复荷载作用次数，如图3-41b）。

对于三轴双轮而言，如果超过标准轴载在60%内，对允许重复荷载作用次数影响不大，在50%～70%之间，允许重复荷载作用次数将骤减，超过70%后，只剩下不足10%允许重复荷载作用次数，如图3-41c）。

由此可见，重载将使水泥混凝土路面结构使用寿命大大减短，造成公路早期破坏。

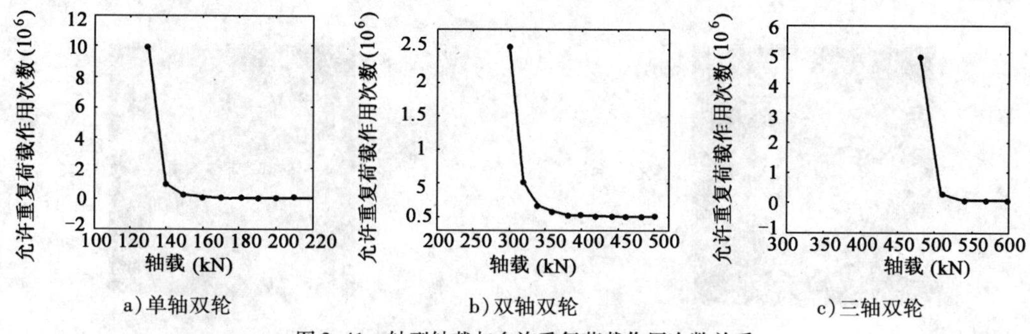

图 3-41 轴型轴载与允许重复荷载作用次数关系

3)对挠度的影响

计算双轴双轮轴载作用在板角时板角和板边的挠度值,如图 3-42 所示,发现随着轴重的增加,板角和板边的挠度不断增大,而且板角增大的幅度更大,即轴载的增加不仅增大了各位置的挠度,而且增大了各位置间的挠度差,严重时可能造成板角一次性断裂。

2. 轴型的影响

由轴载对受力的影响计算可以发现,单轴单轮产生的板底最大拉应力随着轴载增加的增长速率最大,紧接着依次为单轴双轮、双轴双轮和三轴双轮。其他设计参数均相同的条件下,采用轴载均为 100kN 进行计算,结果如图 3-43,单轴单轮产生的最大板底应力为 2.274MPa;单轴双轮产生的最大板底应力为 1.762MPa;双轴双轮产生的最大板底应力为 0.816MPa;三轴双轮产生的最大板底应力为 0.507MPa。由此可见,轴数及轮组的改变能明显改变路面的应力状态,增加轴数或轮组数,能明显减小板底最大拉应力。

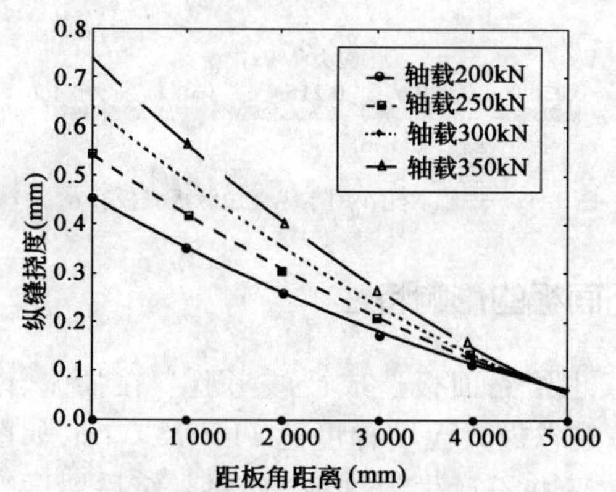

图 3-42 纵缝挠度与轴载、荷载位置的关系

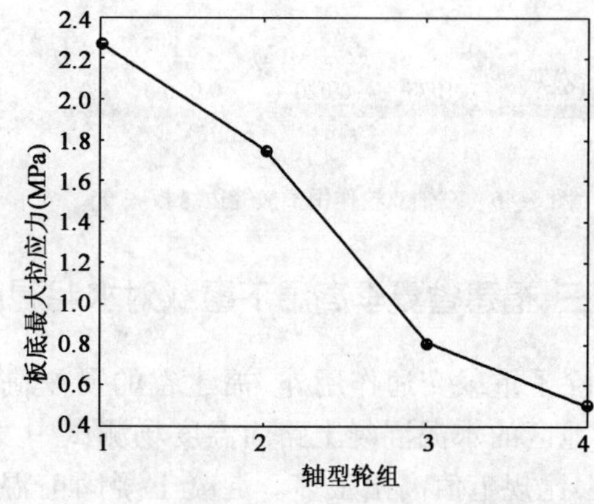

图 3-43 轴型轮组对板底最大拉应力的影响

1-单轴单轮;2-单轴双轮;3-双轴双轮;4-三轴双轮

计算表明,当轴型为单轴和双轴时,板块的最不利荷载位置为纵缝边缘中部,当轴型为三轴时,板块的最不利荷载位置就发生了变化,由纵缝边缘中部转移到横缝边缘位置,在接近横缝边缘中部的位置产生的应力最大,如图 3-44 ~ 图 3-47 所示。因此当多轴货车占到一定比例时,板横缝边缘的受力将更为不利,这在一定程度上解释了福建省重载交通水泥混凝土路面纵向裂缝多的原因。即当轴型为多轴化时,由于多轴车辆的多次重复作用,板的最不利荷载位置由纵缝边缘中部转移到了横缝边缘中部,且都是横向的应力大于纵向应力。计算结果可以很好解释纵缝产生的原因。

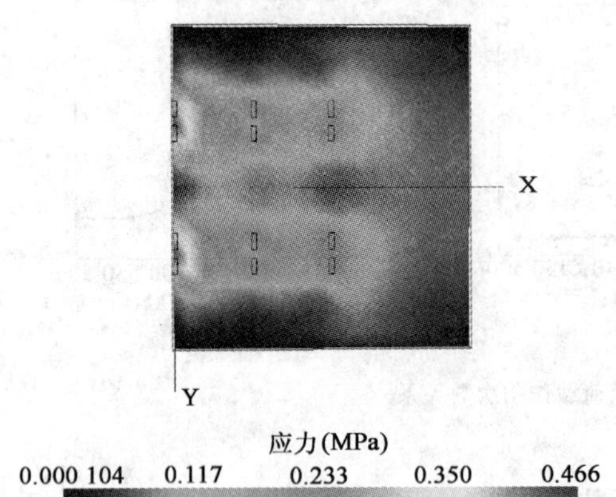

图 3-44　三轴双轮作用于横缝边缘

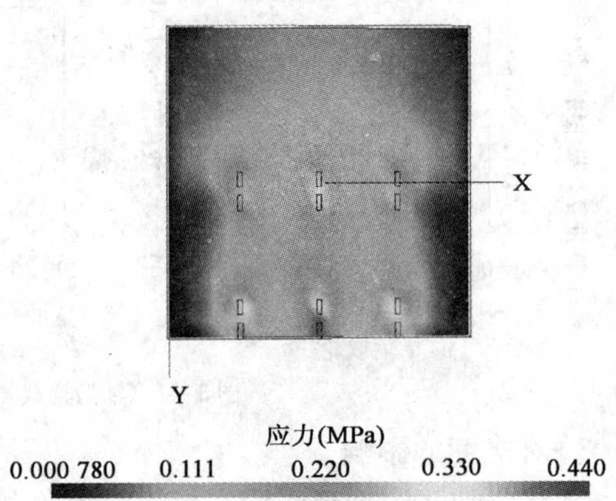

图 3-45　三轴双轮作用于纵缝边缘

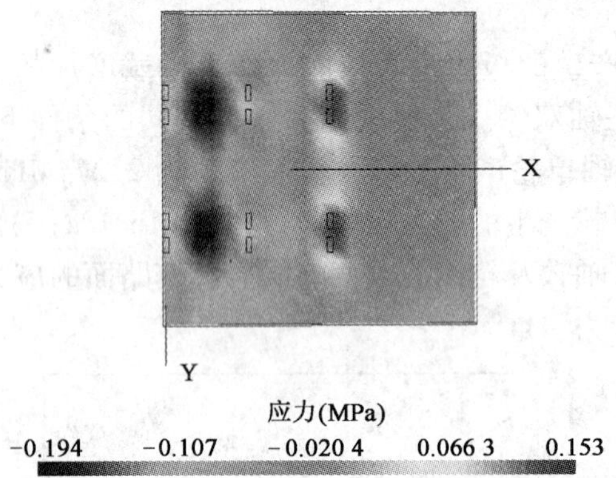

图 3-46　三轴双轮作用于横缝边缘板底 σ_{xx}

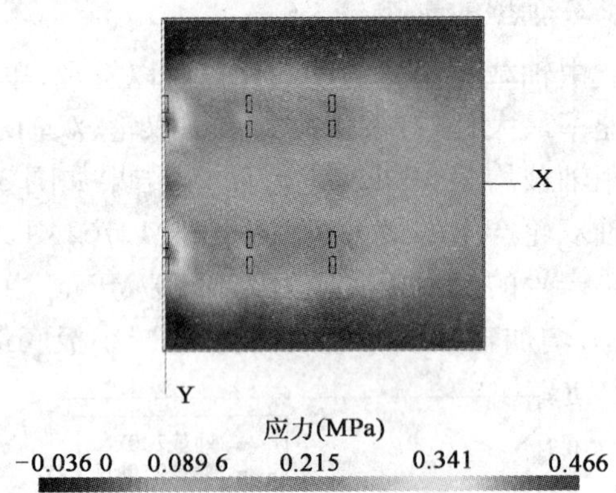

图 3-47　三轴双轮作用于纵缝边缘板底板底 σ_{yy}

三、福建省夏季高温下重载对水泥混凝土路面板的影响特性

除了重载交通作用外，福建省的夏季高温气候也给路面板造成严峻考验。在福州、南平两地区的水泥混凝土路面温度场测试中发现，福建省最大温度梯度达 116.78℃/m，如图 3-48，比规范值高出很多。混凝土凝固前温度的改变并不产生温度应力，而凝结后温度变化引起的变形受阻才会产生应力，因此，计算时将混凝土凝结时的温度定位为基准温度，将实测温度与之相减，便是变化的温度。为定量分析福建省高温气候条件对路面板受力的影响，取实测路面结构最大温度梯度时一昼夜的温度，如图 3-48，减去凝固时的温度后，得到该天的板面板底温度情况如图 3-49 所示，与标准轴载耦合进行计算。计算时各结构层参数如表 3-11 所示。

根据计算结果可以看出，一般情况下板面温度高于板底的情况将不利于板的受力，且差值越大时，产生的拉应力就越大，如图 3-50 所示。由此可见福建省的夏季高温气候条件将增大板的受力。从图 3-50 也可以看出，接触面情况对板的受力情况影响较大，不考虑温度时，接触面黏结更有利于板的受力；考虑温度时，接触面黏结反而不利于板的受力。

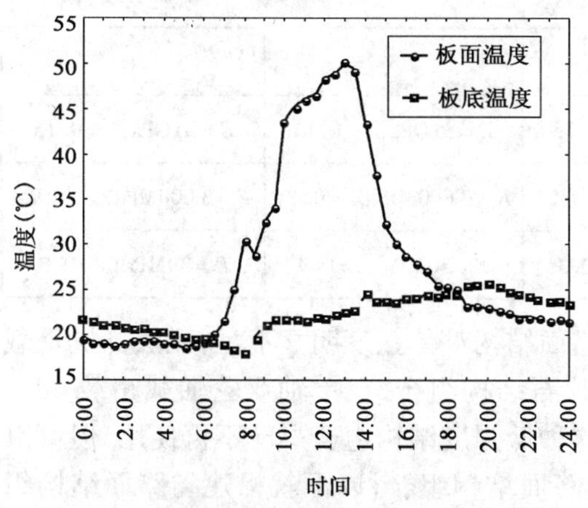

图 3-48　板底板面温度(2007 年 4 月 21 日)

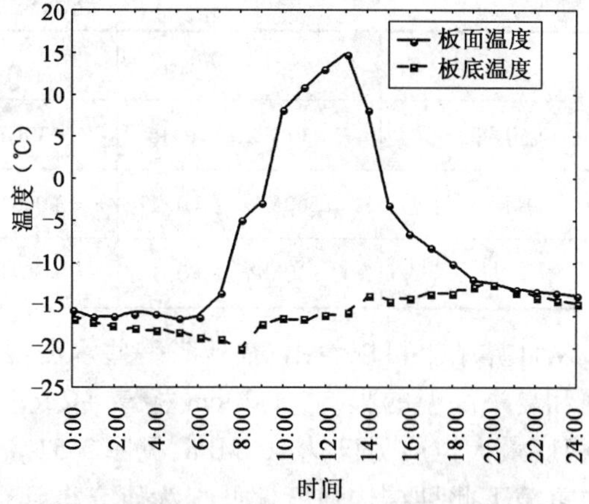

图 3-49　考虑固化温度后板面板底温度

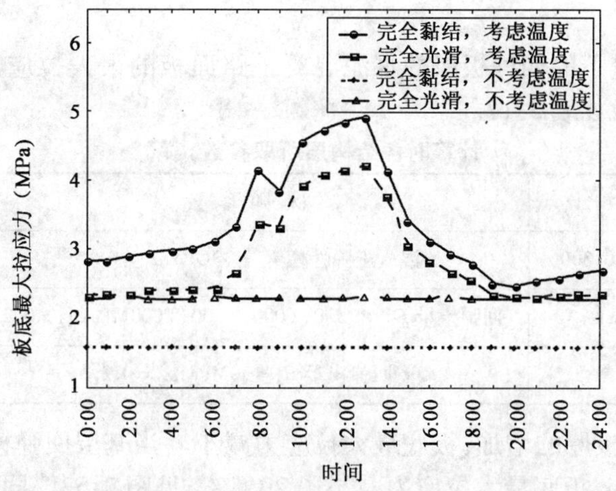

图 3-50　考虑固化温度时温度对应力影响

四、福建省路面结构组合对水泥混凝土路面板受力的影响

近几年来，水泥混凝土路面不断出现破坏，除了重载交通的原因，还有就是现有的水泥混凝土路面结构不能满足日益增长的交通量要求，选取福建省其中 4 种具有代表性的水泥混凝土路面结构类型进行计算，如表 3-15 所示；选取单轴双轮作用于纵缝边缘，各结构参数如表 3-16所示。

福建省福州、南平主要水泥混凝土路面结构组合　　表 3-15

分 类 号	水泥混凝土路面结构组合
1	20cmC35 水泥混凝土面板 +20cm 手摆片石
2	22cmC35 水泥面混凝土面板 +15cm5% 水泥稳定层
3	23cmC40 水泥混凝土面板 +15cm5% 水泥稳定层
4	24cmC40 水泥混凝土面板 +15cm5% 水泥稳定层

路面结构材料参数

表 3-16

结构层	1	2	3	4
面层	$E=30\text{GPa},\mu=0.15$	$E=30\text{GPa},\mu=0.15$	$E=31\text{GPa},\mu=0.15$	$E=31\text{GPa},\mu=0.15$
基层	$E=500\text{MPa},\mu=0.25$	$E=3\,000\text{MPa},\mu=0.25$	$E=3\,000\text{MPa},\mu=0.15$	$E=3\,000\text{MPa},\mu=0.25$
土基	$E=30\text{MPa},\mu=0.3$	$E=30\text{MPa},\mu=0.3$	$E=30\text{MPa},\mu=0.3$	$E=30\text{MPa},\mu=0.3$

从计算结果可以看出，福建省一些水泥混凝土路面结构整体强度明显不足，无法抵抗重载交通和夏季高温的影响，如20cm 板厚 +20cm 手摆片石结构组合，在单轴双轮轴载超载 60% 时，板底最大拉应力已达4.5MPa，见图3-51。虽然这种低强度结构组合早已不再使用，但可以看出重载下此种结构强度偏低。为研究得到合理的路面结构组合，以下就福建省路面结构组合对水泥混凝土路面板受力的影响进行计算分析。

1. 面板厚度的影响

分别对四种基层模量下的四种板厚的水泥混凝土路面板的最大拉应力进行计算，荷载为标准轴载。各结构层参数如表3-17。

计算时各结构层所取参数

表 3-17

结构层	厚度(mm)	材料参数	备注
面板	$h_1=240、260、280、300$	混凝土弹性模 $E_c=30\text{GPa},\mu_1=0.15$	长×宽=5m×4.5m
基层	$h_2=150\text{mm}$	回弹模量 $E_1=1\,500、2\,000、2\,500、3\,000\text{MPa},\mu_2=0.25$	-
土基	—	回弹模量 $E_2=30\text{MPa},\mu_0=0.3$	—

计算结果发现，随着板厚的增加，板底最大拉应力减小。当基层回弹模量为 1 500MPa 时，板厚由 24cm 增加到 30cm，板底最大拉应力减小了 29.5%，见图3-52。同时可以看出，不同基层回弹模量下，板厚对板受力的影响程度差不多。由此可见，板厚对板底的最大拉应力影响很显著，如果要减小板底最大拉应力，通过增加板的厚度，效果显著。

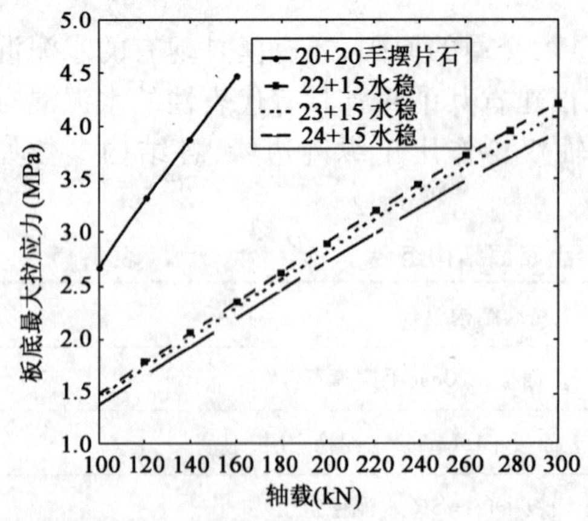

图3-51 各结构组合下轴载与板底最大拉应力关系

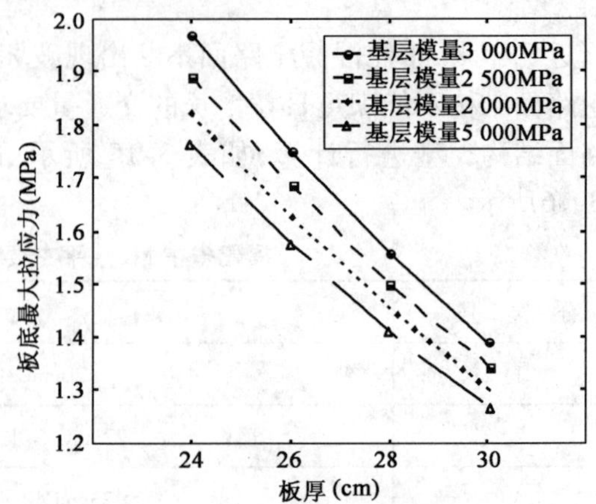

图3-52 板厚对板底最大拉应力的影响

2. 基层厚度与模量的影响

对不同板厚度下的基层厚度和模量对板底最大拉应力的影响,取四种板厚下的不同基层厚度和模量进行计算,分别按不考虑温度应力和考虑温度应力两种情况进行计算比较,结构层参数如表 3-18 所示。

计算时各结构层所取参数　　　表 3-18

结构层	厚度(mm)	材料参数	备注
面板	h_1 = 240、260、280、300	混凝土弹性模 E_c = 30GPa, μ_1 = 0.15	长×宽 = 5m×4.5m
基层	h_2 = 100、200、300、400	回弹模量 E_1 = 3 000MPa, μ_2 = 0.25	—
土基	—	回弹模量 E_2 = 30MPa, μ_0 = 0.3	—

由图 3-53 可见,当不考虑温度影响时,基层厚度变大,能减少车辆荷载产生的应力,且板厚越小时,减小的效果越明显。但当考虑温度和车辆荷载综合作用时,发现随着基层厚度的变大,综合应力越随着变大,且板厚越大时,增大应力的效果越明显,见图 3-54。即虽然增加基层厚度,可以减小车辆荷载产生的应力,但是却增大了温度应力,且温度应力增大的幅度大于车辆荷载减小的幅度,最终使板底最大拉应力增大。

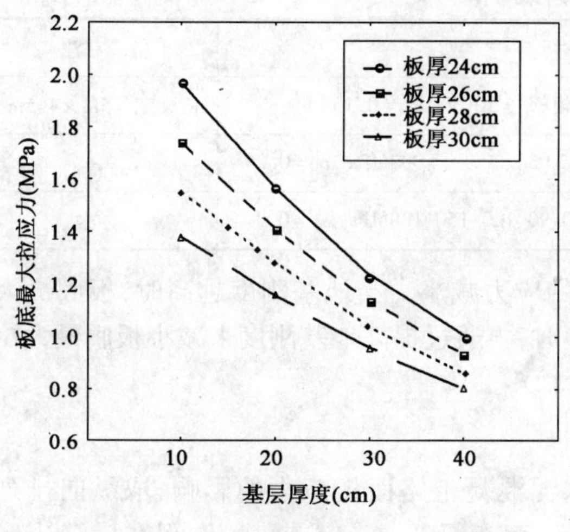

图 3-53　基层厚度对受力影响(不考虑温度)

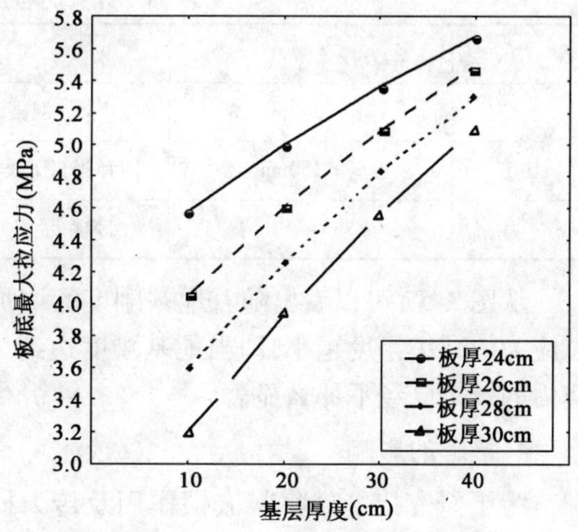

图 3-54　基层厚度对受力影响(考虑温度)

以下为关于基层模量对板受力影响的计算,分别按不考虑温度应力和考虑温度应力进行计算比较。由图 3-55 可见,当不考虑温度影响时,基层模量变大,能减少车辆荷载产生的应力;但当考虑温度和车辆荷载综合作用时,随着基层模量的变大,综合应力也随着变大,见图 3-56。可见,虽然增加基层模量,可以减小车辆荷载产生的应力,但是却增大了温度应力,且温度应力增大的幅度大于车辆荷载减小的幅度,最终使板底最大拉应力增大。因此,不能一味靠增大基层模量来减小荷载应力。板厚不同时,基层模量对板底的影响程度差不多。以上计算分析也表明,一味期望通过增加基层厚度和模量来减薄路面板厚度是不可行的。

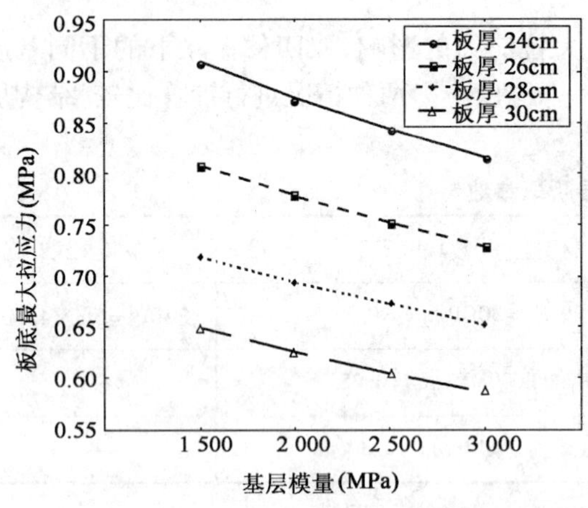

图 3-55　基层模量对受力影响(不考虑温度)

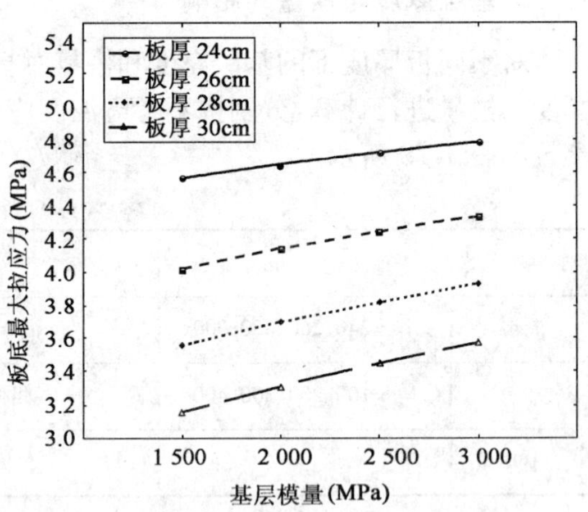

图 3-56　基层模量对受力影响(考虑温度)

3. 地基刚度的影响

EverFE2.24 有限元程序中,地基参数只需要输入 k,k 由式(3-4)计算。计算时各结构层参数如表 3-19 所示。

计算时各结构层所取参数　　表 3-19

结构层	厚度	材料参数	备注
面板	$h_1=240\text{mm}$	混凝土弹性模 $E_c=30\text{GPa}$,$\mu_1=0.15$	长×宽=5m×4.5m
基层	$h_2=150\text{mm}$	回弹模量 $E_1=1\,500$、2 000、2 500、3 000MPa,$\mu_2=0.25$	—
土基	—	回弹模量 $E_2=30$、60、90、120、150、180MPa,$\mu_0=0.3$	-

从图 3-57 可以看出随着地基刚度的增加,板的应力减小。当地基刚度越高时,板底最大拉应力的减小幅度越小,即当地基刚度达到一定值时,再通过提高地基刚度来减小板底最大拉应力的效果已经不那么显著。

4. 接缝的影响

为了研究接缝处集料嵌锁作用及传力杆对水泥混凝土路面板应力的影响,取纵向排列两块面板进行计算,各结构层参数如表 3-12 所示,面板承受一标准轴载,作用在横缝边缘中部。

随着接缝刚度的提高,受荷板块的最大拉应力减小,如图 3-58 所示,即接缝刚度越高,板块的传荷能力越好。接缝刚度在 0 ~ 2MPa/mm 之间时,接缝刚度对面板应力的影响效果最显著,随后影响效果逐渐减小。

为研究传力杆对面板受力的影响,分别就不设置传力杆及设置不同直径传力杆下的面板应力进行计算,各结构层参数如表 3-12 所示,面板承受标准轴载,作用在横缝边缘中部。

计算发现接缝处设传力杆能明显改善面板的受力情况,如图 3-59 所示,同时发现增加传力杆直径对改善程度影响不是太大,且传力杆直径达到一定值时反而会使板底应力有小幅度

的增大趋势。为研究传力杆松动对板受力影响(图 3-60),取 $B=125$mm 下不同松动值 A 进行计算,各结构层参数如表 3-12 所示,面板承受标准轴载,作用在横缝边缘中部。

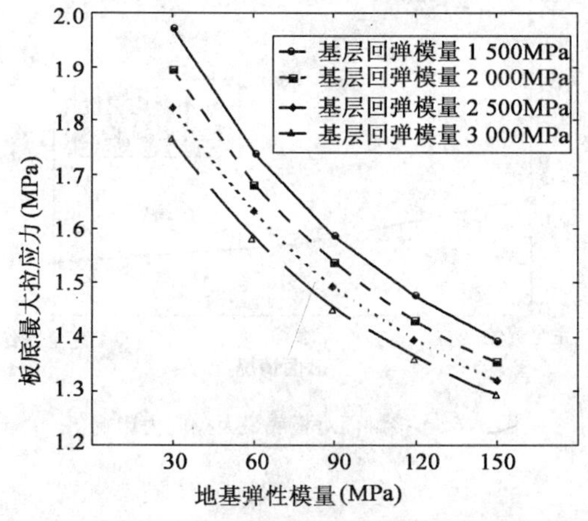

图 3-57 地基刚度对板底最大拉应力的影响

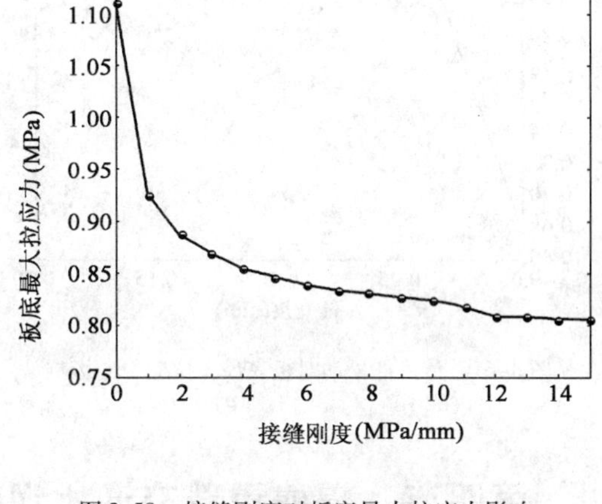

图 3-58 接缝刚度对板底最大拉应力影响

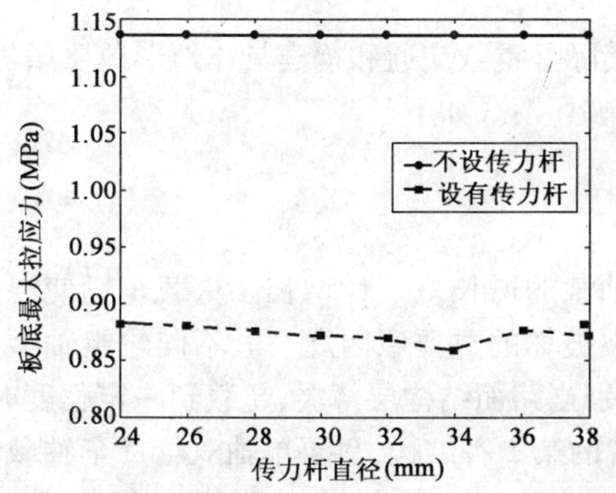

图 3-59 传力杆直径对板底最大拉应力的影响

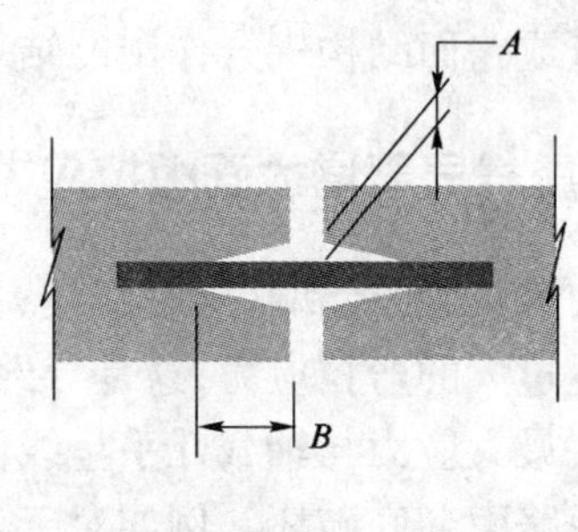

图 3-60 传力杆的松动示意图

计算结果发现松动值 A 在 0 ~ 0.05mm 范围时对板受力影响很大,可见传力杆的安装质量对板受力影响很大,稍微一松动就会大大降低它的传荷能力,如图 3-61 所示。

5. 面板与基层接触面的影响

由前面的夏季高温对路面板受力影响的计算分析可以看出,基层接触面和板的受力有很大关系。不考虑温度影响时,接触面黏结的应力值为 1.572MPa,实际接触面的应力值为 1.765MPa,接触面光滑的应力值为 2.279MPa。考虑温度影响时,接触面黏结的应力值为 4.919MPa,实际接触面的应力值为 4.612MPa,接触面光滑的应力值为 4.232MPa,如图 3-62 所示。所以加了一层薄膜不但可以改善排水等条件,同时有利于板的受力。

综合以上计算分析可以看出,对于福建省水泥混凝土路面重载交通和高温气候的外部特点,增大面板厚度、提高地基刚度、设置传力杆、面板基层间设置隔离层均能改善面板的受力,其中增大面板厚度的效果最明显,同时不能一味期望通过增加基层厚度和模量来减薄路面板厚度。

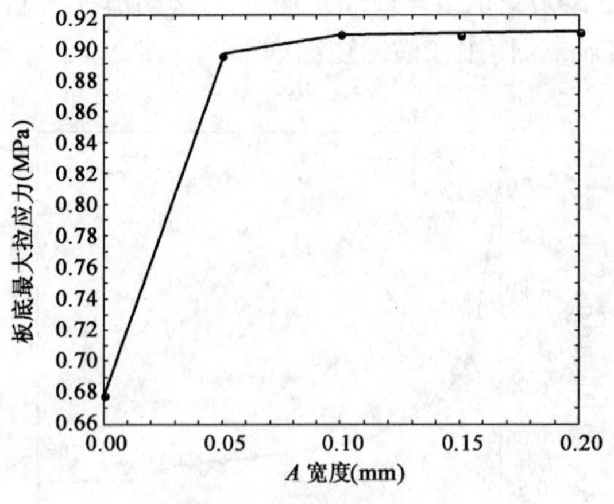

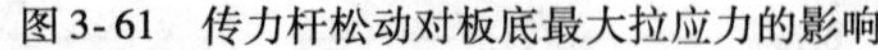
图 3-61　传力杆松动对板底最大拉应力的影响

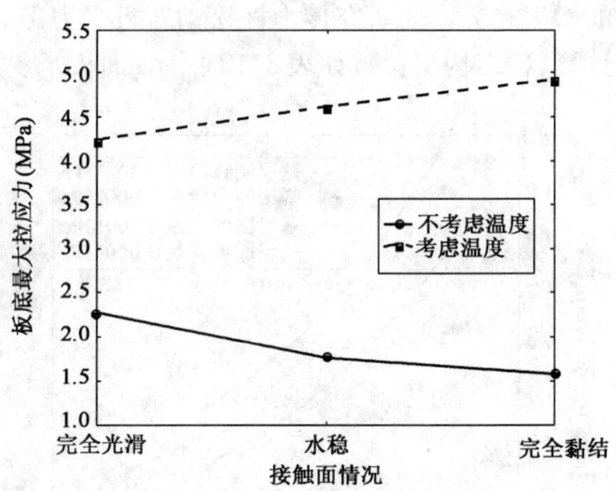

图 3-62　接触面对板底最大拉应力影响

第四节　福建重载交通水泥混凝土路面过早破坏成因与模式

福建省公路重载交通水泥混凝土路面的病害，实际是重载交通和福建具体地形地质条件、气候特点或路面结构耦合作用的结果。具体成因和破坏模式如下。

一、重载显著增大面板拉应力

如前分析，面板和基层底部最大拉应力都随着轴载的增长呈线性增长。重载车辆使混凝土板产生过大的弯拉应力，这是导致路面板产生断裂破坏的重要原因之一。不同轮组轴型产生的板底最大应力与轴载几乎呈线性增长关系。特别当路面结构层薄弱，超载到一定程度时，就可以使路面彻底破坏。例如对于表 3-15 中福建省的第 1 种结构，只要单轴双轮货车轴载超过 160kN，就可能发生一次性破坏。

同时，即使路面不发生一次性破坏，计算表明当重载车超过一定量时将使路面疲劳寿命指数级衰减，水泥混凝土路面结构使用寿命大大减短，造成公路早期破坏。这也间接解释了福建省 20 世纪 80 年代修建的一直使用很好的路面，当附近厂矿发展出现重载交通后，短短几年间即出现大面积破坏的根本原因（路面结构与交通形式不匹配）。

二、对路基和路面结构的综合承载力要求提高

超重车辆的作用，使荷载的影响深度大大的增加，增大了路基土的累积变形，对路基和路床提出了更高的要求。路基承载力不足，重载与路基的不均匀刚度和沉降耦合作用应力增大，路基和路床中的微小缺陷会很快反映至路表面并迅速扩大。目前，路面设计方法中，认为车辆荷载的作用对路床以下 80cm 的路基影响可予以忽略。这一认识是基于现行的轴限标准（单后轴 10t，双后轴 18t）的基础之上的，对于严重超载超限的情况是不合适的。另外，重载交通下路面板对于路基的不均匀刚度和不均匀沉降更为敏感，因为此时路基同样量级的不均匀刚度和不均匀沉降将在混凝土路面板内部产生更显著的内应力，导致路面迅速破坏。

福建省半填半挖的地形条件，容易发生不均匀沉降，不均匀沉降情况将使路面结构对受力更敏感，当该地形条件和重载交通耦合时，不仅提高了产生不均匀沉降的可能性，且加快不均匀沉降的进程。由于边坡坡率设置不合理，致使福建省很多边坡处于临界稳定状态，在雨季等不利季节，坡体会发生移动，此时若再和重载交通相耦合，将加速坡体的移动。

福建省的软土地基容易造成地基失稳、下陷，同时如果雨水不及时排出，地基将长时间泡在水里，进一步软化了地基，此时再与重载交通相耦合，也将加剧路面结构的破坏。

三、接缝集料嵌锁作用传荷能力不足

接缝是水泥混凝土路面的重要构造，接缝性能好坏显著影响水泥混凝土路面结构性能和使用性能。我国绝大部分水泥混凝土路面横向缩缝主要采用传统的假缝构造。这种接缝主要靠集料嵌锁作用来传递板与板之间的荷载。对于设传力杆的缩缝，研究表明，集料嵌锁部位亦承担很大一部分荷载。随着经济发展，公路交通量和轴载的显著增大，近年来许多地区由于接缝原因而导致的水泥混凝土路面过早破坏已凸显出来。

计算分析表明，接缝传荷能力大小对混凝土板边缘的弯拉应力及挠度影响很大，重交通荷载下水泥混凝土路面往往由于板边及板角的应力或挠度过大而引起断裂破坏。接缝传荷能力对基层和路基的工作状态也会产生较大的影响。接缝传荷能力较低时，由于板角及板边的挠度过大，而使板底的土基及基层产生塑性变形累积，造成混凝土路面板角、板边脱空，支承条件恶化，出现断板、板角断裂，唧泥、错台等病害。另外由于接缝附近的病害会造成路面不平整，进一步加大车辆在接缝附近的动力荷载，促使路面状况进一步恶化，缩短路面寿命。

接缝也是水泥混凝土路面最薄弱的部位，板边接缝附近往往是荷载最不利的区域，接缝位置的板底基层和地基通常也会受到更大和更集中的荷载作用。更严重的是接缝部位往往由于地面渗入的水，在交通动荷载下会引起基层表面冲刷，产生唧泥现象，进一步形成脱空，接缝传荷能力也迅速丧失，最终导致断板。

同时在超重的车辆荷载的作用下，横缝两侧的板弯沉差过大，使嵌缝材料承受了很大的剪切力。因此，重载下水泥混凝土路面的嵌缝材料的老化脱落现象十分普遍。嵌缝材料的老化脱落，使雨水大量流入路面结构内，随之造成了唧泥、板底脱空、错台的发生。

实际上，对于假缝构造的路面接缝传荷作用的发挥和演变，受地基的支承条件和接缝集料的嵌锁作用的显著影响，这两者又相互影响。地基支承不好会加大接缝集料嵌锁作用所承担的荷载，疲劳寿命缩短；接缝集料嵌锁作用不好，会使板角及板边挠度过大，板底的土基及基层逐渐产生过大的塑性变形累积，反过来又恶化集料嵌锁受力条件，加快其衰变速度。当然路面接缝传荷作用的发挥和演变与外部环境也息息相关，重载交通、水的渗入都是极为不利的因素。

因此，保证路面接缝有良好的性能，对于保障路面结构寿命和服务水平具有重要意义。但要很好地解决接缝问题，必须系统地确保各个方面的良好状态和耐久性。

四、诱发唧泥冲刷、错台，重载脱空耦合应力增大

冲刷破坏是指在重型轴载作用下，混凝土面板与基层间存在的自由水发生迁移，并产生动水压力，这种有压力的水冲刷基层材料中的细料，尽管一次冲刷的量很少，但随着行车荷载的反复多次冲刷，就会积少成多，在接缝或裂缝处逐渐形成细料浆。继而在动水压力作用下，细

料浆逐渐被压挤出接缝或裂缝，形成水泥混凝土面层接缝或裂缝处的唧泥现象。

当重型车辆频繁通过，尤其是在大量多轴重车的作用下板角或接缝处产生较大的挠度，迫使面板与基层之间的自由水发生迁移，在迁移过程中产生强大的动水压力；而在车轮驶过后板发生回弹时，又产生强大的真空吸力，据相关文献的现场实测结果表明，动水压力可达 30 ~ 50kPa。在这种高强的动水压力和真空吸力的反复作用下，基层表面的颗粒发生脱落，细料与基、面层界面的自由水混合成为泥浆，粗颗粒受动水压力的拖曳作用被搬运，从接缝驶入端搬运到驶离端，导致驶入端沉陷，驶离端抬起，最后车轮前的板产生错台和断裂。当车轮后板回弹时，形成真空吸力，将前板下的细料抽入，前板下发生唧泥（图 3-63）。

图 3-63　唧泥和错台产生的机理示意图

上述冲刷机理分析表明，板底动水压力及真空吸力大小直接决定冲刷破坏程度和出现时间。而板底动水压力大小，主要与荷载作用下板产生挠度大小及板与基层间自由水饱和程度有关。

板角和板边的挠度大小会影响角隅和板边地基的塑性变形和脱空量，及滞留在脱空区内自由水的流速，从而诱发唧泥、错台和断板等病害发生。同时，基层抗冲刷能力和板的相对刚度半径、轴载大小和作用次数，以及降水量和养护水平也影响着板的冲刷破坏。

冲刷程度与轴载的两次方成正比。在相同路面结构下，设普通交通和重载交通道路上单轴双轮组作用轴载分别为 100kN 和 145kN、双轴双轮组分别为 200kN 和 335kN、三轴双轮组轴载分别为 300kN 和 525kN，则由单轴、双轴和三轴所产生的冲刷损伤，重载交通路段分别比普通交通路段的冲刷损伤大 1.77，2.21 和 2.37 倍。由此可见，重载交通加剧了水泥混凝土路面冲刷破坏。

总结以上，轴重越大，挠度值越大，唧泥程度越严重。水泥混凝土路面一旦出现脱空和唧泥现象，轴载偏重将加剧唧泥的程度且加速唧泥速度。路面一旦因冲刷掏空发生断板后，水极容易侵入面板与基层接触面处，在轴载作用下形成新的冲刷破坏，如此反复循环，导致重载交通路段出现严重冲刷破坏现象，并引发横向裂缝、斜向裂缝、角隅裂缝以及网裂的产生。

五、磨光

重载水泥混凝土路面的表面磨光现象十分严重，几乎所有重载路段，水泥混凝土路面建成开放交通后的 2 ~ 3 年，水泥混凝土路面的人工拉毛形成的路表面微观构造（粗糙度）即被磨光（图 3-64）。其原因为超载超限货车车主，为减小行车阻力而私自改换高压轮胎或不顾安全地增大轮胎内压，高压轮胎对路表面微观构造的磨损作用巨大，超过了普通水泥混凝土路面的表面抗磨能力。

水泥混凝土的磨损是一个复杂的物理力学过程，除本身材料的性能以外，还与磨损方式及环境条件密切相关。总体说来，混凝土的磨损可以理解为导致接触表面处材料被逐渐移失的过程。首先砂浆被磨损，露出粗集料，水泥混凝土路面露骨后，路面平整度和抗滑能力将急剧

下降。裸露的粗集料在车轮尤其是重车轮剪切作用和冲击作用下，极易被冲击松动、脱落，形成空穴，进一步砂浆被磨耗掉，粗集料又进一步露出来，如此反复进行，严重影响水泥混凝土路面使用性能，直至最后路面结构的破坏。

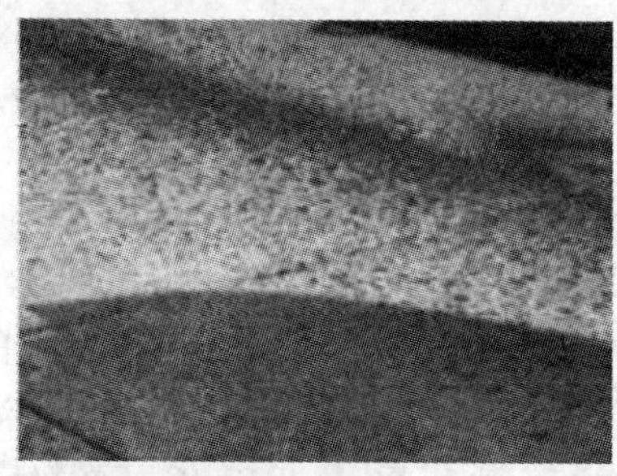
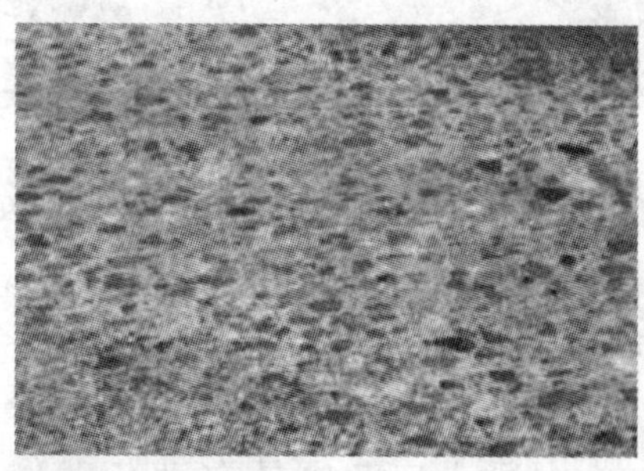

图 3-64　路面磨光

由磨损机理分析可知，混凝土路面具体磨损劣化过程主要受包括磨损的路面、磨损物、接触界面情况、周围环境条件、相对运动以及接触应力六个因素的影响。

重载交通主要表现为重轴载、高胎压的反复多次对路面的磨损作用。

1）高胎压的影响

重载交通路段载货汽车的高轮胎充气压力，将使轮胎与路面间的实际接触面积减小，增大轮胎的平均接触压力，使路面磨损加剧。

2）重轴载的影响

重载交通另外一个特性是轴载偏重。根据阿查德磨损定律，当其它参数不变时，磨损量与荷载成正比。因此，轴载越大，轮胎与路面间的接触面积及压力就越大，路面的磨损就越严重。

重轴载对路面磨损的影响不仅表现在它使轮胎与路面间的接触压力增大，而且更主要的是它使轮胎在驱动、制动及转向时的切向力显著增加，而切向力是引起路面磨损的最主要因素。研究表明，切向力 F 与轮胎磨损率 R_w 之间的关系可用下式表示：

$$R_w = kF^n \tag{3-7}$$

式中：k——比例系数，它与轮胎的刚度成反比；

n——指数，当 F 为横向力（转向）时，$n=2.3$；当 F 为纵向（驱动或制动）时，$n=2.0$。

综上所述，重载交通道路，由于轴载偏重以及轮胎充气压力较高，使得轮胎与路面间的接触面积及压力增大，且使轮胎在驱动、制动及转向时的切向力显著增加，从而使路面的磨损现象比一般道路水泥混凝土路面表现的更为严重。

六、重载交通路面纵向裂缝和板角裂缝

从前面分析的原因可以看到：多轴货车比重大是促使福建省水泥混凝土路面纵向裂缝产生的原因之一。当轴型为三轴时，板块的最不利荷载位置由纵缝边缘中部转移到横缝边缘位置，因此当多轴货车占到一定比例时，板横缝边缘的受力将更为不利。

板角开裂基本与面板的板边板角脱空有关。板角断裂往往也是由顶向下的开裂方式（图 3-65）。面板板边脱空的诱发原因有很多，一方面是由于唧泥冲刷脱空，一方面也会由于温度翘曲而脱空。后续章节将详细讨论温度翘曲脱空的机制。显然，面板一旦脱空失去地基支承，在重载作用下将很快断板。因此，如何在断板之前诊断面板脱空，治理面板脱空，降低面

板脱空程度,是确保重载路面不发生过早破坏的关键。

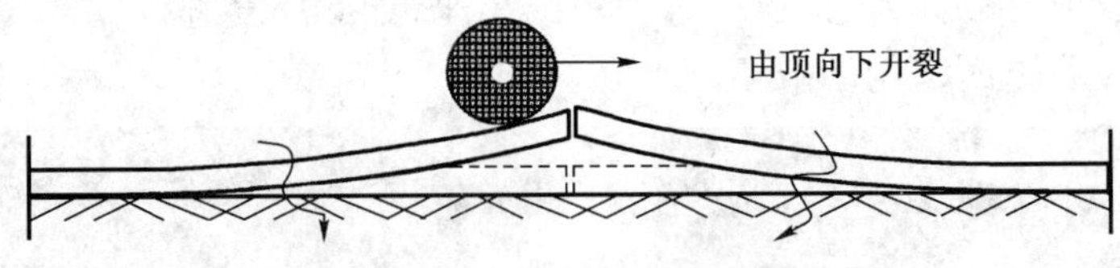

图3-65　板角断裂示意图

实际上,路面究竟以何种方式、在什么位置疲劳开裂,按照我国目前的力学设计方法是无法准确预估的。因为路面最终的疲劳开裂位置与交通荷载、温度场、面板的早龄期性状、混凝土的疲劳损伤规律、路面结构形式与构造都直接相关。而交通荷载、温度场都是在时时变化的,混凝土疲劳也是在动荷载作用下拉压循环受力下逐渐损伤的。美国学者在认识到这个问题后,采用监测每日交通量,考虑交通荷载与温度场的耦合作用和路面早龄期性状后,按照累积疲劳损伤的方法计算发现:路面早龄期形成的固化翘曲和车辆、气候、路面结构等因素共同作用时,促使面板可能产生自上而下和自下而上的横缝、纵缝和板角裂缝等多种复杂破坏模式。分析结果表明,临界累积的破坏水平和位置显著地受到诸如路面早龄期固化温度梯度、轴载、交通量、前后轴间距、荷载传递水平、横向轮迹分布和气候区域等因素的影响,不同组合会导致不同的路面断板模式。如图3-66所示,即使是不同的路面结构形式,也将产生不同的临界荷位。因此,基于以上,要想更准确地预估路面破坏、合理地设计路面结构,改进完善目前的路面疲劳破坏计算方法,考虑更多影响因素将是十分必要的。

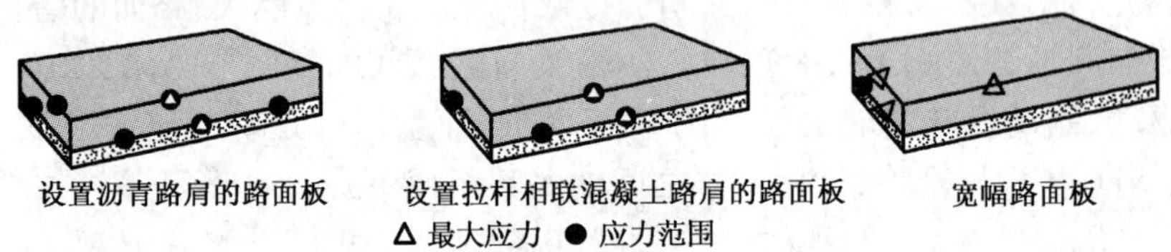

图3-66　不同路面结构形式按最大应力和最大应力范围计算的路面临界荷位[29]

第五节　福建重载交通水泥混凝土路面过早破坏预防技术对策

如上所述,重载交通实际上是路面损坏的一个重要的外在诱发因素。重载交通直接改变了路面结构的工作特性,也暴露了以往福建省水泥混凝土路面在设计、施工、材料、研究等诸多方面的薄弱环节。因此对于预防路面的过早破坏,必须"内外兼修",从多方面综合进行预防。以下具体阐述对策。

一、车辆管理

重载交通是促使水泥混凝土路面过早破坏的诱发原因。因此要减少路面过早破坏,首先要对车辆进行针对性治超。但对于不同的水泥混凝土路面破坏模式,最不利的轴型将不同。对于混凝土板受力而言,最不利的荷载是单轴荷载,但对于脱空或唧泥破坏而言,最不利的荷

载将可能是双轴荷载(更重)。图 3-67 为一辆三轴车辆引起的水泥混凝土路面应力图，图 3-68为美国研究的不同轴型引起的疲劳破坏作用的对比图[假设多种货车静荷载在刚性路面上通过一次，其对 300mm(12ft)厚的面板和 200mm(8ft)厚的面板造成的疲劳损坏对比]。

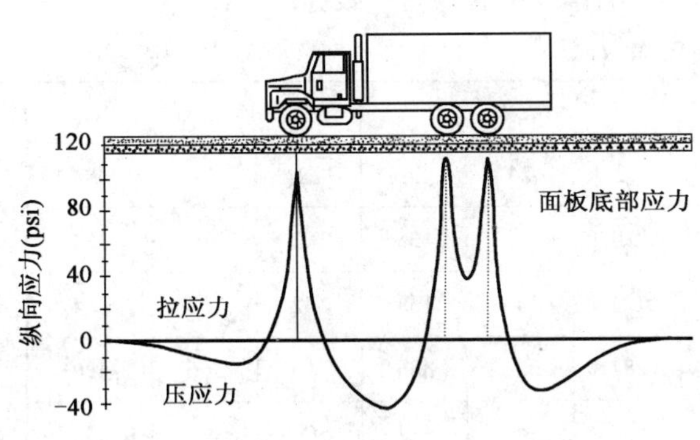

图 3-67　3 轴卡车作用下水泥混凝土路面结构的应力[28]

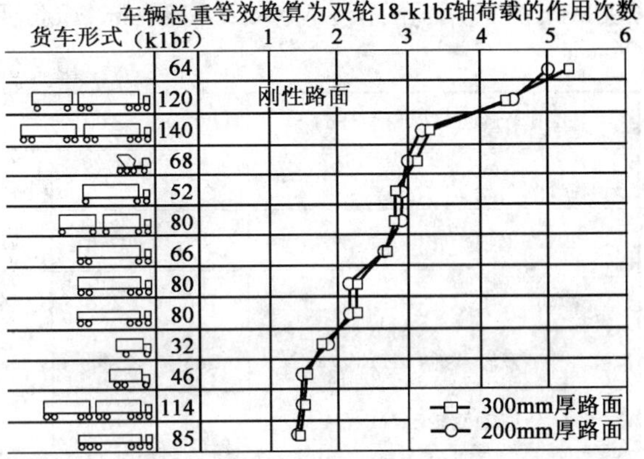

图 3-68　不同轴型货车引起的疲劳破坏作用的对比图[28]

因此，对于各种轴型都应有针对性治超，而治超工作要在重载标准指引下进行。目前国内的治超工作是按我国强制性标准《道路车辆外廓尺寸、轴荷及质量限值》(GB 1589—2004)与交通部颁布的《超限运输车辆行驶公路管理规定》规定了我国道路(公路与城市道路)上行驶的各类载重车辆的总质量和轴荷最大限值来治超，是否以该限值作为重载标准还有待进一步研究。

2005 年蒋应军[16]指出基于神经网络理论建立的分段拟合的双对数直线方程能较好地反映高低应力水平地影响，如图 3-69 所示。

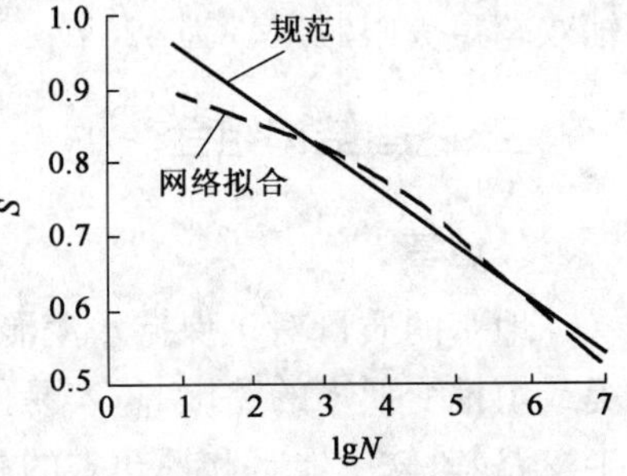

图 3-69　神经网络疲劳模型和规范疲劳方程形式的比较[16]

即在应力水平(应力水平 S = 荷载应力/抗折强度) S = 0.75 处，基于神经网络的疲劳模型存在一明显的拐点，高应力比($S=0.75$)的疲劳损坏与低应力水平($S=0.75$)的不同。高应力比曲线段较为平缓，说明其对路面破坏作用愈强烈，S 越大，越接近一次性破坏。因此，$S=0.75$实际上反映了重载的允许界限，从而据此可以给出重载界限，重载界限方程为：

$$\gamma_r(\sigma_t+\sigma_p)=0.75f_r \tag{3-8}$$

式中：σ_p——重载所产生的应力(MPa)；

f_r——混凝土板的弯拉强度(MPa)；

γ_r——可靠度系数，依据所选目标可靠度及变异水平等级确定；

σ_t——温度应力(MPa)。

取福建省主要路面结构进行计算，取温度梯度 88℃/m，发现 σ_t 一般在 0.9 ~ 1.1MPa 之间，取 $\sigma_t=1.1$MPa，混凝土板的弯拉强度取 5.0MPa，可靠度系数 1.3，则 $\sigma_p=1.785$。将 $\sigma_p=1.785$ 代入公式(3-8)可以得到重载界限：

$$P=\left(\frac{1.785h^t}{Ar^m}\right)^{\frac{1}{n}} \tag{3-9}$$

由上式可见重载是一个相对概念，随着板厚、基顶回弹模量、面板模量等的变化而变化，因此重载标准应该代表某一时期常见路面结构承载能力。依据对福建省主要路面结构的调查结果，取 E_c = 3 100MPa，三种不同基层、垫层和土基体系以基层顶面当量回弹模量 100MPa、150MPa、200MPa 来表示，路面板板厚 22cm、24cm、26cm，则计算得出四种轴型的重载界限标准，见表 3-20。

重载界限表 表 3-20

基顶当量回弹模量（MPa）	100			150			200		
板厚（cm）	22	24	26	22	24	26	22	24	26
单轴单轮（kN）	78	97	118	91	113	138	102	126	154
单轴双轮（kN）	106	126	148	121	143	168	132	157	184
双轴双轮（kN）	244	288	336	281	331	386	310	366	426
三轴双轮（kN）	399	473	551	458	542	632	504	597	696

对于板厚 22cm 的水泥混凝土路面而言，单轴单轮最大限载水平为 102kN，单轴双轮最大限载水平为 132kN，双轴双轮最大限载水平为 310kN，三轴双轮最大限载水平为 504kN；对于板厚 24cm 的水泥混凝土路面而言，单轴单轮最大限载水平为 126kN，单轴双轮最大限载水平为 157kN，双轴双轮最大限载水平为 366kN，三轴双轮最大限载水平为 597kN；对于板厚 26cm 的水泥混凝土路面而言，单轴单轮最大限载水平为 154kN，单轴双轮最大限载水平为 184kN，双轴双轮最大限载水平为 426kN，三轴双轮最大限载水平为 766kN。

二、路面结构组合

1. 地基

地基的质量对于保持水泥混凝土路面的使用寿命至关重要。一般而言，越是高路堤、软路堤或填挖变换多的路堤，越容易出现断板；相反，低路堤、老路堤早期破损较少。福建省的半填半挖路基、软土地基和福建省的高温多雨天气对水泥混凝土路面造成了不利影响，重载交通作用下，路面结构对这些不利地理气候条件更敏感。福建省因路基不稳定、不均匀沉降造成的水泥混凝土路面断板及沉陷破坏较多。尤其在重载交通作用下导致过大的沉降，导致面板脱空，从而加速了破坏。为保证重载作用下路基的稳定、密实、匀质，要减小地理造成的不利影响，就要提高控制路基不均匀变形的要求，路基压实质量要求达到规定的压实度值和弯沉值，特别是桥涵、构造物附近更应加强压实工作保证路基有足够的均匀强度；排水设施应完善，并要充分考虑地下水对路基稳定的影响；路基填筑中，不同种类的土壤应分层填筑，避免土壤类型在路基上的突变造成沉降不一致，影响路面板结构性能；对于填挖交界、半填半挖结合处应按路面板的要求进行特殊设计，施工中要对路槽以下部分进行处理；对于特殊路基应经过特殊处理后方可进行水泥混凝土路面施工。

2. 垫层

垫层的主要作用为改善路面结构的水温状况，减少路基不均匀变形对路面结构的影响。垫层通常设置在排水不良和有冰冻翻浆路段，起排水、隔水、防冻、防污等作用。垫层还起到扩散行车荷载应力、减小土基产生的应力和变形作用，能阻止路基土挤入基层影响基层的结构性能。

垫层材料不必要求强度过高,但其水稳性要好,选择垫层材料应尽量做到就地取材。以前常用的水泥或石灰煤渣稳定土、二灰稳定土、条石等,不但不能防止水的危害,还易出现过量的变形和冲刷唧泥破坏,不能满足长期使用性能的要求,因此在重载交通水泥混凝土路面中尽量不采用该类垫层。对于承受重载交通水泥混凝土路面,可选择的垫层材料有级配碎(砾)石、粗砂、炉渣、水泥稳定粒料。级配碎石、粗砂和炉渣等类垫层具有自由排水和适应荷载或温度作用时板变形的能力,适宜在重载路段做垫层,但这种垫层容易在荷载反复作用下产生剪切变形,施工时要充分压实。还应注意的是,虽然设置垫层可以缓解水对上部结构层的破坏,但为防止水对路基和垫层的破坏,稳定类垫层和稳定类路肩基层表面宜设置防水封层。对于重载交通水泥混凝土路面,垫层厚度一般在15~25cm,宽度与路基同宽或比基层每侧至少宽出25cm。

3. 基层

重载交通作用下,水泥混凝土路面基层不仅自身要承受较大的荷载应力,还要为面板提供均匀支承,以防止唧泥和错台,因此要求基层不仅具有足够的刚度和强度来抵抗重载,还应具有足够的耐冲刷性能和耐久性。重载交通作用下基层应满足如下要求:

(1)有足够的强度和刚度,使基层在轴载反复作用下不发生疲劳弯拉破坏;

(2)提供稳定均匀支承,减小路面板在温度和车辆荷载作用下的应力和挠度,同时避免在反复荷载作用下路面板产生过大的弯沉差,避免板角(板边)产生唧泥和脱空;

(3)有足够耐冲刷性能,特别由于福建省的多雨气候,基层应保证具有足够的耐冲刷性能或排水能力。

在这样的条件下,对于重载交通水泥混凝土路面,宜选择贫混凝土或水泥用量大的水泥稳定碎石混合料做基层。但计算表明,这类刚度大的基层使面板产生较大的温度应力,这个缺点可以通过改变面板与基层间的接触面情况来弥补(具体见第四章)。接触面黏结可以减小荷载应力,却增大了温度应力;设置光滑的接触面减小了温度应力,却增大了荷载应力。因此,在设计路面面板与基层间的接触面时,应考虑温度应力与荷载应力之间的平衡。

对于重载交通水泥混凝土路面,基层的宽度宜与路肩同宽,厚度一般在18~23cm范围内选取,排水基层的厚度为8~12cm。对于强度较高的贫混凝土基层,要考虑贫混凝土的开裂对面板的影响,因此设置贫混凝土基层时,对应面板接缝位置需预先锯缝,设置横缝和纵缝。

4. 面层

从力学方面看,要想延缓路面板疲劳破坏有两个途径:

(1)减小重载应力;

(2)提高路面板抗重载能力。

对于路面结构而言,影响混凝土路面荷载应力的主要因素是路面结构的相对刚度半径,即板厚、板的模量和基层回弹模量等。计算发现,通过增加板厚来减小板的受力效果最明显,当面层厚度从200~230mm增加到250mm以上时,路面的使用性能可以得到显著提高,而当厚度增加到300mm以上时,面层厚度的增加对使用性能的影响就将不再显著,且面板过厚不仅施工质量不易保证,而且在日温差的影响下将产生过大的翘曲应力。但在福建省现有的路面板厚度条件下,增加板的厚度效果还是很显著的。

如果不提高路面板厚度,要想路面能适应重载交通,则可考虑提高混凝土的抗折强度。然而提高抗折强度的同时,也提高了路面板的脆性,因此在提高抗折强度的同时应考虑保持混凝土其它使用性能。所谓高性能混凝土就是在普通路面混凝土的基础上，使用外加剂和掺合料“双掺”技术条件下发展而来的，具有高抗折强度、高耐久性、高工作性能和良好体积稳定性的混凝土。高性能路面混凝土的各项路用性能都远远高于普通混凝土，尤其是抗折强度的提高和耐磨性能的增大，可以有效防止重载交通水泥混凝土路面早期断板和露骨等损坏的发生。另外，据计算在相同路面结构的情况下，高性能混凝土路面造价比普通混凝土路面约增加20%左右，但与普通混凝土路面相比，高性能混凝土路面将大大延长使用年限，因此从全寿命来看，使用高性能混凝土路面存在一定优越性。

在板的尺寸方面，一般接缝间距为5～8m，间距短在减小温度应力的同时，可以避免横向接缝在温度作用下产生过大的膨胀和收缩，影响接缝性能，因此世界各国有进一步减小缩缝间距的趋势，美国提倡4.5m，福建省目前为5m，可以考虑减小缩缝间距。

另外，尽量提高水泥混凝土面板初期平整度，减小路面承受的车辆动荷载，也是显著提高路面寿命的有效方法。

三、构造措施

1.设置路面结构内部排水系统

福建省的雨量大，雨季长，设置路面结构内部排水系统很有必要。K. D. Mith 调查了美国80条水泥混凝土路段的使用性能，分析基层类型对路面病害的影响。结果发现，不管是水泥处治土、水泥处治粒料基层还是贫混凝土基层，水泥混凝土路面都出现了许多唧泥、错台和断板现象，只是严重程度不同而已。这说明如果不能有效地把水从路面结构内部排走，即使采用耐冲刷性能非常良好的贫混凝土基层也难以抵制水的侵蚀作用。特别当路基为低透水性，而两侧路肩外也由这种土填筑时，路面结构便类似于被安置在封闭的槽式“浴盆”内，进入路面结构内的水分无法向下或向两侧迅速渗漏，而被长时间积滞在路面结构内部。在这种情况下，设置路面构内部排水系统，将积滞在路面结构内的水分迅速排除到路面及路基范围之外，可以改善水泥混凝土路面的使用性能，提高其使用寿命。

国外的一些对比分析和试验路段观察结果表明，设置透水基层的水泥混凝土路面，其使用寿命要比未设置的提高50%左右。美国、日本、澳大利亚和欧洲各国的路面均设有内部排水系统。设计标准中可供选择的基层有沥青处治类、水泥处治类、贫混凝土和沥青混凝土。对于冲刷破坏甚为严重的重载交通水泥混凝土路面而言，非常有必要设置路面结构内部排水系统，其增加的资金投入，可以很快从使用寿命的增加和养护工作的减少中得到补偿。图3-70为福州316国道修筑的多孔隙排水混凝土基层。

图3-70　福州316国道多孔隙排水混凝土基层

2. 刚性路肩

路肩除了为路面提供侧向支撑外,也承受越占交通、停放交通和正常交通等车辆荷载的作用,因此路肩铺装层结构应具有一定承载能力。由于行车荷载作用在水泥混凝土面板边缘和角隅处所产生的应力和挠度要比作用在板中时大很多,且大量表面水沿路面和路肩间的接缝渗入路面结构,积滞在板边缘下的空隙内。路肩的面层和厚度往往薄于行车道路面相应结构层,因而其基层顶面均高于路面基层顶面,在车辆荷载作用下水泥混凝土路面的边缘易受到冲刷而产生唧泥、错台现象,引起面板产生角隅断裂和横向裂缝。因而,水泥混凝土路面的外侧边缘和路肩是影响路面使用性能和使用寿命的一个薄弱部位。

研究表明,水泥混凝土面板边缘的荷载应力随行车荷载作用位置向边缘内侧偏移而迅速减小,在荷载作用位置距板边缘约 30cm 时,板边缘处的应变与板中应变量相等。因而,如果将外侧车道的路面宽度加宽 30cm,路面边缘的标线仍按原行车道宽度画,则水泥混凝土面板的应力可以降低,而边缘接缝渗入水对路面使用性能的不利影响也可以减轻。为此,对于重载交通道路,可将路肩中 50~75cm 宽的右侧路缘带与外侧车道一并铺筑,路面边缘标线仍按原位置画线,纵向接缝设在路缘带外侧。这样,行车道上的车辆荷载便很少会影响到纵向接缝,从而使面板的荷载作用于板边时的应力减小很多,路面使用寿命也将延长。

20 世纪 70 年代后期起,国外在干线公路特别是高速公路上越来越多地采用水泥混凝土路肩。设置水泥混凝土路肩后,路面边缘的挠度和应变值均可降低。水泥混凝土路肩的面层厚度可比行车道路面的混凝土薄,但有些国家为了混凝土的统一铺筑,采用与行车道相同的厚度。纵向接缝之间应设置拉杆,以防止路肩面层板外移而使纵缝缝隙张开。

对于高等级公路,设置混凝土路肩是水泥混凝土路面设计的新趋势:道路两侧各设 2.5~3m 宽的混凝土路肩,路肩与路面板之间设拉杆,横缝间距和布置与行车道面层完全相同。有些国家开始采用多孔混凝土路肩,以利于排水。

因此,为了改善路面和路肩界面处表面渗水对基层的不利影响以及改善路面板边缘受荷的不利状况,对于重载交通水泥混凝土路面视交通繁重程度,宜设置混凝土路肩或者采用加宽外侧车道路面宽度(0.5~0.7m)的措施,行车道边缘仍按原位置画线。同时,路肩结构设计时还需要考虑及时排除渗入路面结构内的水。对于福建省路面板板宽从 4.5m 拓宽到 5.5m 的情况,可以考虑在 4.5m 路面板宽以外加宽 1m 的刚性路肩,路面板和刚性路肩间设置拉杆。

3. 接缝和传力杆

为减少和防止雨水下渗到路面结构层内对基层造成冲刷破坏,对于路面所有接缝尽量做到密封,并在冬季缝隙增宽时及时增补和更换填缝料,使缝隙填料保持饱满不渗水,避免屑杂物等不可压缩的材料混入。同时接缝嵌缝料的质量好坏,也直接关系到是否能有效地阻止雨水沿接缝下渗至板下。早在 20~30 年前,欧美的许多国家已将质劣的沥青玛蹄脂、聚氯乙烯胶泥排除在备选嵌缝料之外,取而代之的是耐久性和黏结性良好的硅酮、聚胺酯和橡胶沥青。但是,我国不少地区对接缝防水作用不够重视,填缝料使用较多的仍是沥青玛蹄脂、沥青胶泥、聚氯乙烯胶泥类等低端产品,使用效果不佳,加上养护不利,嵌缝料脱落缺失现象非常普遍,这是造成我国水泥混凝土路面寿命偏低的主要原因之一。研究表明,优质嵌缝料在性能价格比上具有明显的优势,建议采用下述原则:

(1)设计规范推荐将沥青玛蹄脂、沥青胶泥、聚氯乙烯胶泥类等低端产品排除在备选嵌缝料之列；

(2)新建的高速公路或城市快速道，采用硅酮类嵌缝料；

(3)二级以上公路应采取聚氨酯类，或橡胶沥青类嵌缝料；

(4)改性沥青类嵌缝料用于低交通量的三、四级公路。

设传力杆能提高横缝的传荷能力和耐久性。美国多数州规定横缝必须设置传力杆，传力杆的直径在25～41mm之间。在欧洲，除了法国之外，几乎所有的水泥混凝土路面横缝都设有传力杆，传力杆直径在20～30mm之间。欧洲特别强调重交通路面设置传力杆的必要性，这是从早期水泥混凝土路面不设置传力杆和排水系统，从而导致路面唧泥、错台和断裂的教训中学到的经验。德国的实践证实，传力杆对延长路面使用寿命效果明显，即使是对具有高质量稳定性处治基层的路面也是如此。传力杆的间距通常是变化的，传力杆向重载轮迹处集中优化。

四、设计理论

重载交通下路面的过早破坏和复杂的断板位置说明，原有的设计方法已不能很好适应这一情况。在深层次上，对重载交通所带来的对水泥混凝土路面的复杂破坏机制分析与设计理论的研究不足，仍然是当前制约相关部门有效解决重载交通水泥混凝土路面问题的一个的技术瓶颈。例如：

(1)货车车辆特性与路面破坏的关系研究。要解决重载交通水泥混凝土路面问题，首先就必须了解货车车辆特性与路面破坏的关系。车—路本质是相互作用的，只有将车辆和路面两个系统耦合在一起，通过车辆和路面的相互作用机理研究，才能较好地揭示货车车辆特性与路面破坏的关系，然而车—路相互作用属于新兴交叉学科，涉及多个学科领域，目前对其研究还在进展中。

(2)路面动力响应分析理论研究。各国目前对地面结构的设计均是以静止的车辆荷载作用下的结构为研究对象的，基于静力的分析不能够代表移动动荷载的影响，也无法很好解释路面一些特定破坏现象的原因。许多学者的研究已表明，车辆的荷载动态性显著地影响路面的行为和性能[27]。随着车辆轴载增加、车速加快，特别是车辆振动比较剧烈或者车辆质量与地面结构的有效质量处于一个量级上时，就必须考虑车—路的耦合作用。但限于动力学研究的难度和动力下材料力学行为的复杂性，此方面研究还很不够。

(3)由于交通特性发生了显著改变，重载交通下路面的力学行为较普通公路将有很大不同。过去一些次要的影响因素，有可能演变成重要的影响因素，过去一些经过简化处理的细节将有可能成为严重影响重载路面力学行为预估准确性的重要因素，但其中详情还未可知。例如重载车辆动力作用下，温度场、平整度、面板翘曲等因素，与轻型车辆作用时相比，将有可能对路面力学行为产生更大的影响，但对相关方面的技术细节缺乏深入研究。

(4)由于面板、基层、路基材料应力应变关系，路面材料强度准则、疲劳破坏本质上的复杂性，在进行重载交通路面力学与破坏分析时，可能不能直接沿用过去常规交通下的研究公式和依据，而需要进一步研究重载交通路面复杂受力状态下材料的力学特性和破坏机制，建立更完善合理的模型。

为进一步改进福建省公路水泥混凝土路面的设计，本书在后续章节的综合研究和分析的基础上，提出了福建省公路水泥混凝土路面的设计方法和典型结构，具体见第八章。

第四章　福建省公路水泥混凝土路面温度场与温度应力

第一节　水泥混凝土路面温度场与温度应力

一、路面温度场与温度应力

水泥混凝土路面直接暴露在大气之中，一年四季大气温度周期性的变化以及每一天白昼黑夜气温的变化，使得混凝土路面的温度也随之产生周期性的变化。由于混凝土材料的不可塑性，当温度发生变化时将伴随着产生明显的体积变化，路面由此产生膨胀、收缩等变形，称为温度变形。一旦路面温度变形受到约束，不能自由伸缩，路面将产生巨大的内应力，称为温度应力。

温度应力与荷载应力同样都是刚性路面产生破坏的主要因素。水泥混凝土路面温度变形与温度应力不仅是无筋素混凝土路面设计的重要因素，而且对于钢筋混凝土路面、连续配筋混凝土路面，以及配筋预应力混凝土路面格外重要，它将直接影响钢筋的配置和路面的受力状态。

我国幅员辽阔，地形复杂，地区之间的气候差异十分显著。这种显著的气候差异将使不同地区的路面温度场存在着明显不同，因而会使路面在相同的交通荷载下也表现出不同的力学性状特征。因此，要了解本地区水泥混凝土路面的性能特征，有针对性地进行路面区域化温度场和温度应力的研究是十分必要的。

福建气候炎热，近年来气温不断攀升，2007 年福州市夏季已连续出现 35 天以上的 35℃高温天气（居全国之首），这种高温天气下水泥混凝土路面的温度场和温度应力必将存在显著的地区特征。结合福建气候和路面特点，研究福建省水泥混凝土路面的温度场与温度应力，无疑对于了解福建省水泥混凝土路面的力学行为特点、提出针对性的技术改进都具有重要的理论和工程应用价值。

二、温度场的环境影响因素

水泥混凝土路面结构处于自然环境的影响中，经受着周期性变化的各种环境因素的综合作用。受环境影响，路面温度相应的在一年之间和一日之间发生着周期性的变化。

对路面板温度场产生影响的环境影响因素包括太阳直接辐射、散射辐射、大气逆辐射、地面热辐射、气温、云层状况、大气的相对湿度、降雨、降雪等，如图 4-1。

太阳直接辐射和散射的天空辐射的总和称为太阳总辐射，这是一种短波的热辐射。太阳总辐射到达路表时，大部分被路面结构吸收并转变为热量，其余部分则通过路表的反射或散射而被射回到大气中。云层状况、路面的表面特征、降雨、降雪等因素都会对路面结构吸收和反射的太阳总辐射比例产生影响。

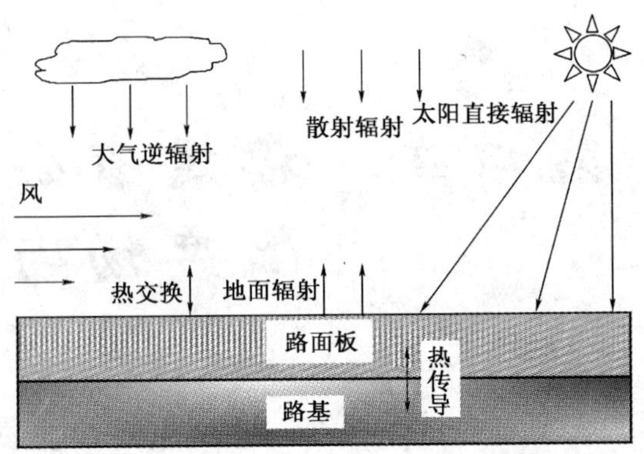

图 4-1　水泥混凝土路面板外部环境场

地面辐射与大气逆辐射之差称为地面有效辐射,这是一种长波的热辐射。若路面温度高于气温,则地面辐射要比大气逆辐射强,地面有效辐射为负值,表示通过地面和大气之间的长波辐射交换,地面是损失热量的。反之,若地面有效辐射为正值,则表示通过地面和大气之间的长波辐射交换,地面是获得热量的。地面有效辐射主要取决于路表和大气的温度状况,也与大气的相对湿度和云层状况有关。

路面结构表面和大气之间的复杂热量交换,使路表产生复杂的温度变化,从而造成路表与路面其它部分的温度差异。路面结构中的这种温度差异促使热量沿深度方向由温度较高处向温度较低处传导。在路面结构与大气接触的介质表面上,路表温度和气温之间的差异会导致由于传导和对流引起的热量交换。路面结构与大气之间的这种热交换主要取决于风速和路表温度与气温之差。

路面结构与大气之间的热交换和地面有效辐射虽然对路面温度分布有重要影响,但是目前还无法从气象部门获得这方面的资料。而路面结构与大气之间的热交换和地面有效辐射主要取决于气温的变化,因此,在路面温度场的预估模型中可以通过气温反映二者的影响。

风速是影响路面结构与大气之间对流热交换的另一个重要因素。但是在自然环境中,风速和风向时刻变化。即使对于同一路面结构,由于附近地形的差异,风速也会有所不同。因此,在预估模型中考虑风速的影响几乎是不可能的。

相对气温和太阳辐射而言,云层状况、大气的相对湿度、降水等环境因素仅对特定天气状况下的路面温度场有一定影响,且与气温和太阳辐射之间具有一定的相关性。因此,这些因素的影响可以通过气温和太阳辐射部分体现出来。

在众多环境因素中,气温和太阳辐射是影响路面温度场的主要环境因素。气温对水泥混凝土路面温度场的影响最为显著。太阳辐射仅出现在白天,是促使路面温度在白天升高的重要因素,也是除气温之外最主要的影响因素。因此,在建立预估模型时,仅考虑气温和太阳辐射,而忽略其它因素的影响,既可以简化模型参数,减少输入参数数量,同时也可以达到较高的预测精度。

三、水泥混凝土路面的热物理特性

虽然混凝土是由石料、砂、水泥和空隙等所组成,但按照弹性理论研究混凝土结构物时,仍然将它视为一种均质、弹性、各向同性的连续介质。在研究其热物理性质时,也同样认为是均质、弹性、各向同性的连续介质。即混凝土材料的各种物理参数不因位置和方向而改变,它的温度、热量、位移与应力的分布也是连续的。

混凝土最主要的热物理特性包括热传导系数、热容量系数、温度传导系数、热形变系数,以及与上述四个系数有密切关系的另外几个指标,即密度(单位重)、空隙率与含水量。混凝土

的热物理参数随着混凝土的密度(单位重)、空隙率、含水量与温度的变化而有所改变。混凝土采用的集料矿物组成不同,其热物理性质亦不相同。埃别列(K. Eberle)等人通过对路面混凝土的大量试验后发现,混凝土的集料种类、混凝土的密度及空隙率对混凝土的热物理性质有明显影响。混凝土的热导率同混凝土的湿度有密切关系。由实验表明,在一般情况下,湿度增加,则热导率也随之增大。一般情况下,路面的温度在30~50℃左右,对热导率的影响不大。

第二节　福建省的气候特点及其太阳辐射和气温变化的时空分布

一、福建省气候特点[2]

福建处于东、西风带交替影响的过渡区和温带、热带各类天气频繁活动和经常影响的地区,其突出的气候特点如下:

(1)冬无严寒,夏少酷暑,气候暖热,雨量充沛。

(2)丘陵起伏,地形复杂,气温垂直差异大,立体气候显著。

(3)有两个多雨的时期,5~6月为梅雨季节、通称前汛期;7~9月为台风季,又称后汛期。

(4)属于气象灾害频繁而又严重之地,尤以台风、旱涝最为突出。

福建省的地形和气候特点决定了福建省水泥混凝土路面温度场的复杂性。福建省水泥混凝土路面较少出现冻胀现象,但夏季高温可能会对水泥混凝土路面的施工以及处于服务阶段的水泥混凝土路面结构性能产生不利影响。福建省的多台风和多雨的气候特性,也直接导致水泥混凝土路面冲刷、水毁现象严重,路面温度场显著受到降雨季节影响。

福建丘陵起伏,地形复杂,气温垂直差异大,立体气候显著,直接会影响处于不同地形和高度位置水泥混凝土路面表面接收到的太阳辐射能量。对于坡地,晴天状况下,太阳直接辐射随高度递增,而散射辐射递减,由于在太阳总辐射的比重中前者为大,所以山区高海拔地带路面一般比平原低地可获得更多的太阳辐射能。坡地全年接受的太阳总辐射量,在北回归线以北地区(我国属此类地区)受热最多的是南坡,且辐射总量随坡度的增加而增加;相反,在偏北的坡地上,辐射总量随坡度的增大而减少。

福建群山起伏,山区辐射基本属两种类型:第一,深谷遮蔽,云雾掩荫,多散射光;第二,南坡与山顶开阔向阳,日照强度大,多直射光。就季节而论,冬半年山顶多光照,山麓少光照;夏半年山顶少光照,山麓多光照。福建省海拔与坡向的影响造就了山区公路受辐射的多样化特点。

以下结合2005年一整年福建省9个地区的气候数据,对不同季节对福建省水泥混凝土路面的温度场的综合影响特性进行分析。

1. 春季

福建春季的气候特点是阴冷多雨。根据降水的性质和强度的不同,福建有春雨(3~4月),梅雨(5~6月)之分。这一时期天气冷热多变,有的年份还会出现春寒、倒春寒天气以及冰雹等强对流天气。另外,早春的缺雨干旱现象,在南部地区概率较大,少数年份还相当严重,甚至可蔓延全省。此阶段水泥混凝土路面温度场受太阳辐射的影响介于1月份和7月份之间。

4月份福建的春季冷空气南侵,控制福建省的势力逐渐减弱,主要受冷暖气流交绥、交替影响,气温日渐回升,水泥混凝土路面处于持续升温阶段,沿板厚的温度梯度值比1月份要增大。4月的平均气温介于16～20℃之间,等温线的经向度增大,南北温差明显缩小,则全省南北地区路面温度场状况相差较小。由于海陆物理属性不同产生了增温的差异,沿海地区的增温幅度约6℃左右,而内陆地区达10～11℃。

2. 夏季

夏季既是福建省晴热多见的季节,又是台风活动频繁的季节。这一时期的福建常见四种类型的天气:第一种是副热带高压控制下的炎热少雨天气;第二种是台风影响下的狂风暴雨天气;第三种是复合区控制下的局部或区域性雷阵雨天气;第四种是北方冷空气南下时的短暂锋面过境天气。

福建夏季的灾害天气是台风、洪涝和干旱,均以沿海地区频率为高,成灾严重。

全省各地年极端最高气温出现的时间介于6～9月之间,7月最多,占61%;8月居次,占28%;6月和9月最少,各占5.5%。7月是年内太阳总辐射量最多的月份,等值线呈东北—西南走向。鹫峰山脉—戴云山脉—博平岭山脉为最低值;东侧的沿海地区和西侧的内陆地区为高值区。7月的平均气温除沿海岸和岛屿外是全年最高,处于28℃上下。其空间分布的特点是:高温区主要出现于鹫峰、戴云山两大山系之间的河谷地带,西部山地和近海岸及岛屿地区在27℃上下,海拔800m左右的山地约24℃,7月的平均气温基本无南北的区别。福建极端最高气温在38～40℃之间的气象观测台站占84%,除高山站七仙山、九仙山外,全省所有台站都在35℃以上。高温极值区主要出现于两大山系之间的河谷地带,成片的区域是南平地区的中南部和三明地区的东部。赛溪谷地的福安因其特定的地形环境,称之"火炉",1967年7月17日出现过43.2℃的极端最高气温,居全省之冠。

因此,在集中研究夏季持续高温时期水泥混凝土路面结构温度场时,对于内陆地区应选择在7月份时进行研究,而福建省沿海地区就应该选择在8月份时进行研究。近年来福建省气温有增长趋势,2007年夏季7～8月间福建省福州已连续出现35天以上的35℃的高温天气(居全国之首)。

7月份是一年中气温和太阳辐射量最大的月份,在这个季节水泥混凝土路面温度场受太阳辐射和高温的影响最大,水泥混凝土路面受夏季持续高温的影响,路面温度达到一年中的最高值。这种高温天气对于水泥混凝土路面施工阶段乃至后期使用阶段的结构性能,均有可能产生显著影响,主要体现在以下方面:

(1)夏季高温条件下进行水泥混凝土路面施工,由于高温和水化热的共同作用,在一定的温度场和外界约束的作用下,路面可能由于过大的早期温度应力而开裂。

(2)水泥混凝土路面在早期温度场下凝固时的温度,会直接影响路面在后期使用阶段温度场下的路面翘曲性状,进而影响路面在交通荷载和温度场耦合作用下路面内部的复合应力,对路面服务阶段的长期性能产生显著影响。

因此,对夏季路面温度场和温度应力进行深入研究,对于控制路面的早期和长期服务性能具有重要价值。此季节日较差虽比3～4月份略有减小,但由于白天和夜晚的太阳辐射量(夜晚无太阳辐射)相差过大,有可能产生一年中最大的路面板温度梯度。

3. 秋季

福建的秋天,天高云淡,气候比较宜人。这一季节降水骤然减少,两个月的总雨量仅占年雨量的6.8%。福建秋季常见的不利气候是季节异常提早的寒露风与初霜冻。秋季属于持续

降温时期,10 月平均气温介于 18 ~23℃之间,其南北温差趋于加大。太阳总辐射比春季 4 月略高。东南沿海和龙岩地区为高值区,宁德地区和闽江下游为低值区。这一时期福建省各地区气温变化幅度和太阳辐射在一年中均属较小时期。

此阶段路面温度梯度不大,该季节气候对水泥混凝土路面温度场的影响在一年中属于相对较小的时期,但南北地区路面结构温度梯度值相差也逐渐加大,在 11 月份气温持续降温时期,对水泥混凝土路面温度场产生不利的影响,路面结构产生不利的正、负温度梯度。

4. 冬季

冬季是福建省一年内的晴冷少雨期,3 个月的总雨量占年降雨量的 11.0% ,少雨的程度大致与秋季相当。该季节水泥混凝土路面受冬季持续低温的影响,趋势是东南向西北递减,福建极端最低气温内陆地区 -9 ~ -4℃之间,沿海地区在 -4 ~0℃之间。其中 26°N 以北沿海地区明显低于中南部沿海,差值 2℃或略高些,泉州以南的沿海或岛屿都在 0℃以上。建宁在 1991 年 12 月 29 日出现 -12.8℃,位于全省海拔 800m 以下台站之首。但由于福建省地处于亚热带,冬季即使出现零度以下气温,时间也较短,水泥混凝土路面一般不会受到冻胀破坏。全省各地出现极端最低气温主要在 1 月份,占 82% :冬季期间 1 月平均气温亦是南北温差最大的一个月,此阶段日较差较大(属于一年中第二大的时间段),辐射量较小,水泥混凝土路面受辐射量的影响为全年中最小,冬季路面结构温度梯度较秋季大。以上表明,在研究福建省冬季持续低温时期的极端温度场时应选择在内陆,且应选择 1 月份时进行研究。

总结以上,福建省水泥混凝土路面受到温度场显著影响的季节集中在春季和夏季,其次是冬季,秋季路面结构受温度梯度影响最小,也是路面施工的黄金季节。但福建省由于考虑材料进价的涨幅和工期的约束,路面施工主要集中在夏季,但此种选择对于路面性能不利。

二、福建省太阳辐射的时空分布特征[2]

太阳辐射是大气运动和形成各类天气气候现象的主要能源和原动力,到达地表面的太阳辐射能的时空分布及其变化决定了地球气候的最基本特征。太阳总辐射是路表热量的主要提供者,也是使水泥混凝土路面白天升温的重要因素,也是大气层温度场、气压场分布及其变化并随之产生相应的气候现象的主要制约因子。影响太阳总辐射的因素是天文辐射量、大气透明度及云量、云状。通常可以用经验公式来计算,如式(4-1)所示。

$$Q = S_0\left(a + b\frac{S}{S_1}\right) \tag{4-1}$$

式中:Q——太阳总辐射;

S_0——天文辐射;

S——太阳实照时数;

S_1——太阳可照时数;

a、b——与云量、云状、大气透明度有关的经验系数,福建省气象中心曾以若干代表站 1960 ~1980年的资料拟合求出了各季的 a、b 经验系数,具体取值可见表 4-1。

福州各季太阳辐射经验系数　　表 4-1

月份	3 ~4	5 ~6	7 ~9	10 ~2
a	0.112	0.114	0.136	0.115
b	0.611	0.634	0.534	0.608

福建太阳年总辐射量在(42.5~52.5)×10^8J/m^{2}之间。福建省气象中心推算了福建省年总辐射量分布图(图4-2),从图中看出福建省各地年总辐射量地域分布基本是鞍形状态,高值区为闽南地区,南平地区北部辐射量也相对较大,闽东北和三明地区西部是低值区。通过分析气象数据可知,太阳年总辐射量漳州、厦门地区和泉州等沿海地区、龙岩的东南部地区多介于(47.5~52.5)×10^8J/m^{2}之间,东山县最大为54.6×10^8J/m^2,南平地区北部在(47.5~50.0)×10^8J/m^{2}之间,为省内的次高区;宁德地区、福州地区北部沿海和泉州地区的德化一带为42.5×10^8J/m^{2}左右。辐射量大,特别在夏季,将造成路面白天和夜晚较大的温度差。

福建太阳总辐射的年内变化是单峰型,最大值出现于7月,各地介于5.50~6.25J/m^{2}之间;最小值多在2月,有的在12月,各地介于2.00~2.50J/m^{2}之间;月际相比变幅在2.50~3.50J/m^{2}之间。

三、福建省气温空间分布

气温是影响水泥混凝土路面温度场最重要的因素。在晴天情况下,气温的日变化规律可近似看成正弦函数分布,而气温的年变化同样也是有其规律可循的,采用平均气温来描述其年变化规律可以看到,福建年平均气温大致介于17~21℃之间(图4-3)。

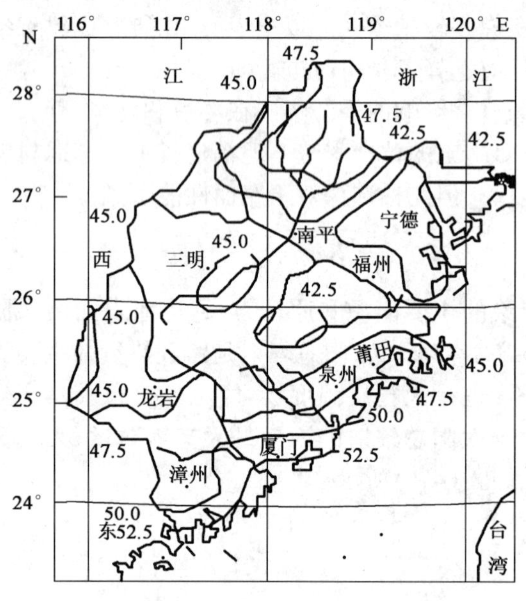

图4-2 福建年太阳总辐射量[2]

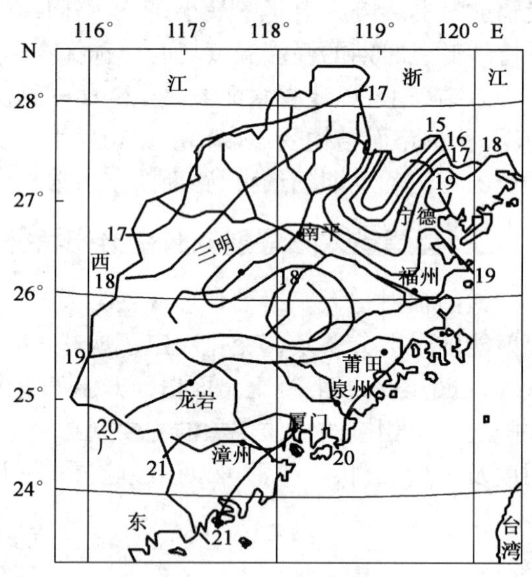

图4-3 福建年平均气温[2]

根据气象资料可以发现,福建省气温分布大部随着纬度差异自北向南递增,北纬25°N以南的厦、漳、泉平原及龙岩东部和莆仙地区常年平均大部分在20℃以上,该地区路面结构温度同样也是比较高的。海拔800m以上的高山区,是福建省气温的低值区,西部武夷山,中部戴云山,由于地势高峻(海拔分别为1 414m、1 650m)低至12℃上下,该地区路面结构温度相对于其它地区亦低。鹫峰山脉一带的县所辖地屏南、周宁、寿宁常年平均气温15℃,甚至略低。东部沿海地区因海洋调节,常年平均气温19℃左右,该地区水泥混凝土路面受温度的影响相对较小(图4-3)。

图4-4是基于福建省历年来各地气温资料总结的各月平均气温变化图,由图可以看到,全

省大部地区 1 ~7 月升温,7 ~12 月降温,1 月最低,7 月最高;在近沿海岸或岛屿地区,气温的年变化落后一个月,即 2 ~8 月升温,8 ~翌年 1 月降温,2 月最低,8 月最高。大部分地区夏季月平均气温在 27 ~29℃之间变化,宁德地区夏季月平均气温相对会比较高,达到 34℃左右;冬季月平均气温在 9 ~14℃之间变化。由于气温变化水泥混凝土路面温度场也随之发生年周期变化。

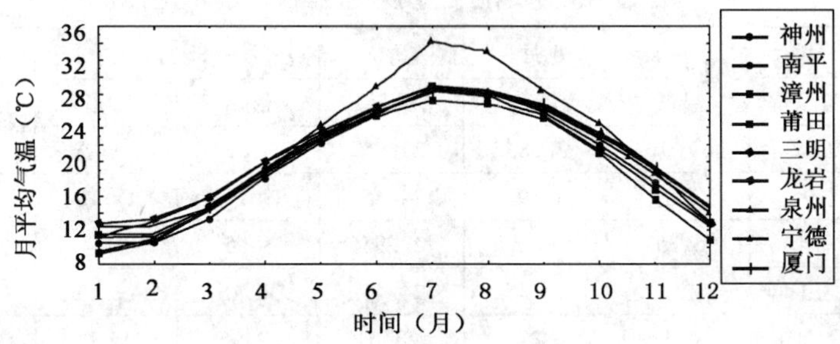

图 4-4　福建省各月平均气温变化图

从图 4-4 中也可以看到,各月的升(降)温幅度不尽相同。升(降)温最剧烈的月份出现在春秋季节,正是由冬到夏和由夏转冬的过渡时期,月际增温、降温最突出的是 4 月、11 月,多年可达 4 ~5℃,因此这个时期水泥混凝土路面将产生不利的较大的温度梯度。平均气温月际变化最小的是 1 ~2 月,7 ~8 月,变化幅度小于 2℃。以福州为例:4 月升温 4.9℃,11 月降温 4.4℃,1 ~2 月温差 0℃,7 ~8 月温差 0.5℃。冬季持续低温时期和夏季持续升温时期受气温骤降、突升的影响比较小,但本身这两个月份路面温度梯度值会比较大,因此,这两个月份也是水泥混凝土路面温度场观测的重要月份。

从表 4-2 可知,漳州、厦门、泉州地区年平均温度最高,南平地区年平均温度最低。1 月和 2 月为厦门和泉州最冷月份,其最冷月份的平均气温相对福建省其它地区为大。福建省其它地区最冷月份均为 1 月份,且南平地区在最冷月份温度最低。全省极端最低气温基本在 0℃以上,南平地区极端最低气温达到全省最低值。全省极端最高气温相差不大,最大值出现在福州、南平、三明和漳州地区。南平、三明、宁德、福州气温年较差(最高气温与最低气温之差)最高,为 19.4 ~18.2℃。

历年福建省九个地区气温统计表(单位:℃)　　表 4-2

地区	年平均气温	最冷月份及其平均气温		最热月份及其平均气温		气温年较差	极端最低气温	最低极值	极端最高气温	最高极值
福州	19.7	1 月	10.6	7 月	28.8	—	3 左右	-2.5	37 ~38	41.1
厦门	20.9	1、2 月	12.6	7 月	28.4	16.2	5	2	36 ~37	38.5
南平	19.3	1 月	9.3	7 月	28.7	19.4	-3	-5.8	37 ~39	41.0
泉州	20.7	1、2 月	12.1	7 月	28.6	16.5	2	0	35 ~37	38.9
三明	19.4	1 月	9.4	7 月	28.5	19.1	2 ~3	-5.5	38 ~39	40.6
莆田	20.2	1 月	11.5	7 月	28.4	16.9	1 ~2	-2.3	35 ~37	39.4
漳州	21.1	1 月	12.8	7 月	28.8	16	2 ~4	-2.1	37 ~38	40.9
龙岩	19.9	1 月	11.3	7 月	27.4	16.1	0 ~ -2	-4.0	36 ~37	39.0
宁德	19.0	1 月	9.8	7 月	28.8	19	1 ~ -1	-2.4	36 ~38	39.4

因此,要研究福建省一整年的水泥混凝土路面结构温度场,可选择这几个地区为代表。福州、漳州、宁德、南平地区在最热7月平均气温最高,为28.8~28.7℃,则在研究夏季高温时期水泥混凝土路面结构的温度场,可选择这几个地区为代表。结合2005年福建省各个地区一整年的气象观测数据,将福建省9个地区的气温资料统计列于表4-3、表4-4。

2005年福建省九个地区各季度气温统计表(单位:℃) 表4-3

时间段	3月~5月(春季)		6月~8月(夏季)		9月~11月(秋季)		12月~2月(冬季)	
日平均气温	最高	最低	最高	最低	最高	最低	最高	最低
福州	29.12	7.0	32.85	22.95	31.2	15.85	19.9	4.8
厦门	27.95	7.7	31.95	24.45	30.1	17.15	19.55	7.05
南平	29.4	6.35	33.5	22.95	30.5	13.4	19.6	1.65
泉州	28.1	7	32.35	24.45	30.15	17.15	20.85	5.55
三明	29.05	6.3	31.4	23.5	29.95	12.6	18.2	1.4
莆田	27.7	6.45	31.35	23.95	30.4	16.6	20.85	5.6
漳州	29.7	8.95	32.8	25.2	31	18.15	22.55	7.5
龙岩	29.7	6.25	30.6	24	28.3	14.4	23.1	4.1
宁德	28.35	7.1	34.55	23.25	30.95	15.15	17.2	4.05

2005年福建省9个地区各月气温日较差平均值(单位:℃) 表4-4

月份(月)	1	2	3	4	5	6	7	8	9	10	11	12
福州	6.55	6.22	9.40	9.49	6.78	6.73	8.75	7.37	7.69	6.8	7.01	7.07
厦门	7.47	6.37	8.56	8.01	6.32	5.61	6.97	6.97	7.17	6.17	6.74	7.12
南平	5.48	6.27	9.29	10.3	6.58	7.9	10.21	9.18	9.38	8.36	7.63	8.33
泉州	6.04	5.79	7.43	7.28	5.71	5.15	6.25	6.04	5.65	4.72	5.51	6.07
三明	6.19	6.51	9.91	11	7.32	8.73	11.0	9.20	9.31	8.21	7.75	8.91
莆田	6.47	5.49	8.24	8.09	5.83	5.62	7.34	6.58	5.55	4.74	5.23	6.67
漳州	7.92	6.43	8.92	8.45	6.62	6.35	8.16	7.7	8.25	7.53	7.83	8.44
龙岩	8.95	6.89	9.09	8.91	7.15	7.88	10.15	9.2	8.76	8.16	8.78	10.36
宁德	5.26	4.94	7.61	7.82	5.40	6.33	7.61	6.15	6.41	6.24	6.10	6.39

从表4-4可知,宁德、南平地区在夏季的时候出现了全省最高日平均气温,南平、三明地区在冬季的时候出现全省最低日平均气温。3月、4月、7月这三个月份气温日较差相对一年其它月份达到最大,10月份气温日较差最小,这也间接说明路面结构内部的温度场在不同的月份受气温影响程度不同,秋季受影响最小。

第三节 福建省水泥混凝土路面温度场研究

为了解福建水泥混凝土路面结构环境的变化规律及其各因素对水泥混凝土路面温度场的影响,福建省公路管理局与福州大学合作,以福建省南平市、福州市两种水泥混凝土路面结构为研究实体,于2006~2007年进行了5个不利季节现场温度场监测试验研究。

一、温度场实测方案

1. 观测内容

(1)环境因素。选取了外界环境中影响水泥混凝土路面结构温度的主要因素,包括:气温、风速、雨量、云量、辐射(太阳辐射、大气散射、路表反射等)。

(2)路面结构温度。包括不同时间、不同板厚深度的水泥混凝土路面结构的温度。

2. 观测频率

考虑到环境变化的周期性,对路面温度场进行持续一年时间的观测,从中选取环境对路面结构的影响比较大的5个时段,即:初夏连续升温时期(4月份)、酷暑持续高温时期(8月份)、秋季高温时期(10月份)、初冬连续降温时期(11月份)、冬季持续低温时期(1月份)集中观测。每次集中观测持续3~4天,旨在分析典型气候条件下水泥混凝土路面结构的温度场及其影响因素。

在观测日内,为了获得气温、辐射以及水泥混凝土路面结构温度的最大、最小值,自动气象站以及温度采集器每30min将自动采集数据(图4-5)。

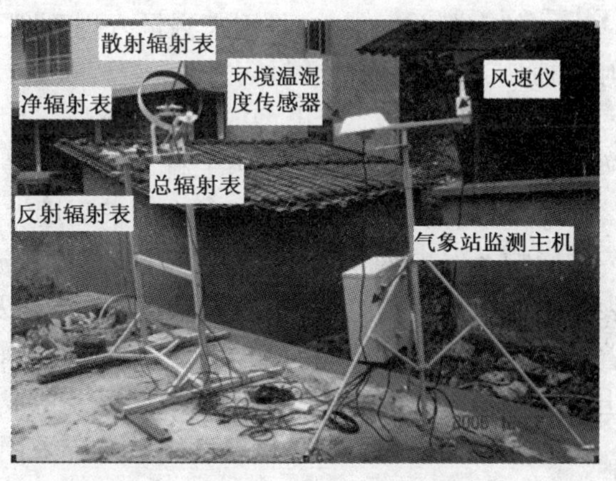

图4-5　PC-3型便携式自动气象站

根据以上提出的观测项目,选择以下观测仪器:

(1)温度传感器。采用由铜和康铜组成的热电偶温度传感器,如图4-6a)。测量范围是-30~80℃,精度为0.01℃。其工作原理是:温度变化引起热敏电阻的电阻值变化,由这一变化,根据温度与热阻之间的关系式,可以反算出温度的变化。

a)热电偶温度传感器

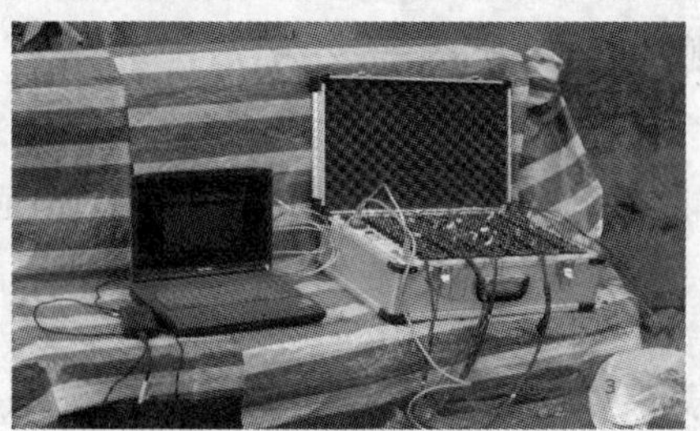

b)静态温度测试系统

图4-6　水泥混凝土路面温度场监测主要观测设备

(2)数字万用表。用于检验温度传感器是否正常工作,精度为0.1Ω。

(3)PC-3型便携式自动气象站。如图4-5所示,其基本配置包括具有液晶显示汉字与图形功能的TRM-ZS1气象站记录仪,传感器(温度,湿度,风速,风向,气压,太阳辐射,雨量,地温等),三脚架(便携式),实时监测分析软件,数据通讯及传感器连接电缆,可测量风向、风速、温度、湿度、气压、雨量、太阳辐射、太阳紫外线等常规气象要素。其主要由以下6个部分组成:

①地表传感器。由装在金属壳内的热敏电阻及导线组成,工作原理是:温度变化引起热敏电阻的电阻值变化,由这一变化,根据温度与热阻之间的关系式,可以反算出温度的变化。其测量范围:-40~300℃。

②环境温湿度传感器。由于测量环境温度以及湿度变化情况,配带有防辐射罩,保护传感器免受太阳辐射和雨淋。

③太阳总辐射表。该表工作原理为热电效应原理,感应元件采用绕线电镀式多接点热电堆,表面涂有高吸收率黑色涂层。热接点在感应面上,而冷结点则位于机体内,冷热接点产生温差电势。在线性范围内,输出信号与太阳辐照度成正比。为减小温度的影响则配有温度补偿线路,为了防止环境对其性能的影响,则用两层石英玻璃罩。该表用来测量光谱范围为0.3~3μm的太阳总辐射,也可用来测量入射到斜面上的太阳辐射,如感应面向下可测量反射辐射,如加遮光环可测量散射辐射。

④风速传感器。光电型的风速传感器采用低惯性轻金属风杯,随风旋转带动同轴截光盘转动,以光电子扫描输出脉冲串,输出相应于转数的脉冲频率对应值,便于采集及处理。

⑤净辐射表。TBB-1净辐射表用来测量太阳辐射及地面辐射的净差值。为了防止恶劣环境的影响及保护感应面,该表装有既能透过长波辐射、又能透过短波辐射的聚乙烯薄膜罩。该表的工作原理为热电效应,感应部分是由康铜及镀铜组成的热电堆,热电堆的上下两个面紧贴着涂有无光黑漆的感应面,由于上下感应面吸收辐照度不同,因此热电堆两端产生温差,其输出电动势与感应面黑体所接收的辐照度差值成正比。

⑥气象站检测主机。该温度测试系统采用高性能微处理器为主控CPU,大容量数据存储器,可连续存储30天以上的整点数据,存储时间可根据要求设定。

(4)DH3816静态温度测试系统。如图4-6b)所示,该系统由数据采集箱、微型计算机及支持软件组成,可自动、准确、可靠、快速测量大型结构、模型及材料应力试验中多点的静态应变应力值;若配接适当的应变式传感器,也可对多点静态的力、压力、扭矩、位移、温度等物理量进行测量。

二、观测路段及温度传感器布置方案

1.观测路段简介

选择了两处监测试验点,一个选在南平市环城路205国道K2128处,针对贫混凝土基层水泥路面结构;一个在福州316国道K19处,路面为冲击压实改建旧混凝土路面作垫层,加铺水泥稳定基层和水泥路面板结构。

南平市环城路205国道K2128处水泥混凝土路面,是对老路进行修建,路面宽度在9m到11m之间变化,双向二车道,由于南平路段所处位置有坡度,所以路面结构大致为:26cm水泥混凝土面层+38.8cm贫混凝土基层+土基。

福州316国道水泥混凝土路面,是在老路基础上加铺水泥混凝土路面,是以冲击压实改建旧水泥混凝土路面作为垫层,路面宽度为9m,双向四车道,路面结构为:24cm水泥混凝土面层+15cm贫混凝土基层+22cm旧水泥混凝土面层+15cm旧水泥碎石基层+土基。

2.温度传感器布置方案

由于行驶车辆主要分布在行车道上,为了准确反映水泥混凝土路面主要工作区的温度状况,在南平路面的行车道上埋设4组温度传感器。路段温度传感器每组8个,总共为32个,沿

深度布置方案如图 4-7 所示。在福州路面的行车道上埋设 3 组温度传感器，路段温度传感器每组 11 个，总共为 33 个，沿深度布置方案如图 4-8 所示。传感器埋置方法见图 4-9、图 4-10。

自 2006 年 10 月起，对南平市环城路水泥混凝土路面以及福州 316 国道水泥混凝土路面，分别进行了 5 次连续监测：初夏连续升温时期（4 月份）、酷暑持续高温时期（8 月份）、秋季高温时期（10 月份）、初冬连续降温时期（11 月份）、冬季持续低温时期（1 月份）。

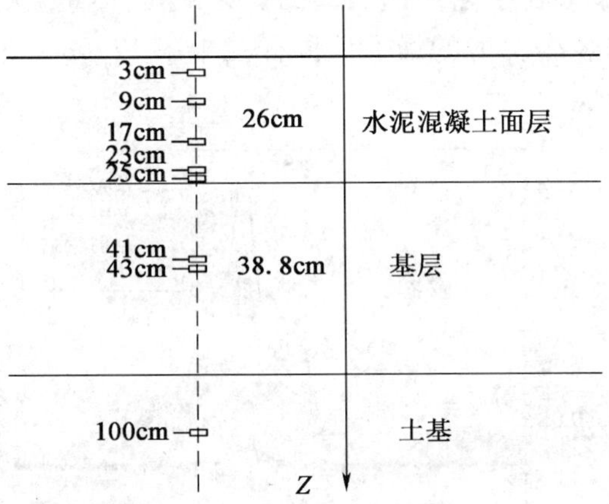

图 4-7　南平试验路段路面结构及温度传感器位置

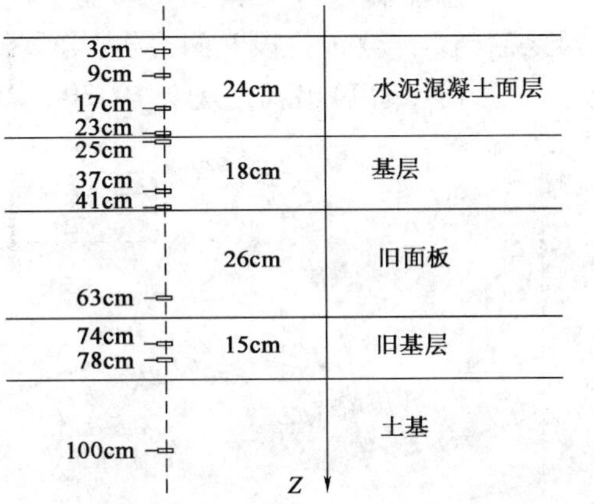

图 4-8　福州试验路段路面结构及温度传感器位置

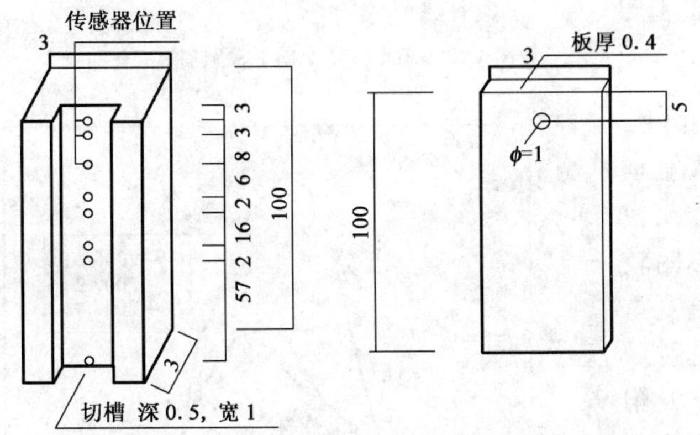

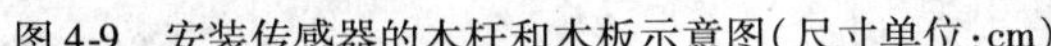

图 4-9　安装传感器的木杆和木板示意图（尺寸单位：cm）

图 4-10　将温度传感器杆件埋入孔中

第四节　福建省水泥混凝土路面温度场分布特征试验监测

一、福建省水泥混凝土路面温度场变化特征

基于现场温度场试验监测数据，对福建省公路水泥混凝土路面结构的温度场特征进行分析。

通过实际观测发现气温与辐射是影响路面温度场的最主要因素。正常天气情况下，气温和路表温度的变化情况是有规律可循的。从图 4-11 中可以看出，路表温度与气温几乎是同步周期性变化，日最高气温是在中午14:00左右，日最低气温是在凌晨5:30～6:30，升温阶段不足10h，降温阶段却需要14h以上。路表温度变化幅度远大于气温变化幅度。

在上午日出前后，气温与路表温度的差值最小，随着白天升温时期，到中午13时左右路表温度达到最大值，此时，气温与路表温度差值最大。而正常天气情况下下，辐射与路面结构温度也有规律可循，太阳辐射量越大，气温越高，水泥混凝土路面结构温度越高。如图4-12所示，日太阳总辐射、散射辐射及反射辐射以半正弦波形式变化，中午12:00左右强度达到最大，日落之后到日出之前这段时间，强度均为0值。路表净辐射的最大值同样在中午12:00左右出现，最小值（负值）出现在晚上19:30～20:30之间。

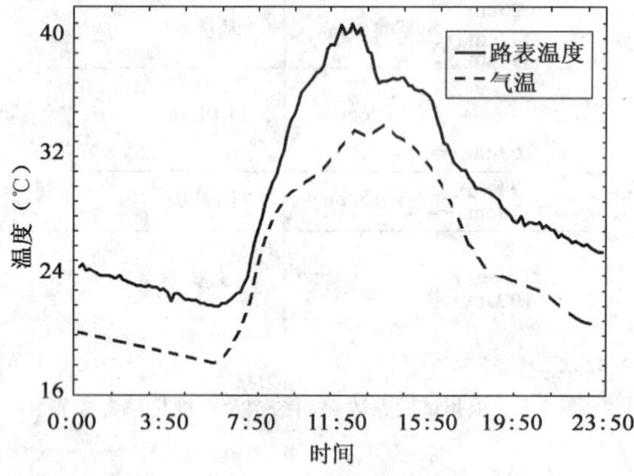

图4-11 2006.9.27南平路表温度随气温变化曲线

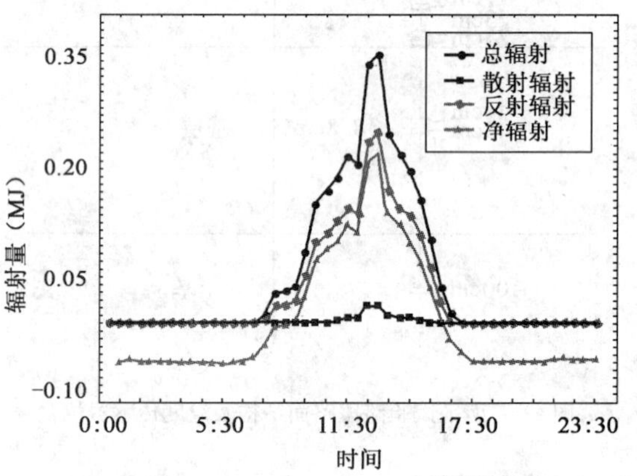

图4-12 2006.11.30南平太阳辐射变化曲线

图4-12中可以看出反射辐射量值很小，其对路面结构的影响可以忽略不计；散射辐射量值比较大，则太阳直射辐射相对会比较小，因此可以看出该天的天气情况云层比较多。从图4-13可知，太阳总辐射最大值夏季比冬季高出将近一倍；并且夏季太阳辐射最大值出现时间大约在12:00左右，冬季太阳辐射最大值出现时间稍推迟一点。从夏季到冬季，太阳总辐射量最大值出现的时间逐渐推迟，早晨开始出现总辐射的时间也逐渐推迟，而日落出现总辐射量为0值的时间逐渐提前，这是由于夏季白天日照的时间相对冬季要长的原因。

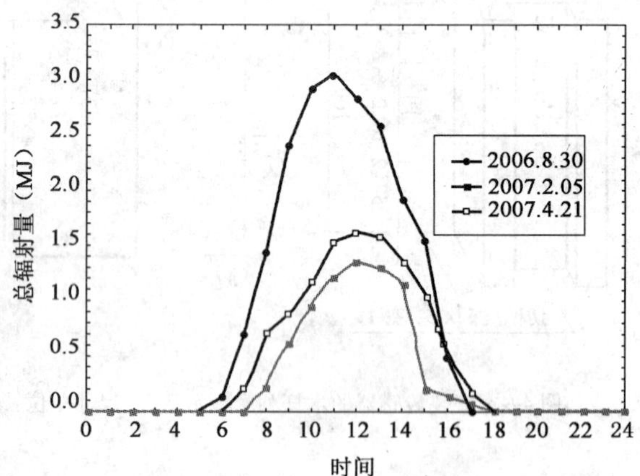

图4-13 福州市太阳总辐射量日变化过程

二、路面结构温度场随时间变化

路面结构温度随气温和辐射的昼夜变化呈周期性变化。随着深度增加，温度波动滞后时间逐渐增长，如图4-14、图4-15所示。从图中可见，上午8时半左右温度梯度接近0，中午13时左右，路表温度达到最大值，而路板内不同深度处的温度达到最大值的时间要比13时滞后一段时间。白天路板顶温度高于板底，晚上则板底的温度高于板顶。正、负温差的时段基本各

占半天,但是负温差的温度梯度值比正温差的梯度值小很多。随着深度的增加,温度波动的幅度逐渐减小。

如图 4-15 所示,2007.7.12 夏季高温时期南平水泥混凝土路面的表面温度日变化达 26.2℃,路表下 9cm 处温度日变化为 10.89℃,路表下 23cm 处温度日变化为 5.25℃,而到路表下 1m 深处的温度日变化已经很小,为 2.39℃,此深度处的年变化占主导地位。面层温度在不同时刻一般呈曲线变化;当结构层深度大于 40cm 时,沿深度方向的温度分布可近似视为线性变化。因此,温度场对路面结构影响最主要的还是集中在面板内,尤其在夏季高温时期,面板内将会产生最不利的正、负温度梯度。

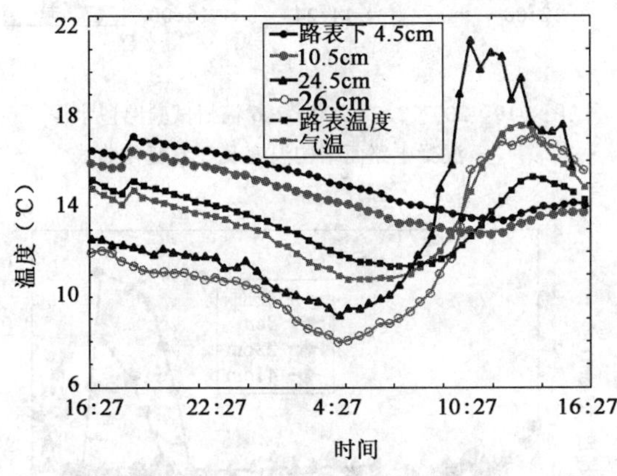

图 4-14　2006.12.2 ~ 12.3 南平试验路段路面结构温度及气温变化曲线

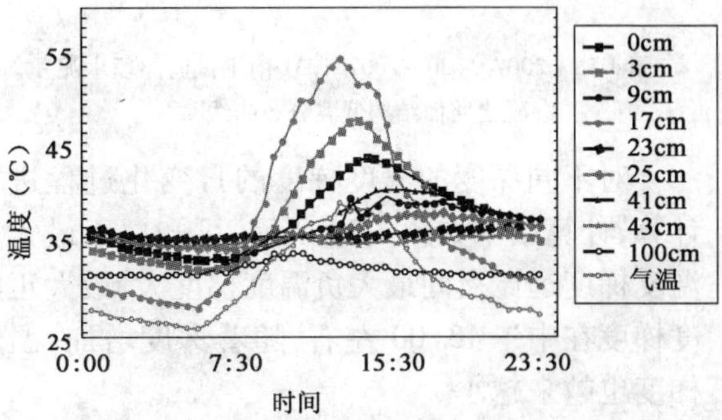

图 4-15　2007.7.12 南平试验路段路面结构温度及气温变化曲线

福州与南平试验路路面温度随深度变化情况如图 4-16、图 4-17 所示。由图可知,曲线变化情况基本相同,但南平在 40cm 深度处不同时刻的温度变化范围很小,在 11 ~ 13℃之间;而福州在 40cm 深度处不同时刻的温度变化范围相对比较大,在 9 ~ 16℃之间。

水泥混凝土路面的最高温度和最低温度均出现在路表面,如图 4-18、图 4-19 所示。路表面最高温度高于气温,路表面最低温度一般也高于气温。

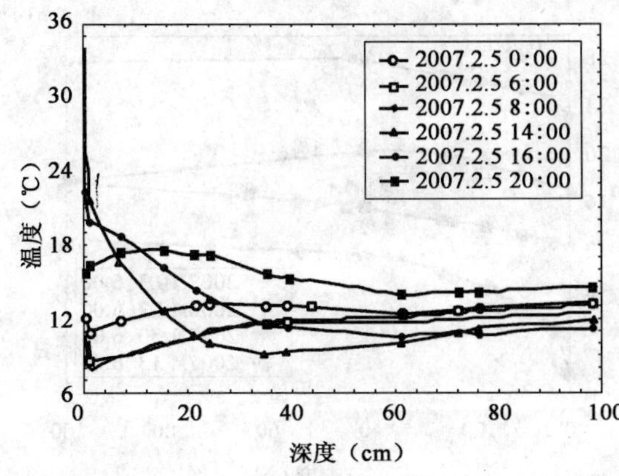

图 4-16　福州试验路段路面结构温度随深度变化曲线

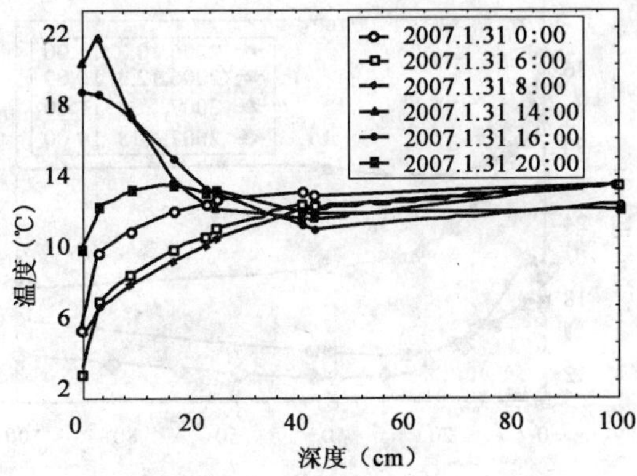

图 4-17　南平试验路段路面结构温度随深度变化曲线

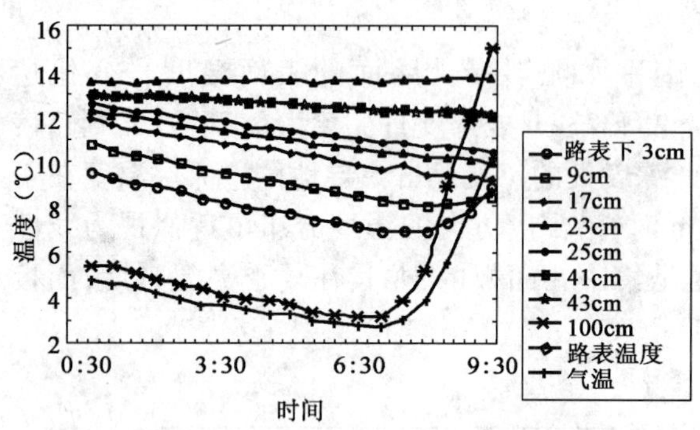

图 4-18 2007.1.30 ~ 2007.1.31 南平试验路段水泥混凝土路面结构低温分布曲线

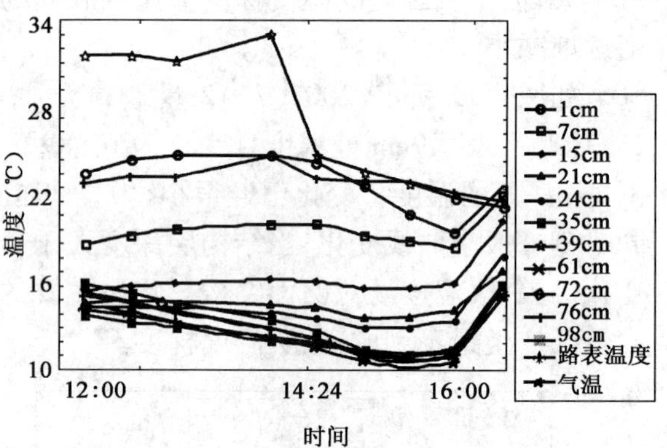

图 4-19 2007.2.5 ~ 2007.2.6 福州试验路段水泥混凝土路面结构温度及气温变化曲线

对不同深度的温度梯度的日变化过程进行计算,计算结果如图 4-20 所示,可知白天最大正温度梯度远比夜间最大负温度梯度大,最大正温度梯度在中午 13:00 左右,随着深度增加,温度梯度也越来越小。

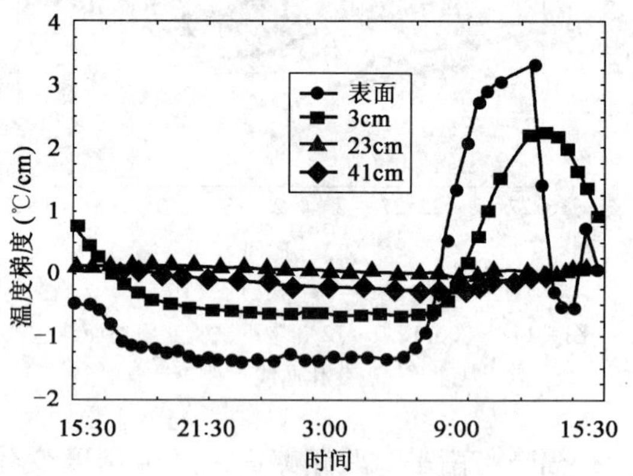

图 4-20 1 月份南平试验路段路面不同深处温度梯度的日变化过程

以年为周期的水泥混凝土路面结构温度场在不同季节的温度分布,不论最高温度,还是最低温度,季节温差都十分明显。但随深度增加,季节温差逐渐减小。在四个月份南平路段中午 14:00 和 6:00 不同深度温度分布曲线如图 4-21、图 4-22 所示,总体来看路面结构气温由大到小依次排列为:10 月 >4 月 >12 月 >1 月,但路面结构温度梯度的形态在一天中的同一时刻大致近似。

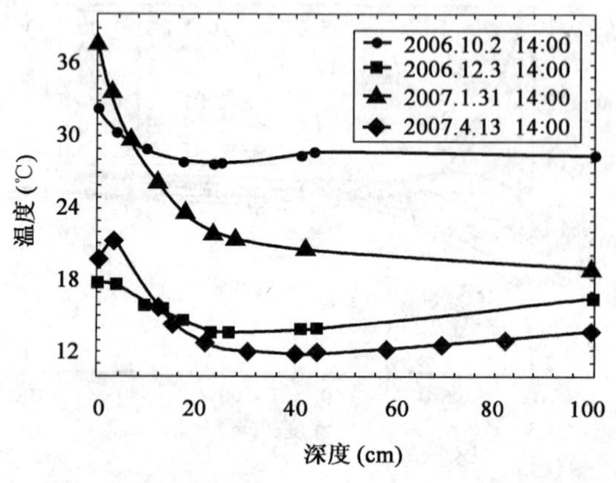

图 4-21 南平试验路段中午 14:00 不同深度温度分布

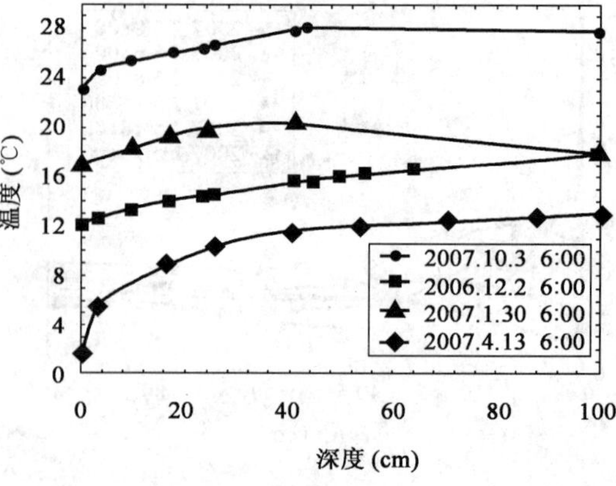

图 4-22 南平试验路段凌晨 6:00 不同深度处温度分布

三、路面结构温度场的二维分布

以往对水泥混凝土路面温度场的研究往往集中于温度沿深度的一维分布情况，而将水泥混凝土路面结构沿水平方向的温度看成一致的，但实际情况水泥混凝土路面受外界环境的影响，其水平方向的温度场往往不一致。现以 2006.1.30 ~ 2006.1.31 南平实测数据为依据，研究路面结构内部板中与板边温度场分布情况（图 4-23）。

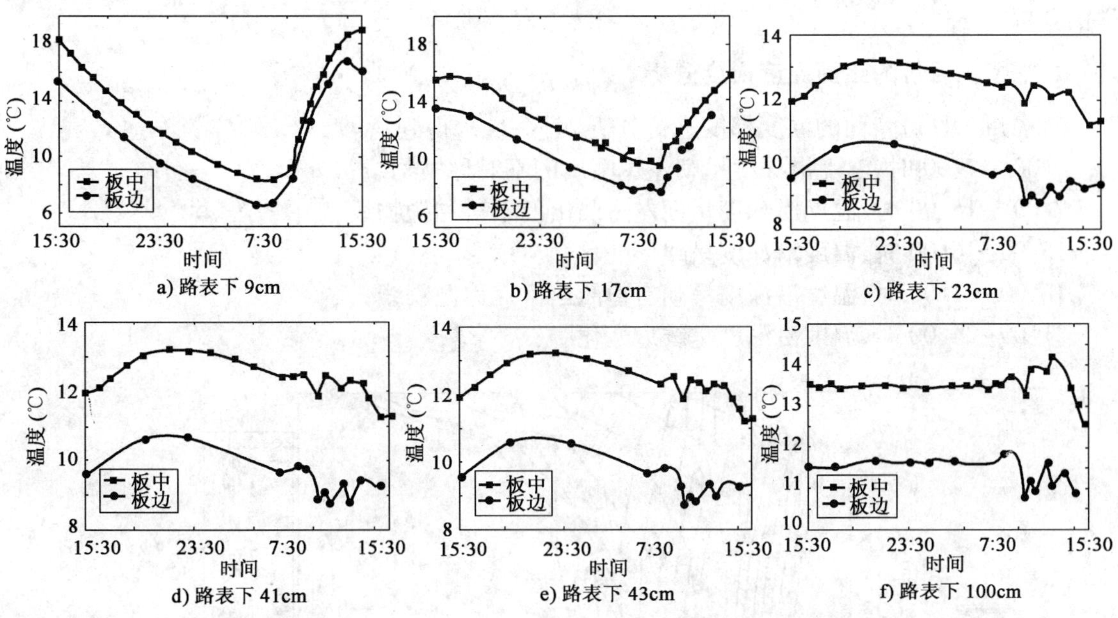

图 4-23　2007.1.30 ~ 1.31 南平试验路段路表下不同深度处四个孔温度对比情况

如图 4-23 所示，板中和板边温度变化幅度基本一致，升温时段比较短，降温时段比较长，但板中与板边还是存在比较大的温度差，将其不同深度处的温度差值统计如表 4-5 所示。从图表可知，随着路面结构深度的增加，板中与板边温度差先逐渐加大，到达一定深度后随着深度的增加其温度差逐渐减小。

不同深度处板中与板边温度差　　表 4-5

距路表深度（cm）	9	17	23	41	43	100
板中与板边平均温度差（℃）	1.93	2.19	2.50	3.24	2.62	2.03

分析图 4-23a）可知，15:30 到次日 7:30 左右，板中与板边温度差比较大，这是由于这一时段路面结构处于降温时期，而板边比板中更早进入树荫阴影，其吸收热量相对于板中要小；7:30 ~ 15:30 为白天升温时期，板边与板中温度差逐渐开始减小。可见，一天内水泥混凝土路面水平方向不同位置在升降温时期将产生不同的温度应力。

对比图 4-23 中各图，可知路面结构升温与降温时间段随着深度的增加而出现滞后现象，到路表下 41cm 深度处时，路面结构受外界环境影响比较小，该深度处温度相对处于比较平缓的状态，其温度波峰值要比 9cm 深度处滞后大约 7h；到路表下 100cm 深度处时，路面结构基本不受外界环境日变化的影响，这一深度处的温度场受年变化的影响比较大。

综上所述,对水泥混凝土路面温度场采取二维分析更接近实际情况。

四、路面结构温度梯度特征

研究表明,温度梯度分布的形状显著影响路面板内部产生的温度应力。本研究发现,随着外界环境气象因素的周期变化,水泥混凝土路面温度梯度存在多种典型分布形状,且随着外界环境变换,温度梯度分布形状随时间不断演变,呈现浅部先波动,深部跟随波动的现象。以下举例分析。

1. 福州 2 月份的路面温度梯度分析

对福州 2 月份路面的温度梯度进行分析(图 4-24),得到:

0:00 ~7:00 时,温度沿深度呈朝左边凸出的不对称抛物线;

7:00 ~15:00 时,温度沿深度呈朝左边凸出的不对称抛物线;

15:00~16:00 时,温度沿深度呈线形变化;

16:00~21:00 时,温度沿深度呈朝右边凸出不对称抛物线;

21:00~24:00 时,温度沿深度呈线形变化。

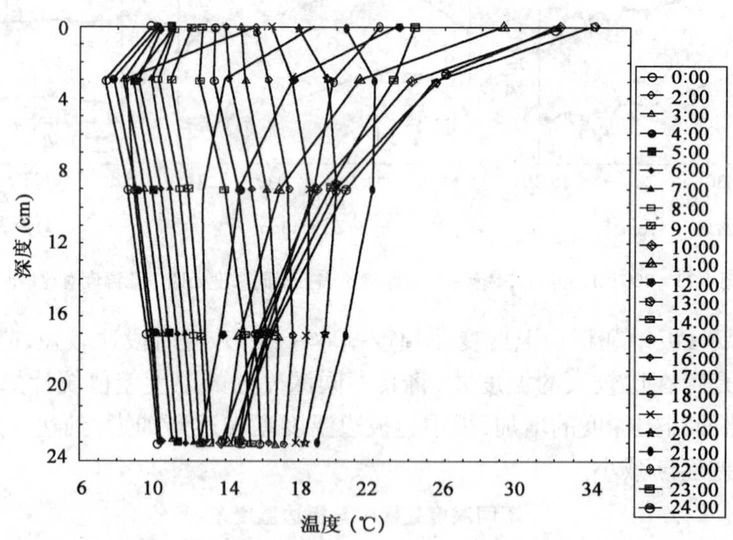

图 4-24 福州试验路段 2 月 5 日路面的温度梯度

0:00 ~7:00 时,如图 4-25,温度沿深度呈朝左边凸出的不对称半抛物线。此时,可以明显看出在路表下 3cm 处时,温度发生了突变,在凌晨时路表温度高于 3cm 处的温度,但低于面板底部的温度;在 3cm 深度处以下,随着深度的增加,温度越来越高。从 0 时到 7 时路面结构处在持续降温阶段,板底温度高于板顶。该阶段 3cm 深度以上路面结构处在正温度梯度下,而在 3cm 深度以下路面结构处在负温度梯度下。

8:00 ~14:00 时,温度沿板厚呈朝左面凸出的不对称半抛物线,如图 4-26 所示。除了 8 时时 3cm 深度以下路面结构处于负温度梯度下,其它时段整体处于正温度梯度下。在路表下 0 ~3cm深度之间温度梯度值最大,而随着深度的增加温度梯度值越来越小。由于该时间段为白天升温时期,因此从 8 时到 14 时路面结构处在持续升温阶段,而面板温度梯度值也越来越

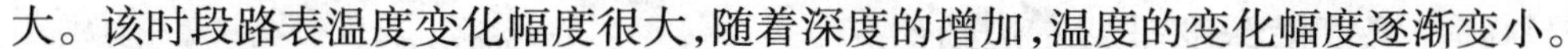

大。该时段路表温度变化幅度很大，随着深度的增加，温度的变化幅度逐渐变小。

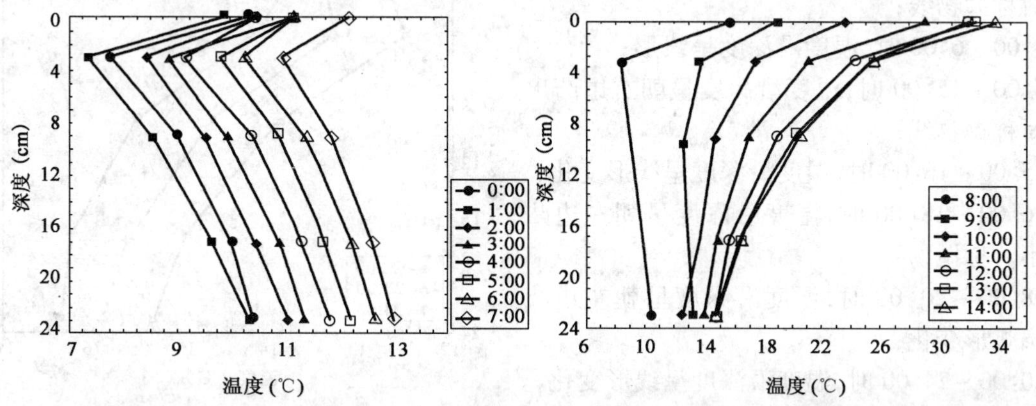

图 4-25　福州试验路段 2 月份 0:00 ~ 7:00 温度梯度　　图 4-26　福州试验路段 2 月份 8:00 ~ 14:00 温度梯度

15:00 ~ 16:00 时，温度沿深度呈线形变化，如图 4-27 所示，此时段温度沿深度朝右凸出不对称半抛物线向朝左凸出不对称半抛物线转变的过渡阶段，不同板深度处的温度梯度值基本一致，路面结构处于正温度梯度下。

17:00 ~ 21:00 时，温度沿深度呈朝右边凸出不对称半抛物线，如图 4-28 所示，路表下 9cm 深度处是一个转折点，9cm 深度处以上，路面结构处于负温度梯度下，而在 9cm 深度处以下，路面结构处于正温度梯度下。从 17 时到 21 时，路面结构处于持续降温阶段，并且温度沿深度变化曲线逐渐由半抛物线向线性变化。温度梯度绝对值最大同样是在 0 ~ 3cm 之间，并且随着深度增加，温度梯度值逐渐减小。

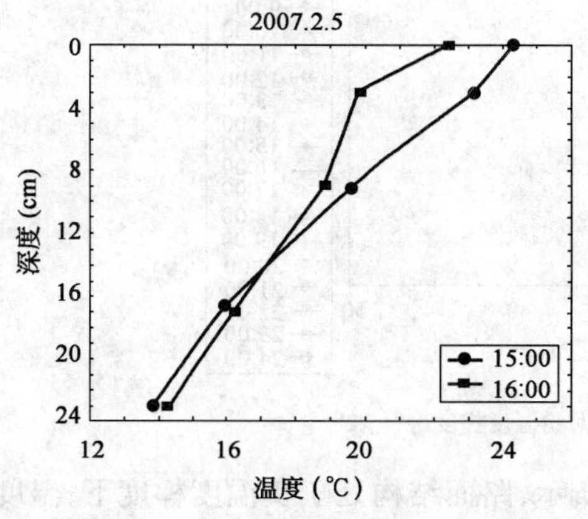

图 4-27　福州试验路段 2 月份 15:00 ~ 16:00 的温度梯度

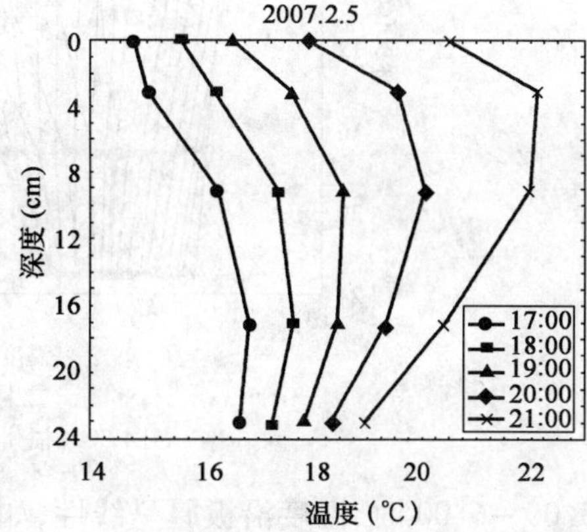

图 4-28　福州试验路段 2 月份 17:00 ~ 21:00 的温度梯度

21:00 ~ 24:00 时，温度沿深度呈线性变化，如图 4-29 所示，该时段温度沿深度变化整体有直线的趋势，在路表下 3cm 深度处为一个转折点，23 时、24 时时 0 ~ 3cm 深度处为正温度梯度，3cm 深度以下为负温度梯度，并接近一条直线。22 时到 24 时路面结构温度处于持续降温阶段。

2. 福州 4 月份温度梯度分析

对福州 4 月份的温度梯度进行分析（图 4-30），得到：

0:00～3:00 时，温度沿深度呈朝左边凸出的不对称抛物线；

3:00～6:00 时，温度沿深度呈线形；

6:00～15:00 时，温度沿深度呈朝右边凸出的不对称抛物线；

15:00～16:00 时，温度沿深度呈线形变化；

16:00～18:00 时，温度沿深度呈朝左边凸出的不对称抛物线；

18:00～20:00 时，温度沿深度呈朝左边凸出的圆弧形变化；

20:00～24:00 时，温度沿深度呈线形变化。

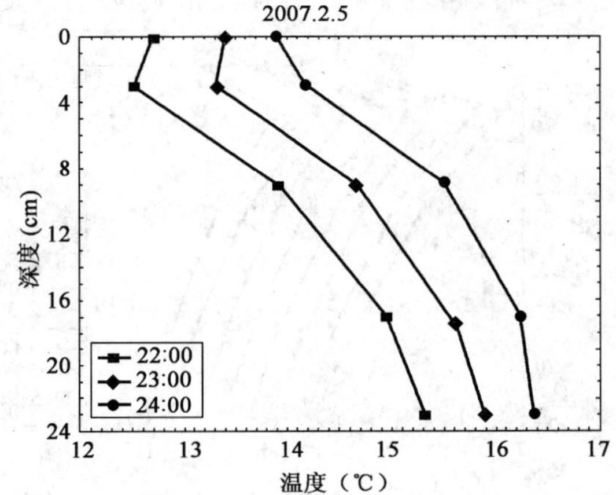

图 4-29　福州试验路段 2 月份 21:00～24:00 的温度梯度

0:00～3:00 时，温度沿深度呈朝右边凸出的不对称半抛物线，如图 4-31 所示，路面结构处于负温度梯度下，0～3cm 深度处温度梯度值为最大，从 0 时到 3 时，路面结构处于持续降温阶段，温度梯度线也由朝右边凸出的不对称半抛物线逐渐向直线发展。该阶段面板顶面温差小于面板底面温差。

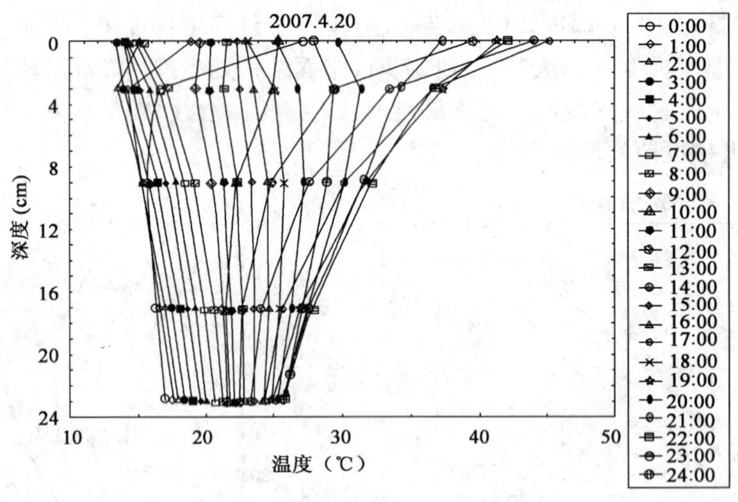

图 4-30　福州试验路段 4 月份温度梯度

3:00～6:00 时，温度沿板厚呈线性，如图 4-32 所示，路面结构处于负温度梯度下，温度沿板厚的变化基本呈一条直线，沿板厚不同深度处的温度梯度值基本是一致的。从 3 时到 5 时，路面结构处于持续降温阶段，这个时段是温度沿深度变化曲线由朝右面凸出的不对称半抛物线向朝左面凸出的不对称半抛物线转变的过渡阶段。

6:00～14:00 时，温度沿板厚呈朝左面凸出的不对称半抛物线，如图 4-33 所示。6 时到 8 时，在 0～3cm 深度处，路面结构处于正温度梯度下，在 3cm 深度处以下，路面结构处于负温度梯度下；9 时到 14 时，路面结构整体处于正温度梯度下。同样 3cm 深度处是一个转折点，在 0～3cm 深度处，路面结构温度梯度值最大，而在 3cm 深度处以下随着深度的增加，温度梯度值逐渐减小。从 6 时到 14 时，处在白天升温阶段，则路面结构温度处于持续升温阶段，温度变化

幅度由板顶向板底逐渐变小，温度沿深度变化曲线由朝左面凸出的不对称半抛物线向直线接近。

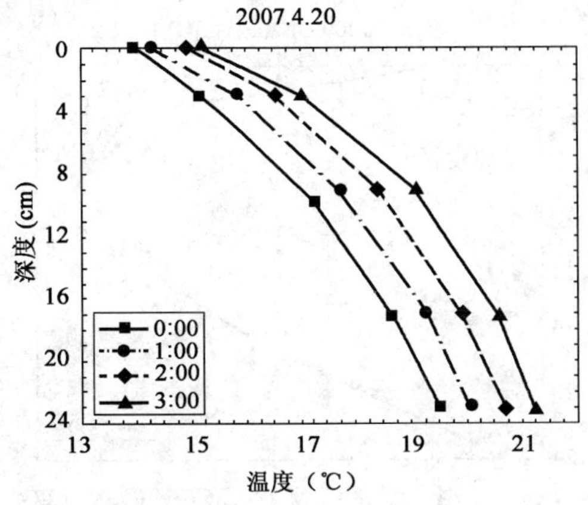

图 4-31　福州试验路段 4 月份 0:00 ~ 3:00 温度梯度

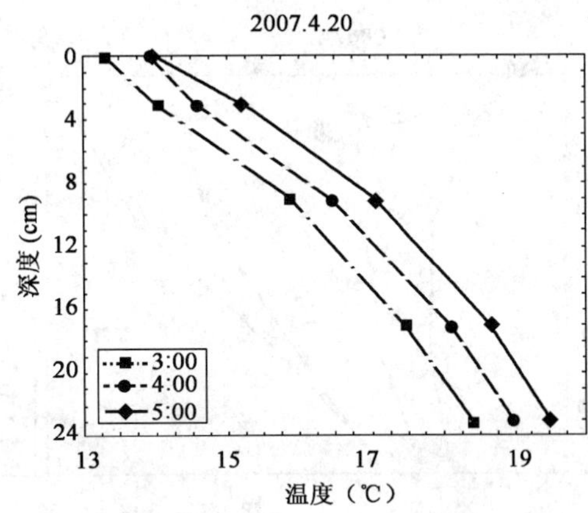

图 4-32　福州试验路段 4 月份 3:00 ~ 6:00 温度梯度

15:00 时，温度沿板厚呈近乎线性变化，如图 4-34 所示。路面结构处于正温度梯度下，温度沿板厚的变化基本呈一条直线，沿板厚不同深度处的温度梯度值基本是一致的。这个时段是温度沿深度变化曲线由朝左面凸出的不对称半抛物线向朝右面凸出的不对称半抛物线转变的过渡阶段。

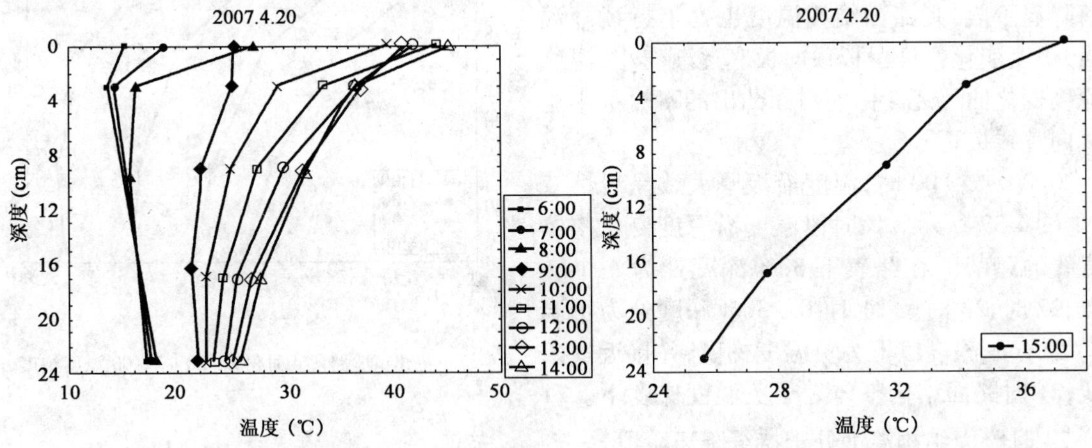

图 4-33　福州试验路段 4 月份 6:00 ~ 15:00 温度梯度

图 4-34　福州试验路段 4 月份 15:00 温度梯度

15:00 ~ 16:00 时，温度沿深度呈线形变化，路面结构处于正温度梯度下，温度沿厚的变化基本呈一条直线，其面板结构温度梯度值基本一致。这个时段是温度沿深度朝右不对称半抛物线向朝左不对称半抛物线转变的过渡阶段。

16:00 ~ 20:00 时，温度沿板厚呈朝右面凸出的不对称半抛物线变化，如图 4-35 所示。

16 时到 17 时时，在 0 ~ 3cm 深度处，路面结构处于负温度梯度下，在 3cm 深度处以下，路面结构处于正温度梯度下。

18:00 时，温度沿板厚呈朝右面凸出的对称抛物线或呈圆弧线分布，如图 4-36 所示。该时段面板顶面温度与面板底面温度基本一致，因此可看成以面板中线为 X 轴的对称抛物线；该抛物线以路表下9cm深度处为转折点，在0～9cm深度处，路面结构处于负温度梯度下，而在9～23cm深度处，路面结构处于正温度梯度下。在0～3cm深度处，路面结构温度梯度值取最大。

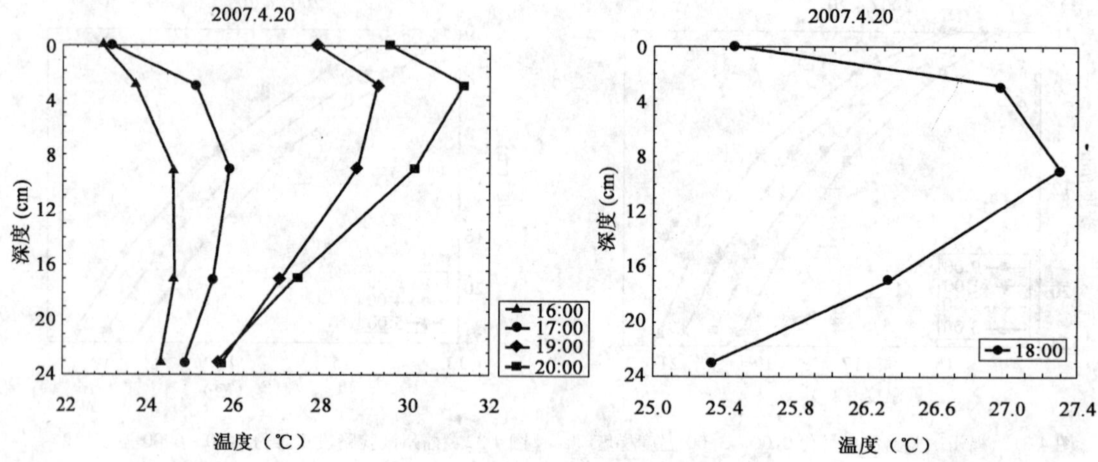

图4-35　福州试验路段4月份16:00～20:00温度梯度

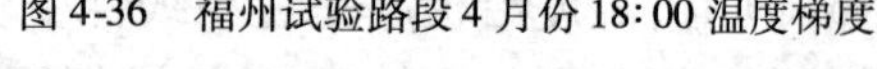
图4-36　福州试验路段4月份18:00温度梯度

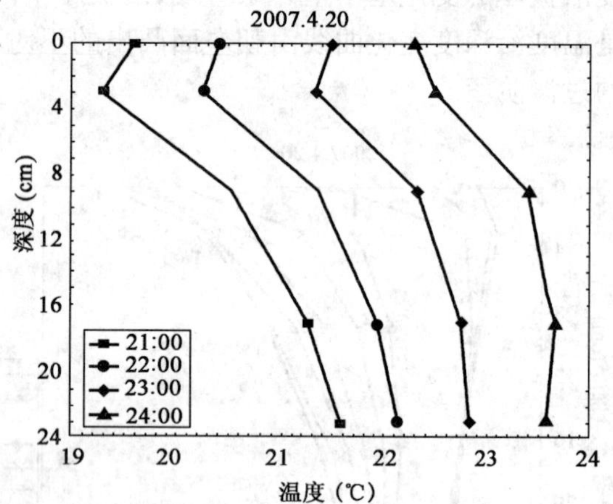

图4-37　福州试验路段4月份20:00～24:00温度梯度

19:00～20:00时，在0～9cm深度处，路面结构处于负温度梯度下，在9cm深度处以下，路面结构处于正温度梯度下。从16时到20时，处在日落降温阶段，则路面结构温度也处于持续降温阶段，温度变化幅度由板顶向板底逐渐变小，温度沿深度变化曲线逐渐由朝右面凸出的不对称半抛物线向直线接近。

20:00～24:00时，温度沿板厚大致呈线性变化，如图4-37所示。该时段温度沿深度变化整体有直线的趋势。在路表下3cm深度处为一个转折点，22时、23时及24时，0～3cm深度处为正温度梯度，3cm深度以下为负温度梯度，并接近一条直线；21时路面结构整体处于负温度梯度下。21时到24时路面结构温度处于持续降温阶段。

3. 南平7月份的温度梯度分析

对南平7月份的温度梯度进行分析(图4-38)，得到：

0:00～7:00时，温度沿深度呈朝右边凸出的抛物线；

7:00～8:00时，温度沿深度呈直线形；

8:00～15:00时，温度沿深度呈朝左边凸出的不对称抛物线；

15:00～16:00时，温度沿深度呈线形变化；

16:00～18:00时，温度沿深度呈朝右边凸出的不对称抛物线；

18:00～19:00时，温度沿深度呈朝右边凸出的圆弧形变化；

19:00～24:00时，温度沿深度呈朝右边凸出的不对称抛物线。

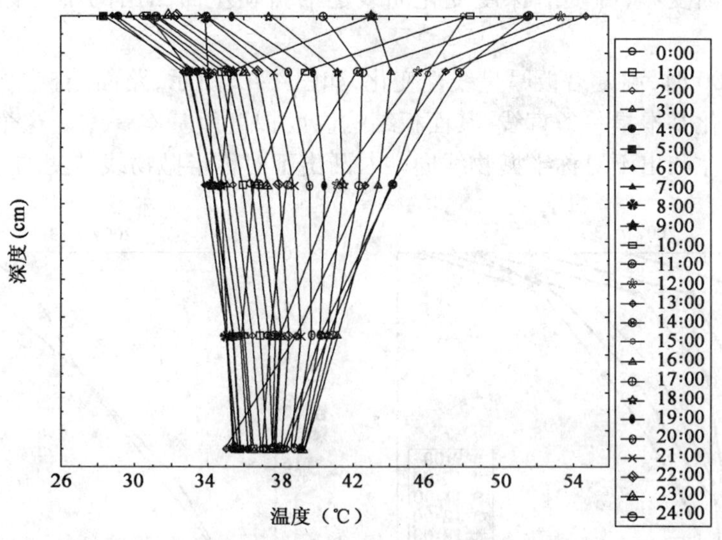

图 4-38　南平试验路段 2007 年 7 月 13 日路面温度梯度

0:00 ~ 7:00 时,温度沿板厚呈朝右面凸出的不对称半抛物线,如图 4-39 所示,路面结构处于负温度梯度下,0 ~ 3cm 深度处温度梯度绝对值为最大;从 0 时到 7 时,路面结构处于持续降温阶段,温度沿深度变化曲线由朝右面凸出的不对称半抛物线逐渐向直线发展。不同深度区段温度变化幅度接近,底部梯度大,顶部略小。

8:00 时,温度沿板厚呈线性分布,如图 4-40 所示,路面结构处于负温度梯度下,温度沿板厚的变化基本呈一条直线,沿板厚不同深度处的温度梯度值基本是一致的。这个时段是温度沿深度变化曲线由朝右面凸出的不对称半抛物线向朝左面凸出的不对称半抛物线转变的过渡阶段。

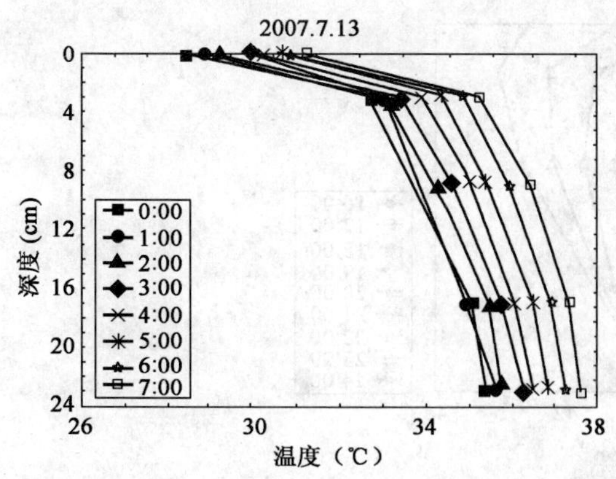

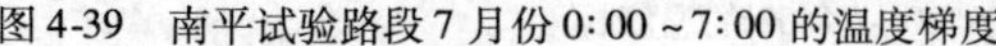

图 4-39　南平试验路段 7 月份 0:00 ~ 7:00 的温度梯度

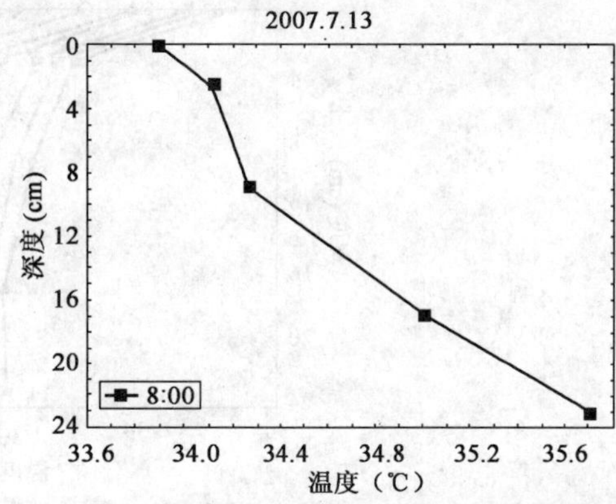

图 4-40　南平试验路段 7 月份的 8:00 温度梯度

9:00 ~ 14:00 时,温度沿板厚呈朝左面凸出的不对称半抛物线,如图 4-41 所示,该阶段整体处于正温度梯度下,同样在 0 ~ 3cm 之间温度梯度值最大,而随着深度的增加温度梯度值越来越小。由于该时间段为白天升温时期,因此从 9 时到 14 时路面结构处在持续升温阶段,而路面整体温度梯度值也越来越大,并且可以看出路表温度变化幅度很大,随着深度的增加,温度的变化幅度逐渐变小，温度沿深度变化曲线逐渐由朝左面凸出的不对称半抛物线向直线接近。

14:00～15:00时，温度沿板厚呈线性变化，如图4-42所示，路面结构处于正温度梯度下，温度沿板厚的变化基本呈一条直线，其面板结构温度梯度值基本一致。这个时段是温度沿深度变化曲线由朝左凸出不对称半抛物线向朝右凸出不对称半抛物线转变的过渡阶段。

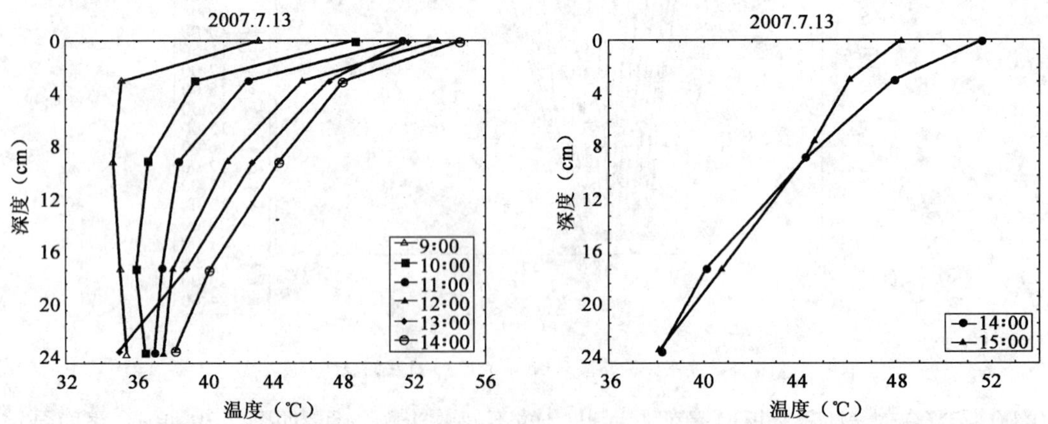

图4-41　南平试验路段7月份8:00～14:00的温度梯度　图4-42　南平试验路段7月份14:00～16:00的温度梯度

16:00～24:00时，温度沿板厚呈朝右面凸出的不对称半抛物线，如图4-43所示，从16时到24时，处在日落降温阶段，则路面结构温度也处于持续降温阶段，温度变化幅度由板顶向板底逐渐变小，温度沿板厚变化曲线逐渐由从朝右面凸出不对称半抛物线向直线接近。该抛物线以路表下3cm深度处为转折点，在0～3cm深度处，路面结构处于负温度梯度下，其温度梯度绝对值取最大。而在3～23cm深度处，路面结构处于正温度梯度下。

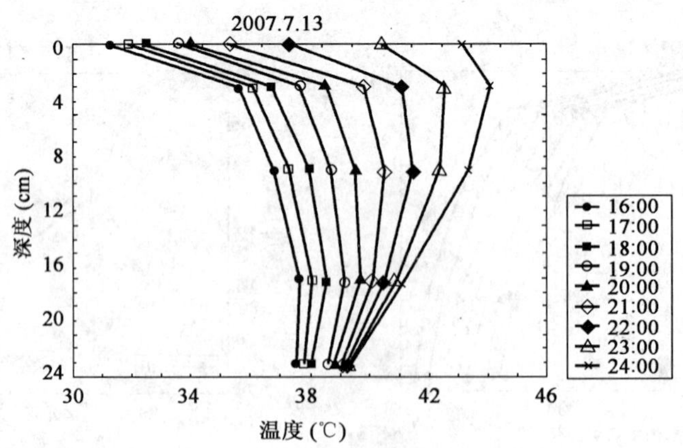

图4-43　南平试验路段7月份16:00～24:00的温度梯度

综合对比三个不利季节的温度沿板厚变化曲线，可以得到温度沿板厚基本呈四种形状：线性分布、对称抛物线分布、不对称抛物线分布和圆弧线分布。一天中的温度梯度经历了“朝右面凸出的不对称半抛物线—线性—朝左面凸出的不对称半抛物线—线性—朝右面凸出的不对称半抛物线”的不断演变过程。整体分析从0时起到日出前，温度沿板厚呈朝右面凸出的不

对称抛物线，在日出前后 6、7 时时，温度沿板厚呈线性，在日出后 8 时左右开始，温度沿板厚呈朝左面凸出的不对称半抛物线，在日落前 15、16 时左右，温度沿板厚呈线性，在傍晚 17 时以后，温度沿板厚呈朝右面凸出的不对称半抛物线，2 月份和 4 月份在夜晚 21 ~ 24 时又会出现线性分布。

研究发现，不同季节的气候特性不仅影响路面结构的温度梯度形状，而且影响这些形状的起始和切换时间。由于不同季节日出、日落的时间段不同，温度分布也会有差别，当温度沿板厚呈线性时，代表了抛物线的状态即将发生改变。2 月份时在 6 ~ 7 时、15 ~ 16 时和 22 ~ 24 时温度出现线性变化，4 月份在凌晨 3 ~ 6 时、下午 15 ~ 16 时和 21 ~ 24 时温度出现线性变化，7 月份时在上午 7 ~ 8 时和下午 14 ~ 16 时左右温度出现线性变化。冬季多以线性、半抛物线形状为主。

五、路面板温度场非线形分布具体情况

温度沿板厚呈非线形分布，其分布形状整体从上到下呈先陡后缓的分布，取福州 2007. 4. 21 中午 13 点出现最大正温度梯度，和福州 2007. 4. 20 凌晨 1 点出现最大负温度梯度进行分析（图 4-44），得到不同深度处其温度梯度值差别是很大的，如表 4-6 所示。

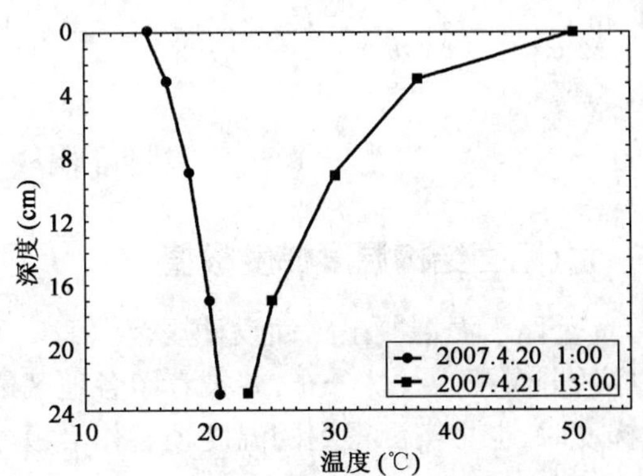

图 4-44　福州试验路段路面板温度场的非线形分布

不同板厚深度处其温度梯度值差（℃/m）　　表 4-6

温 度 梯 度	路表下 0 ~ 3cm	路表下 3 ~ 9cm	路表下 9 ~ 17cm	路表下 17 ~ 23cm
最大正温度梯度	434.33	114.33	63	32.17
最大负温度梯度	-53	-31.83	-19.1	-13

对比白天最大正温度梯度和晚上最大负温度梯度，可以看出白天受太阳辐射影响很大，气温和太阳辐射对路表下 3cm 以内影响很大，温度变化最大，而当路面下深度达到 17cm 以下时，温度变化就比较缓慢，可见路表下深度越深，受气温和太阳辐射的影响就越小。

六、基层和土基温度的分布形式

相对于面板，基层和土基受温度影响相对比较小。以福州冲击压实路面作为垫层改建路面为例，从整体上看，温度沿面板厚度的变化幅度比较大，而到了基层和路基时，温度的变化幅度明显变小，如图 4-45 所示。路表温度与基层和路基深度处的温度场进行对比，具体对比数据如表 4-7 所示，可知路表面温度变化幅度最大，为 30℃；而 37 ~ 100cm 深度处的温度变化幅度基本在 4℃ ~6℃之间。由于路表下 37cm 和 41cm 处于贫混凝土基层部分，63cm 和 74cm 处于旧路面部分，78cm 和 100cm 处于地基部分，基层和土基部分昼夜温差随着深度的增加而增大。

不同深度处的温度变异值　　表 4-7

路表下深度（cm）	0	37	41	63	74	78	100
温度差值（℃）	30	4.71	4.76	5.33	5.67	5.73	6.05

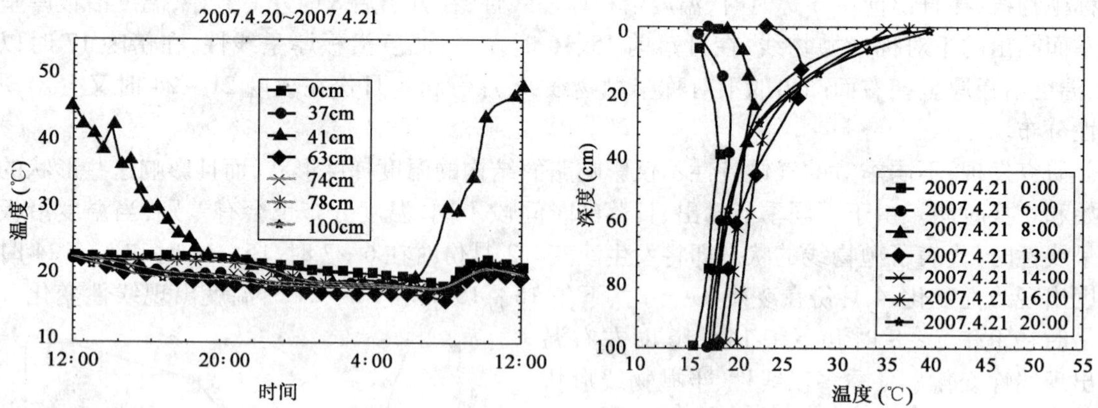

图4-45 福州试验路段冲击压实垫层改建路面路基温度场

七、路面结构温度梯度极值

《公路水泥混凝土路面设计规范》(JTG D40—2002)在计算路面板温度梯度时,将温度沿板厚的分布视为线性分布,并推荐了各地区最大的温度梯度值。作为对比,本文在计算面板温度梯度时,也将实测得到的温度场看作沿板厚线性分布。温度梯度计算如式(4-2)所示。

$$\text{温度梯度} = \frac{\text{板顶温度} - \text{板底温度}}{\text{板厚}} \tag{4-2}$$

南平路面计算结果如表4-8,福州路面计算结果如表4-9。

南平水泥混凝土路面监测结果 表4-8

监测内容 \ 监测时间		2006.9.14~10.4	2006.11.29~12.3	2007.1.28~2.1	2007.4.13~4.16	2007.7.7~7.14
最大温度梯度(℃/m)	正	28.17	22.39	46.1	70.04	85.39
	负	-10.70	-17.78	-35.56	-19.35	-36.83
路表温度(℃)	最大	33.3	21.4	29.4	39.9	55.3
	最小	22.4	9.0	0.5	16.3	27.1
气温(℃)	最大	32.3	17.1	20.2	30.6	39.6
	最小	21.4	8.0	-0.6	12.7	24.5
总辐射量(MJ)	最大	18.241	2.854	11.456	14.679	19.557
	最小	2.319	1.980	10.311	10.024	14.616
散射辐射量(MJ)	最大	6.011	1.966	3.538	5.619	7.790
	最小	1.592	1.342	3.356	5.252	5.346
净辐射量(MJ)	最大	7.046	0.118	-1.109	6.077	6.212
	最小	-0.682	-0.740	-1.984	2.689	3.361

福州水泥混凝土路面监测结果　　表 4-9

监测内容 \ 监测时间		2006.8.24～9.8	2007.2.3～2.6	2007.4.19～4.22
最大温度梯度(℃/m)	正	—	101.39	116.78
	负	—	-13.35	-26.65
路表温度(℃)	最大	56.9	34.0	50.2
	最小	25.6	2.7	13.3
气温(℃)	最大	41.2	25.6	33.1
	最小	24.1	2.2	13.2
总辐射量(MJ)	最大	23.046	14.582	20.466
	最小	2.073	13.372	14.955
散射辐射量(MJ)	最大	6.500	5.979	12.393
	最小	1.662	4.179	9.192
净辐射量(MJ)	最大	10.980	-0.508	4.939
	最小	-0.859	-2.425	2.831

基于以上，南平市水泥混凝土路面最大正温度梯度为 85.39℃/m，最大负温度梯度为 -36.83℃/m，福州市水泥混凝土路面最大正温度梯度为 116.78℃/m，最大负温度梯度为 -26.65℃/m。

八、对比规范温度梯度值

综上所述，得到南平贫混凝土路面最大正温度梯度为 85.39℃/m，最大负温度梯度为 -36.83℃/m，福州以冲击压实路面作为垫层改建路面最大正温度梯度为 116.78℃/m，最大负温度梯度为 -26.65℃/m。《公路水泥混凝土路面设计规范》(JTG D40—2002)将我国划分成七个不同的公路自然区划，在公路自然区划中将福建省划分为Ⅳ区，推荐最大正温度梯度为 86～92℃/m，福建省的最大温度梯度一般取值为 88℃/m，与南平实测得到的最大正温度梯度接近，但与福州存在一定差别。其差值达到 24.78～30.78℃/m，最大正温度梯度的误差会造成计算路面温度应力时产生较大误差。

以规范中 B.3 混凝土面板厚度计算示例为例，最大正温度梯度采用 88℃/m 与 116.78℃/m；在计算温度疲劳应力时，温度翘曲应力差值大约为 0.7MPa，温度疲劳应力差值为 0.62MPa，由此可见温度梯度误差造成的影响还是比较大的。当最大负温度梯度与荷载耦合时，往往也会产生很大的耦合应力值，而规范并没有给出最大负温度梯度值，因此本文根据福建省的温度场实测数据，给出了适合福建省的最大负温度梯度值为 -36.83℃/m。

第五节　福建省水泥混凝土路面温度场的统计预估

一、影响因素确定

水泥混凝土路面结构温度场是由路面材料特性（如各层材料的导热系数与导温系数、材料对太阳辐射的吸收率、路表热交换系数等）和环境气候条件（如外界气温、太阳辐射、天空辐射、路面有效辐射等)等参数相互作用形成的。

1.路面材料特性对温度场的影响

混凝土最主要的热物理特性包括热传导系数、热容量系数、温度传导系数、热形变系数,以及与上述四个系数有密切关系的另外几个指标,即密度、空隙率与含水率。

路表面对太阳辐射的吸收率 α_s 的取值对确定水泥混凝土路面的表面温度有着重要影响,其值的较小变化,也会导致路表面温度的较大幅度的波动。有关试验表明,水泥混凝土路面对太阳辐射的吸收率 α_s 的取值范围一般在0.5~0.65之间[45],吴赣昌[51]提出了 α_s 的建议值,即对于一般水泥混凝土路面 $\alpha_s=0.65$,而对于光滑水泥混凝土路面 $\alpha_s=0.60$。

混凝土的热物理参数 λ、C、a、α 随着混凝土的密度、空隙率、含水率与温度的变化而有所改变。混凝土采用的集料矿物组成不同,其热物理性质亦不相同。埃别列(K. Eberle)等人[45]通过对路面混凝土的大量试验后发现,混凝土的集料种类、混凝土的密度及空隙率对混凝土的热物理性质有明显影响。柯夫曼等人[45]在标准气温25℃±5℃的条件下,对路面混凝土进行研究后发现,密度在800~2 000kg/m³范围内的混凝土,热传导系数 λ 与密度 ρ_c 之间有如下关系:

$$\lambda = 4\,186 \times (0.213\rho_c^{3/2} + 0.025) \tag{4-3}$$

混凝土的热导率同混凝土的湿度也有密切关系。由实验表明,在一般情况下,湿度增加,则热导率也随之增大。热导率随着含水率的增加而增大,且在负温度情况下增大得更快。温度的改变对混凝土的热导率也有明显的影响。若以0℃时的热导率为 λ_0,则温度为 T 时的热导率为 λ_T 为:

$$\lambda_T = \lambda_0 + \delta T \tag{4-4}$$

式中:δ——温度改变时,混凝土热导率的增长系数,大约为4.18J/(m·h·℃)。

一般情况下,路面的温度在30~50℃左右,对热导率的影响不很大。

2.环境因素对路面温度场的影响

大气温度主要受大气层吸收太阳辐射的影响,在地表附近,增加了由于对流而从辐射表面带至空气的热量,这些被加热的空气物质,在气流运动的情况下,将其中含有的热量带走,而另外的空气物质又补充其位置。因此,对于水泥混凝土路面,在能量瞬时传递过程中,存在三种基本的热量传递模式:辐射、对流、热传导。对于路面结构而言,路表与外界进行热交换的主要是对流和辐射。

3.对流

对流换热量与接触面的性质、大小、流体的速度、流动空间以及流体与接触面间的温差有关。根据牛顿公式可知,换热量正比于接触面面积和温差,即:

$$q = A \cdot b \cdot \Delta T \tag{4-5}$$

式中:A——接触面面积(m²);

b——对流换热系数(kJ/(m²h·℃));

ΔT——温差(℃),如路表作为接触面,则 $\Delta T = T_a - T_r$,T_a、T_r 分别表示气温和路表温度(℃)。

由式(4-5)可以得出单位面积的路表面与空气之间的对流换热量为:

$$q_1 = B(T_a - T_r) \tag{4-6}$$

对于路表而言,B 称为路表放热系数。其物理意义是:单位温差、单位时间内,通过单位面积接触面的热量。B 值的大小,反映接触面之间换热程度的强弱,它与流体速度 v、温差 ΔT、接触面的热物性参数(导热系数 λ、比热 C、导温系数 α 等)、接触面的状况等有关。因而,它是一个综合系数,影响因素较为复杂,具体内容可参考文献。

4. 辐射换热

路表所接受的热辐射有:波长范围在 0.3 ~ 3μm 之间的太阳直接辐射、大气散射辐射(二者合起来称为总辐射)以及大气长波(6 ~ 60μm)辐射。路表与外界大气的辐射换热是一个极其复杂的过程,有着众多的影响因素,至今也没有一个很好的公式去计算各地的有效辐射。

二、水泥混凝土路面结构温度场预估模型

结合福建省南平市和福州市两种典型水泥混凝土路面温度场实测数据,采用非线性估计的统计回归方法,对水泥混凝土路面结构温度场进行统计回归分析,建立了适用于南平市和福州市的路面温度场的统计预估模型。模型以路表温度为基准,直接把影响路面结构温度场最主要的两个因素气温和太阳辐射体现在路表温度当中,并考虑到路表温度升温和降温过程的不对称性,采用了两个正弦函数来分别考虑升温和降温对路面结构温度场的影响,使得预估模型能准确地预测路面结构的温度场。具体如下:

(1)南平模型

$$\begin{aligned} T_p = {} & A_0 + 0.465\,78 + A \times e^{-55.306\,2Z} \times \Big[0.629\,9 \times \sin(\frac{\pi}{12}t - 55.306\,2Z) \\ & + 0.227\,5 \times \sin(0.449\,5t - 55.306\,2Z)\Big] \qquad (R = 0.993\,1) \end{aligned} \tag{4-7}$$

(2)福州模型

$$\begin{aligned} T_p = {} & 0.926\,3A_0 - 1.738\,1 + 0.459\,4 \times A \times e^{-40.245\,4Z} \\ & \times \Big[1.426\,8 \times \sin(\frac{\pi}{12}t - 40.245\,4Z + 0.101\,9) - 0.435\,1 \\ & \times \sin(0.439\,6t - 40.245\,4Z + 9.761\,857)\Big] \qquad (R = 0.9910) \end{aligned} \tag{4-8}$$

从式(4-7)和式(4-8)中可知当采用路表温度作为基准时,南平温度场统计回归模型的复相关系数 R 达到了 0.993 1。福州温度场统计回归预估模型的复相关系数 R 为 0.991 0。

为了验证预估公式(4-7)和公式(4-8)的预测精度,对南平、福州路面温度场实测值和通过预估模型计算得到的预测值进行对比分析,如图 4-46、图 4-47 所示。图 4-46 中的数据点比较均匀且集中地分布在 45°线的两侧,预测值与实测值之间相差居多在 2℃之间,个别

相差大于5℃。预估模型能很好地预测南平路面高温，说明预估模型具有较高的预测精度。图4-47中的数据点多集中分布在45°线的两侧，但还有个别点误差较大，预测值与实测值之间相差主要集中在2℃之内，个别相差达到5℃，该预估模型在预测福州路面结构最高温度精度较高。

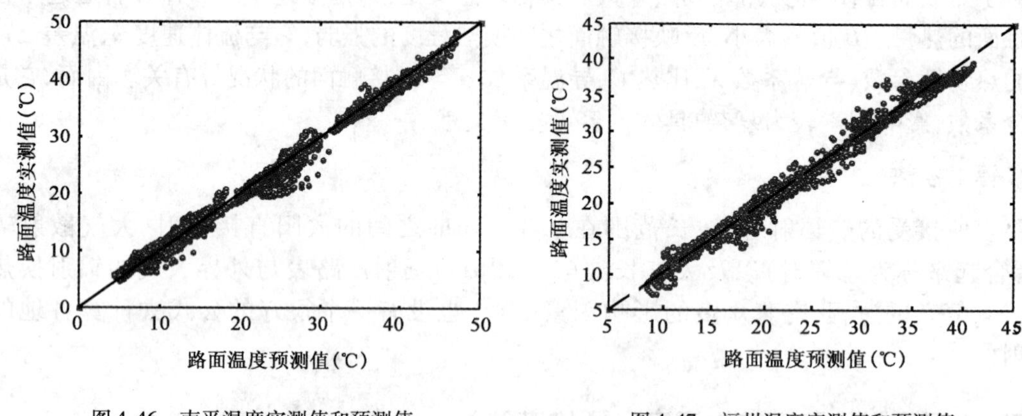

图4-46　南平温度实测值和预测值　　图4-47　福州温度实测值和预测值

为验证预估公式(4-7)、(4-8)的适用性，用预估公式(4-7)、(4-8)分别预估南平市2007.7.13和福州市2007.7.28一天的路面结构温度场，并将预估值与实测值进行对比如图4-48、图4-49所示。

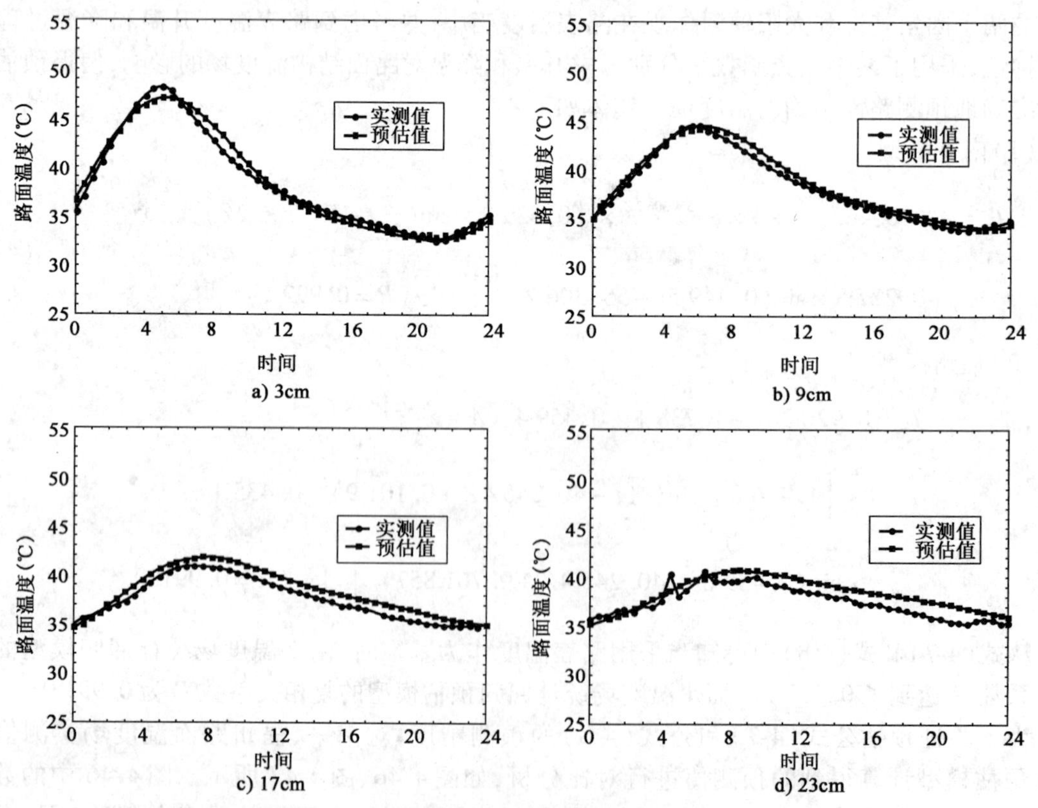

图4-48　2007.7.13南平试验路段路面温度场的日变化过程

从图4-48中可知，在预测路表温度时，实测温度与预估温度个别点最大偏差有达到1.26℃，其它时间段的温度变化基本控制在1℃之内；在路面结构3～17cm板厚深度之间，预估模型能够较为准确地模拟路面温度场沿板厚深度的分布和随时间的变化，误差基本不超过1℃，个别点误差达到1.26℃；当路面结构板厚深度大于17cm时，预估模型所预测的温度存在偏差加大，到23cm板厚深度时，预估值比实测值大，但误差最大控制在2℃左右，因此，该预估模型能较准确地预估路面最高温度。

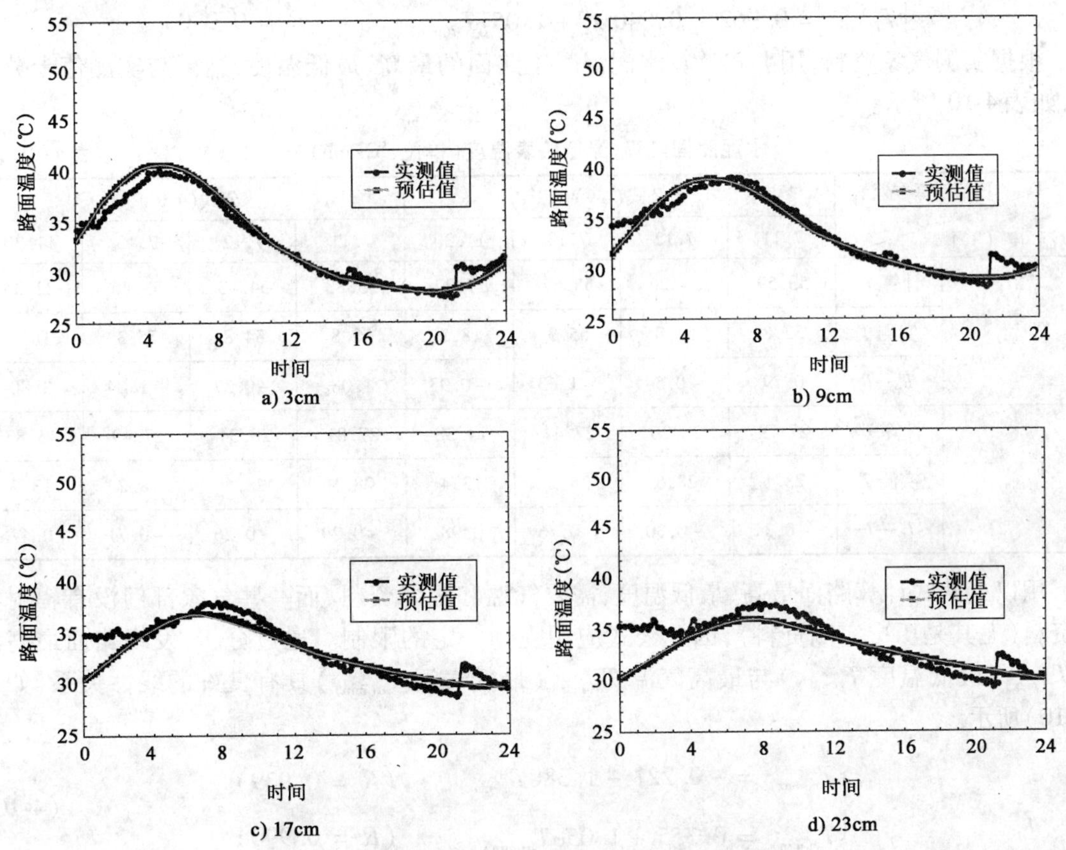

图4-49　2007.7.28福州试验路段路面温度场的日变化过程

从图4-49中可知，在路面结构为3～17cm板厚深度处，预估模型能很好地预测路面结构温度，误差一般能控制在1℃范围内，个别点误差达到5℃左右；模型在预测23cm处的温度时，误差也能控制在2℃范围之内，个别点最大误差达到5℃左右。因此，本预估模型在预测福州地区的温度场时，还是具有较高的精度，特别是在预测最高温度时精度更高。

综上所述，式(4-7)和式(4-8)以路表平均温度和路表温度的变化幅度为主要变量，在进行水泥混凝土路面温度场预估时具有较高的预测精度和适用性，可分别用于福建省南平和福州两种典型水泥混凝土路面温度场的预测。

三、温度场经验公式及其应用

1. 路表极值温度和最大温度梯度经验公式

由于气温与辐射是决定路面温度的主要因素，本文结合南平与福州两个地区的实测数据，用统计方法分析了路面最高温度 $T_{r(\max)}$（最低温度 $T_{r(\min)}$）以及水泥混凝土路面最大正温度梯度与最高气温 $T_{a(\max)}$（最低气温 $T_{a(\min)}$）、太阳日总辐射量之间的关系。研究发现路表面最高、最低温度与最高气温、太阳日总辐射量具有良好的线性相关性。从式(4-9)所示，这也说明气温与辐射是决定路面温度的主要因素。

1）水泥混凝土路面最高、最低温度

$$\begin{cases} T_{r(\max)} = -4.034 + 0.605Q_d + 1.216T_{a(\max)} & (R = 0.978) \\ T_{r(\min)} = 0.962 - 0.040Q_d + 1.057T_{a(\min)} & (R = 0.990) \end{cases} \tag{4-9}$$

根据实测气象资料，用上式计算水泥混凝土路面的最高、最低温度，结果与实测值十分接近，如表4-10所示。

水泥路面最高、最低路表温度（单位：℃/cm） 表4-10

温度（℃） \ 计算方法		公式(4-9)				公式(4-10)			
		7.11	7.12	7.13	11.30	7.11	7.12	7.13	11.30
$T_{r(\max)}$	计算 T'	53.59	54.26	53.67	17.27	53.88	54.43	53.46	22.00
	实测 T	52.8	54.8	55.3	18.2	52.8	54.8	55.3	18.2
	$T'-T$	0.79	-0.54	-1.63	-0.93	1.08	-0.37	-1.84	3.80
$T_{r(\min)}$	计算 T'	27.79	28.30	27.44	14.38	27.81	28.34	27.49	13.87
	实测 T	28.1	28.6	28.2	13.4	28.1	28.6	28.2	13.4
	$T'-T$	-0.31	-0.30	-0.76	0.98	-0.29	-0.26	-0.71	0.47

用以上两式计算路面最高、最低温度，需要气温和辐射资料，而一些气象部门没有辐射实测资料（尤其是历史实测资料），因此公式应用受到一定的限制。通过分析，发现路面最高温度 $T_{r(\max)}$（最低温度 $T_{r(\min)}$）与最高气温 $T_{a(\max)}$（最低气温 $T_{a(\min)}$）具有良好的线性关系，如式(4-10)所示。

$$\begin{cases} T_{r(\max)} = -0.221 + 1.380T_{a(\max)} & (R = 0.939) \\ T_{r(\min)} = 0.355 + 1.056T_{a(\min)} & (R = 0.990) \end{cases} \tag{4-10}$$

2）水泥路面最大正温度梯度

24cm厚水泥混凝土路面最大正温度梯度的二元线性回归公式为：

南平市 $$T_{g(\max)} = -10.843 + 0.561\Delta T + 4.498Q_d \quad (R = 0.947) \tag{4-11}$$

福州市 $$T_{g(\max)} = -1.505 + 0.637\Delta T + 4.881Q_d \quad (R = 0.814) \tag{4-12}$$

根据上式计算不同时段的水泥混凝土路面的最大正温度梯度，结果如表4-11所示。从表4-11中可见，由式(4-11)和式(4-12)计算得到的最大正温度梯度与实测值比较接近。

水泥混凝土路面最大正温度梯度（单位：℃/cm） 表4-11

时　　间	昼夜温差（℃）	总辐射（MJ）	实测 $T_{g(\max)}$	计算 $T_{g(\max)}$
2007.2.4	7.93	13.372	0.881	0.688
2007.7.13	21.70	17.197	0.854	0.787

2. 水泥混凝土路面结构温度场公式应用

以下对建立的水泥混凝土路面结构最高和最低温度计算公式、最大正温度梯度公式进行应用。

1)路表极值温度的应用

根据2005年一整年福建省9个地区的气象数据,可以估算福建省9个地区水泥混凝土路面最高路表温度和最低路表温度。表4-12为根据式(4-9)计算得到的水泥混凝土路表最高、最低温度,由于辐射量的气象资料中有限,因此只给出福州和南平两个地区的路表温度。而表4-13为根据式(4-10)计算得到的福建省9个地区的水泥混凝土路表最高、最低温度。

2005年福州与南平地区的路表最高温度、最低温度　　表4-12

地　区	气　温　(℃)		当天辐射量(MJ)		水泥路面温度(℃)	
	$T_{a(\max)}$	$T_{a(\min)}$	$T_{a(\max)}$	$T_{a(\min)}$	$T_{r(\max)}$	$T_{r(\min)}$
福州地区	38.9	-0.4	21.25	15.21	56.12	-0.07
南平地区	39	-3.1	25.51	13.12	58.82	-2.84

2005年福建省9个地区的路表最高温度、最低温度　　表4-13

地　区	气　温　(℃)		水泥路面温度(℃)		地　区	气　温　(℃)		水泥路面温度(℃)	
	$T_{a(\max)}$	$T_{a(\min)}$	$T_{r(\max)}$	$T_{r(\min)}$		$T_{a(\max)}$	$T_{a(\min)}$	$T_{r(\max)}$	$T_{r(\min)}$
福州地区	38.9	-0.4	53.46	-0.07	莆田地区	36.7	1.5	50.43	1.94
南平地区	39	-3.1	53.60	-2.92	漳州地区	38.2	2	52.50	2.47
厦门地区	39	3.8	53.60	4.37	龙岩地区	37.5	-1.5	51.53	-1.23
泉州地区	36.8	2.2	50.56	2.68	宁德地区	40.2	-0.3	55.26	0.04
三明地区	38.3	-3.8	52.63	-3.66					

2)温度梯度的分布

结合2005年福建省南平和福州气象资料(气温、辐射量),依据式(4-11)和式(4-12),预估出福建省南平市和福州市一年当中每天的最大温度梯度值,统计分布如图4-50、图4-51所示。由图可知,一年当中,福州地区温度梯度极值要比南平地区大,南平地区温度梯度值分布比较均匀,福州地区温度梯度值分布存在少量的极端值,中间值比较多。

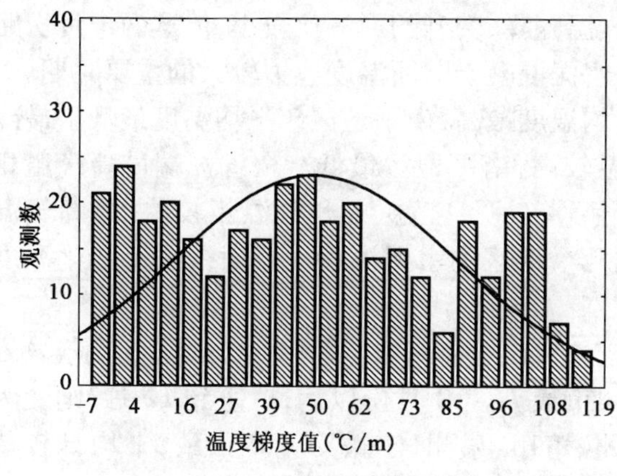

图4-50　南平市温度梯度值分布特性

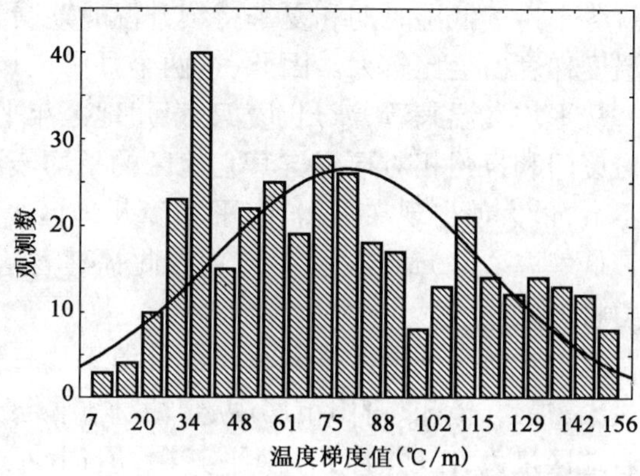

图4-51　福州市温度梯度值分布特性

第六节 福建省水泥混凝土路面的温度应力与改善技术

一、福建省不同地区水泥混凝土路面的温度应力特征

通过分析研究可以看到，福建省冬无严寒，夏少酷暑，气候暖热，雨量充沛、丘陵起伏，地形复杂。福建太阳年总辐射地域分布基本是鞍形状态，高值区为闽南地区，南平地区北部辐射量也相对较大，闽东北和三明地区西部是低值区。太阳总辐射的年内变化是单峰型，最大值出现于7月。这些气候地理特点造成福建省水泥混凝土路面少冻胀、气温垂直差异大，立体差别显著。

福建年平均气温大致介于17～21℃之间。气温分布大部随着纬度差异自北向南递增，东部沿海地区多海洋的调节，该地区水泥混凝土路面受温度的影响相对较小。全省大部地区1～7月升温，7～12月降温，1月最低，7月最高；在近沿海岸或岛屿地区，气温的年变化落后一个月。夏季月平均气温在27～29℃之间变化，由于气温周期性的影响水泥混凝土路面温度场也发生年周期变化。

从图4-52中2005年福州地区气温日较差年变化曲线可以看到。2005年福州地区2005年3月11日气温日较差（一天中气温最高与最低值之差）最大，达到16.8℃，而2005年12月27日气温日较差最小，为1.8℃。总体来看，3～5月份福州的日较差最大，此时路面板的正负温度循环应力最大。

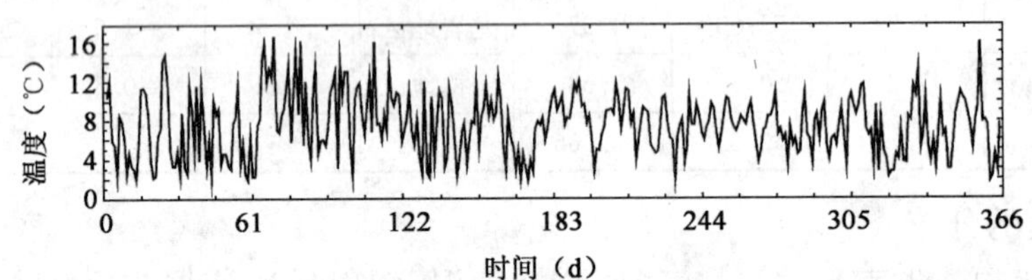

图4-52 2005年福州地区气温日较差年变化曲线

福建各月升（降）温最剧烈的出现在春秋季节，正是由冬至夏和由夏转冬的过渡时期，月际增温、降温最突出的是4月、11月，这个时期水泥混凝土路面将产生不利的较大的温度梯度。冬季持续低温时期和夏季持续升温时期受气温骤降、突升的影响比较小，但这两个月份路面温度梯度值会比较大。因此，这两个月份也是水泥混凝土路面温度应力较大的重要时期。

从平均气温来看，漳州、厦门、泉州地区年平均温度最高，南平地区年平均温度最低。最冷月份厦门和泉州相对福建省其它地区的平均气温较高，南平地区最低。全省极端最高气温相差不大，最大值出现在福州、南平和漳州地区。南平、三明、宁德、福州气温年较差（最高气温与最低气温之差）最高（图4-53），因此福建省这几个地区的水泥混凝土路面结构年变化温度应力将较大。

从福建省不同地区不同月份的气温平均日较差对比总体来看（图4-53），三明、南平、龙岩市最大，福州、漳州、莆田市居中，宁德、厦门、泉州市最小。10月份以后，一直到12月，则变为龙岩地区最大，三明、漳州、南平其次，厦门、福州、莆田、泉州、宁德则基本一致，平均日较差较低。

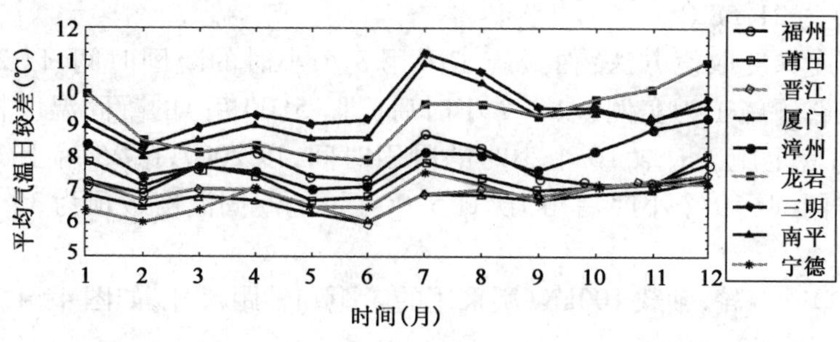

图 4-53　福建省不同地区的气温日较差

因此，总结以上，福建省水泥混凝土路面温度场受到显著影响的季节为春季和夏季，其次是冬季，秋季路面结构受温度梯度影响最小，也是路面施工的黄金季节。夏季福建省水泥混凝土路面温度场受太阳辐射和高温的影响最大，受持续高温的影响，路面温度达到一年中的最高值。此季节日较差虽比 3 ~4 月份略有减小，但由于白天和夜晚的太阳辐射量(夜晚无太阳辐射)相差过大，有可能产生一年中最大的路面板温度梯度差。此季节天气对水泥混凝土路面施工阶段以及后期使用阶段的结构性能，均可能产生显著影响。

二、福建省公路水泥混凝土路面结构的温度应力

国内外的研究和调查结果普遍表明，混凝土路面板因翘曲变形受到约束而产生的温度翘曲应力，有时可以达到相当大的数值，当板长超过 6m 时，甚至会超过荷载应力。因而，温度应力和荷载应力的共同作用是决定混凝土板厚度或者促使板产生疲劳断裂的主要因素。

本研究发现，越靠近路表面，温度梯度变异越大，随着深度增加，温度梯度的波幅越来越小。温度沿板厚呈非线形分布，在大多数时段，分布曲线整体从上到下呈先陡后缓的分布情况。路面结构 0 ~3cm 板厚深度受外界环境影响最大，温度变化量也最大；当路面下深度达到 17cm 以下时，温度变化就比较缓慢，一般情况下路基部分温度梯度日变化量可以忽略。经过一年的监测发现，南平贫混凝土路面最不利正温度梯度为 85. 39℃/m，最不利负温度梯度为 -36. 83℃/m；福州以冲击压实路面作为垫层改建路面最不利正温度梯度为 116. 78℃/m，最不利负温度梯度为 -26. 65℃/m。规范推荐最大正温度梯度与南平实测得到的最大正温度梯度接近，但与福州存在一定差别，在计算温度疲劳应力时，温度翘曲应力误差值为 0. 7MPa，温度疲劳应力误差值为 0. 62MPa。

以下将研究测得的福建省水泥混凝土路面温度场数据与荷载耦合，采用三维有限元分析软件 EverFE2. 24 计算荷载与温度场的耦合应力，研究板厚变化、板尺寸变化、接触面的变化对路面温度和轴载耦合应力的影响，以供福建水泥混凝土路面结构温度应力研究提供参考。

1. 计算参数

计算温度应力采用的温度梯度值，为路面实际温度梯度与凝固时路面实际温度梯度的差值。

使用阶段路面结构实际温度梯度取一年实测当中的最大正、负温度梯度值。最大正温度梯度取福州 316 国道 2007. 4. 21 中午 13:00 点为其最大值，其板顶温度为 50. 2℃，板底温度为 23. 34℃；最大负温度梯度取福州 316 国道 2007. 4. 20 凌晨 1:00 点为其最大值，其板顶温度为

14.9℃,板底温度为21.58℃。

路面凝固温度梯度取值方法:白天施工采用8个小时的凝固时间,以2007.6.26上午7:00点福州马尾路段施工为实例,取8个小时后(即15:00后)的凝固温度板顶为58.13℃,板底为48.62℃;晚上施工时取10个小时的凝固时间,以2007.6.25晚上19:00点福州马尾路段施工为实例,取10个小时后(即次日5:00后)的凝固温度板顶为35.32℃,板底温度为38.25℃。

加载轴型为单轴双轮,轴载100kN,所采用的轮距和轴距尺寸,如图4-54所示。单个轮胎接触面积为25.3cm×22cm。

计算参数在没有特别说明的情况下,板与地基在层间接触面为水泥稳定碎石($K_{SB}=4.1$, $d_0=0.025$);为接近实际情况,100kN单轴双轮荷载作用位置为沿着轮迹线(依据实测资料,将轮迹线定在离板边40cm位置处),作用在板纵缝边缘中部,轮胎接触面积为25.3cm×22cm;面板标准板尺寸为4.5m×5m,板厚为240mm,模量为30GPa,基层厚为150mm,模量为5 000MPa。

如图4-55所示,为100kN单轴双轮荷载分别作用在纵缝边缘中部和离板角40cm的横缝位置。取晚上施工时段的混凝土凝固温度作为预应变时的温度,面板所受最大正温度梯度和最大负温度梯度沿深度变化为非线性,如图4-56所示。

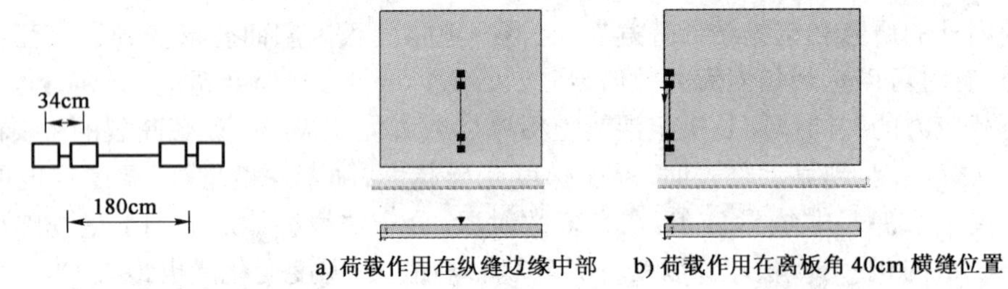

a)荷载作用在纵缝边缘中部　b)荷载作用在离板角40cm横缝位置

图4-54　单轴双轮的轮距和轴距　　图4-55　面板尺寸和荷载位置

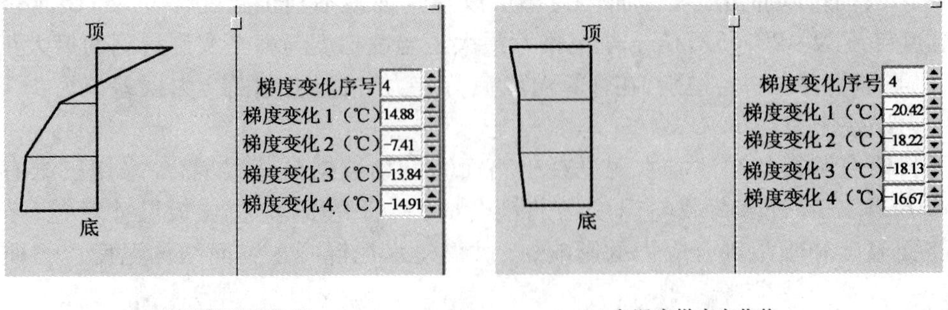

a)正温度梯度变化值　b)负温度梯度变化值

图4-56　温度梯度沿板厚呈非线性分布

2.水泥混凝土路面结构应力影响因素分析

1)温度沿板厚呈线性考虑与非线性考虑的对比研究

考虑温度沿板厚呈线性以及非线性分布时,计算得到的温度应力如表4-14所示。

线性与非线性最大温度应力值(单位:MPa)　　表 4-14

板尺寸(m×m)	4.5×5	3.75×5	4.5×4.5	5.5×5
温度梯度线性分布	1.465	1.559	1.080	1.926
温度梯度非线性分布	1.644	1.639	1.609	1.730

对比在没有荷载作用下的温度应力,4.5m×5m 面板温度梯度非线性分布比温度梯度线性分布的最大温度应力大 10.9%,3.75m×5m 面板非线性时比线性时大 4.88%,4.5m×4.5m 面板非线性时比线性时大 32.88%,5.5m×5m 面板线性比非线性时大 10.2%。由此可知长宽比越小则线性与非线性计算出的最大温度应力误差越大,反之长宽比越大线性与非线性计算出的温度应力误差越小;当面板宽度小于长度时线性的最大温度应力比非线性小,当面板宽度大于长度时,线性的最大温度应力比非线性大。

图 4-57 所示为 4.5m×5m 面板在正温度梯度下出现最大拉应力值那一层面的应力分布图。从图中可知,当温度梯度线性分布时,温度应力最大值出现在板底纵缝中部;当温度梯度呈非线性分布时,温度应力最大值出现在板厚中部角隅处。显而易见,考虑温度非线性分布较切合实际温度分布情况,因此,以下在讨论温度梯度沿深度分布时均考虑温度沿深度呈非线性分布。

2)不同板厚对温度应力以及荷载应力的影响

讨论在只有温度或荷载单因素作用下,以及荷载和温度耦合作用下,面板最大拉应力随板厚的变化情况。计算结果如图 4-58 所示,温度应力沿板厚的变化随着板厚的增加,温度应力逐渐减小,其减小的幅度随着板厚的增加而减小。100kN 标准荷载产生的应力值也是随着板厚的增加而减小,而其整体的耦合应力值也是随着板厚的增加而减小,其耦合应力值减小的幅度随着板厚的增加而减小。耦合应力值并非荷载应力与温度应力的简单相加,从图可以看出,耦合应力值均要比简单相加值小。

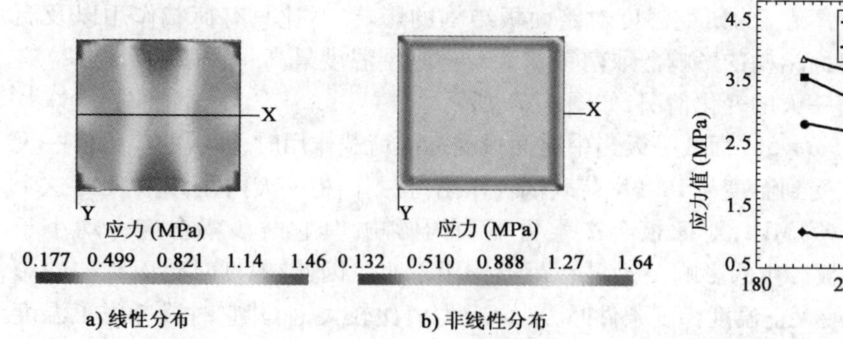

图 4-57　不同分布温度梯度下面板最大拉应力分布图

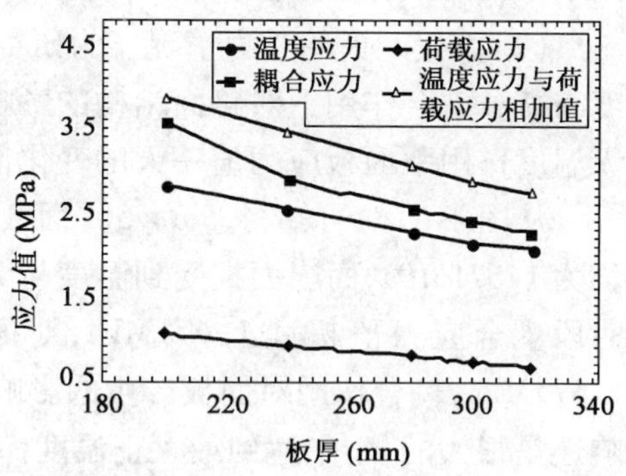

图 4-58　面板厚度对面板最大拉应力的影响

3)不同板尺寸耦合应力研究

(1)不同板尺寸耦合应力一天的变化。针对福建省典型路面结构,将对以下 4 种不同板尺寸路面结构进行研究:4.5m×5m,3.75m×5m,4.5m×4.5m,5.5m×5m。图 4-59 和图 4-60 分别为南平贫混凝土基层温度最高一天(2007.7.12)和福州水泥稳定碎石基层温度最高一天(2007.7.28)的荷载与温度耦合下的应力变化曲线。

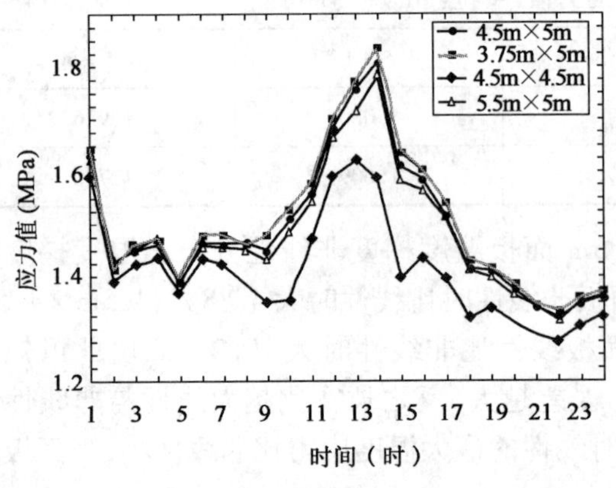

图 4-59　南平荷载与温度耦合的应力值

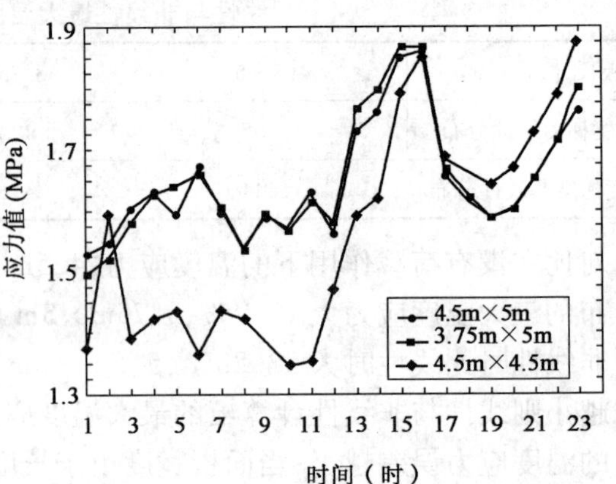

图 4-60　福州荷载与温度耦合的应力值

从图 4-59 中可以看出，在温度最不利一天内，荷载与温度耦合的应力值大约在下午 14 时左右达到最大值，从图中可以看出当板尺寸为 3.75m×5m 时应力值最大，可达 1.837MPa；其次是板尺寸为 4.5m×5m，达到 1.809MPa；再次是板尺寸为 5.5m×5m，达到 1.780MPa；而板尺寸为 4.5m×4.5m 时，其应力值为 1.619MPa，但其最不利值在中午 13 时达到。

从图 4-60 可以看出，耦合应力最不利值在下午 16 时达到，三种板最不利值很接近，板尺寸为 3.75m×5m 的最大值为 1.870MPa；板尺寸为 4.5m×5m 的最大值为 1.859MPa；板尺寸为 4.5m×4.5m 的最大值为 1.856MPa。4.5m×4.5m 面板的耦合应力值在 1～16 时之间均要比 3.75m×5m 面板和 4.5m×5m 面板小，并其差值较大，16 时过后则要比这两种面板大，但其差值比较小。

从图中还可以看出路面板应力整体一天的变化情况，当板尺寸取为 3.75m×5m 时，板受到最不利的耦合应力值，当板尺寸为 4.5m×4.5m 时，板受到的耦合应力值最小。

(2)面板一天的受力情况。为研究温度对路面板结构的影响，对比只有荷载作用以及温度与荷载耦合作用下对路面结构的影响。取南平贫混凝土基层温度最高一天(2007.7.12)有无温度作用下面板应力值一天的变化情况，如图 4-61 所示。

从图 4-61a)可知，4.5m×5m 面板一天当中路面只受标准荷载作用时，面板的应力值一天均为 1.671MPa，而当面板受到温度与 100kN 荷载耦合作用时，则面板一天内在 12～14 时这个时段耦合应力值超过 1.671MPa，对面板会产生更不利的影响，其它时段耦合应力均小于 1.671MPa，耦合作用对面板产生的影响要比只有荷载作用下小。因此，温度对路面结构的影响还是很大的，中午达到最大正温度梯度条件时，耦合应力值比较大，而其它时段考虑了温度的荷载应力在计算路面结构时往往更加有利。从图 4-61a)、c)、d)中可知，3.75m×5m 面板和 5.5m×5m 面板有无温度作用下面板的受力情况与 4.5m×5m 面板类似。从图 4-61b)中可知，4.5m×4.5m 面板在 13 时时其耦合应力与荷载应力接近，其它时段耦合应力均要比荷载作用的应力值小。因此，耦合应力在中午时段对面板产生更不利的影响，而在其它时段对面板产生更有利的影响。

(3)不同荷载位置耦合应力研究。采用 EverFE2.24 计算软件分析不同面板在不同荷载位置处的最大拉应力值，如表 4-15 所示。

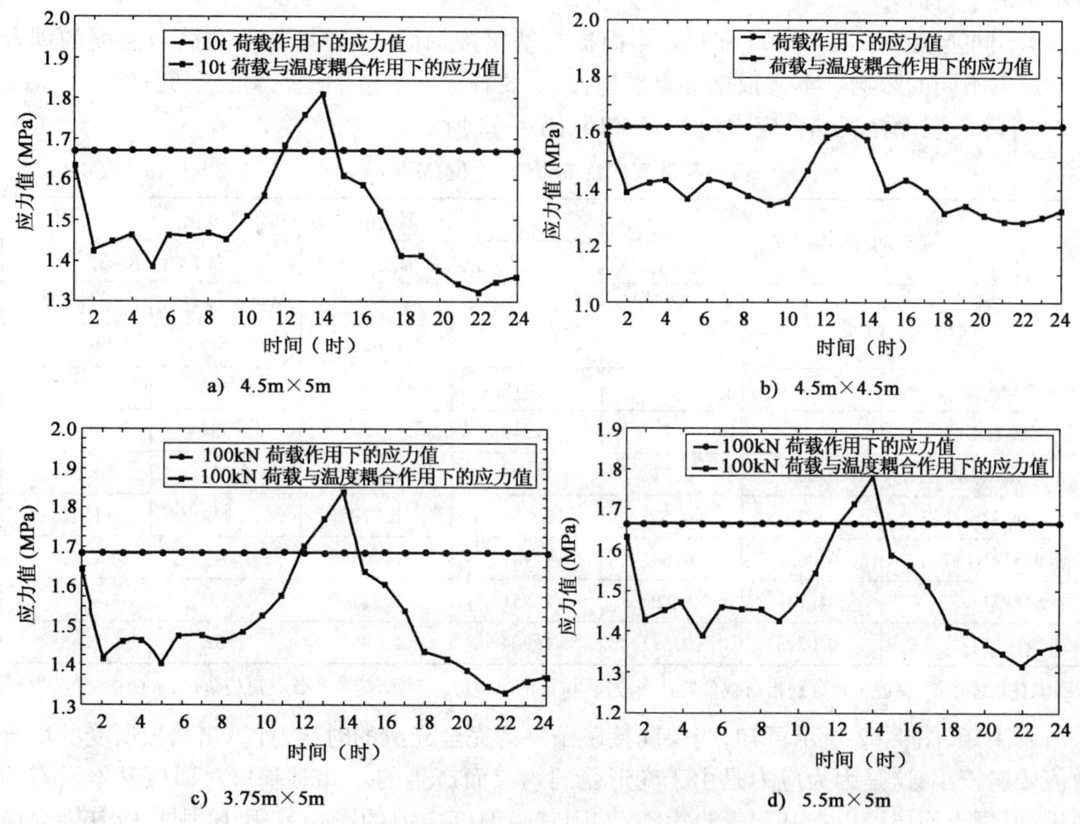

图 4-61　有无考虑温度时面板的耦合应力值

荷载和温度耦合应力值(单位:MPa)　　表 4-15

板尺寸(m×m)	最大正温度梯度		最大负温度梯度	
	纵缝边缘中部	横缝位置	纵缝边缘中部	横缝位置
4.5×5	3.398	2.936	2.514	2.334
3.75×5	2.996	1.942	2.548	2.367
4.5×4.5	2.649	2.361	2.6	2.397
5.5×5	2.722	2.2	2.553	2.154

注:纵缝边缘中部、横缝位置分别指荷载位置在纵缝边缘中部、荷载位置在离板角 40cm 的横缝位置。

从表 4-15 可见,面板处于正温度梯度或负温度梯度,荷载作用在离板角 40cm 的横缝位置的耦合应力值均要比荷载作用在纵缝边缘中部的耦合应力值小。因此,在考虑最不利的耦合应力值时应选取荷载作用在纵缝边缘中部。当面板处于最大正温度梯度下时,4.5m×5m 面板的应力值要比 4.5m×4.5m 面板应力值大 22.0%;当面板处于最大负温度梯度下时,4.5m×4.5m面板的应力值要比 4.5m×5m 面板应力值大 3.3%。因此,4.5m×4.5m 面板所受最不利应力值要比 4.5m×5m 面板小。

综上所述,采用面板尺寸为 4.5m×5m 时,综合考虑荷载和温度的耦合应力,在荷载作用在纵缝边缘中部和离板角 40cm 的横缝位置,均会产生最大的应力值,而面板尺寸为 3.75m×5m 能较好改善离板角 40cm 的横缝位置的应力值,面板尺寸为 4.5m×4.5m 能较好改善纵缝边缘中部的应力值。

(4)不同接触面下耦合应力研究。当面板与基层接触面不同时,其对荷载与温度的耦合应力会产生不同的影响。本文根据计算模型,选取8种层间接触面进行对比研究。采用EverFE2.24计算模型计算其耦合应力值如表4-16、图4-62所示。

荷载和温度耦合应力值(单位:MPa) 表4-16

层间接触			温度沿深度呈非线性变化			
			最大正温度梯度		最大负温度梯度	
接触面	K_{SB}	d_0	纵缝边缘中部	横缝位置	纵缝边缘中部	横缝位置
完全光滑	0	0	1.843	1.667	1.347	1.771
完全连续	—	—	2.915	2.759	2.453	2.473
粗糙 HMA	0.27	0.25	2.249	1.757	2.234	2.04
光滑 HMA	0.068	0.51	1.984	1.706	1.754	1.571
粗糙沥青稳定碎石	0.2	0.51	2.264	1.778	2.114	1.928
光滑沥青稳定碎石	0.065	0.64	1.982	1.705	1.742	1.559
水泥稳定碎石	4.1	0.025	2.751	2.317	2.553	
级配碎石	0.027	0.51	1.904	1.685	1.52	1.655

注:纵缝边缘中部、横缝位置分别指荷载位置在离板边40cm的纵缝边缘中部、荷载位置在离板角40cm的横缝位置。

由表4-16、图4-62所示可知,当层间接触条件为完全光滑的时候,计算出面板所受的耦合应力值普遍较小,这是因为应力是由于变形受到约束而产生的。此时基层对面板基本没有约束作用,混凝土面层可以在基层上自由滑动,则其受温度应力的影响就很小,则相应其耦合应力值也会比较小。而当层间接触条件为完全连续时,计算出面板所受的耦合应力值普遍都大,这是因为此时温度变形受到约束,则相应其耦合应力也会比较大。而介于这两种接触面的路面结构,其耦合应力的大小也是介于这两者之间。取荷载作用在纵缝边缘中部,并且面板处于正温度梯度下这一标准情况,可以看出其面板所受耦合应力值大小依次为:完全连续 > 水泥稳定碎石 > 粗糙HMA > 粗糙沥青稳定 > 光滑HMA > 光滑沥青稳定 > 集料 > 完全光滑。并且,接触面为水泥稳定碎石时其耦合应力值要比完全连续时小5.6%,可见其误差比较小。

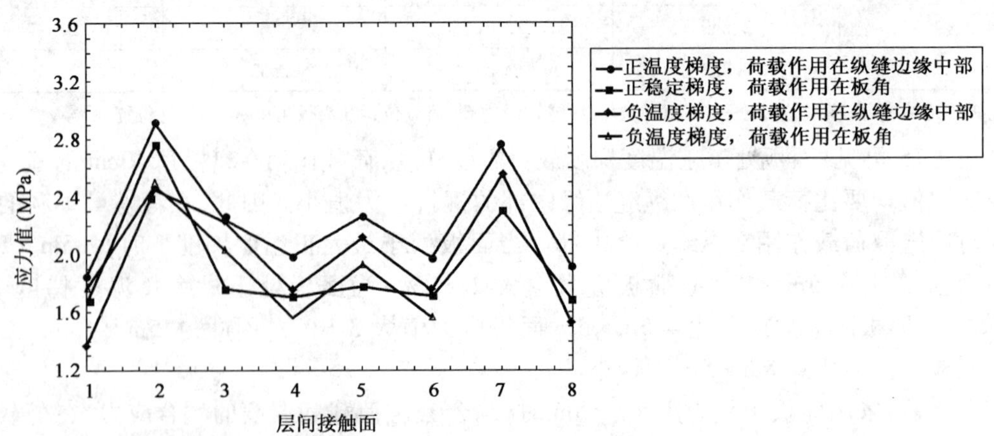

图4-62 层间接触面不同时的耦合应力值

1-完全光滑;2-完全连续;3-粗糙HMA;4-光滑HMA;5-粗糙沥青稳定;6-光滑沥青稳定;7-水泥稳定碎石;8-集配碎石

《规范》为计算方便，将层间接触条件取完全连续来代替水泥稳定碎石的情况。但从图4-62中可见，取完全连续时，其计算应力结果偏大，而趋于保守。从图也可以看出，不论荷载作用在纵缝边缘中部还是离板角40cm的横缝位置，对不同层间接面的变化规律是一样的，面板处于不利正温度梯度下，并且荷载作用在纵缝边缘中部时，其所受的耦合应力值最大。

三、福建省公路水泥混凝土路面的温度应力改善技术

针对福建省水泥混凝土路面的温度应力问题，建议采用如下技术进行改善。

1.板块划分

对福建省4.5m×5m的路面板块和5.5m×5m的路面板块进行温度应力对比表明，5.5m宽的板块的温度应力更大，但在交通荷载作用下的荷载应力较小，两种板块的温度应力与荷载应力之和大体相当。但考虑到面板翘曲和脱空对路面的不利影响，建议使用4.5m×5m的路面板块划分形式，如路幅为5.5m，剩下的1m路幅建议设置拉杆，并锯纵缝。实践和研究均表明，此种形式对于保障路面性能和寿命是行之有效的，相比较直接设置5.5m×5m的路面板块有利。

2.选择低膨胀收缩系数(CTE)的集料

温度应力与路面板的温度变形直接相关，板和基层界面处的约束会抵抗板的膨胀和收缩，从而产生应力。这个应力的发展取决于这个约束和从早到晚温度变化的相互作用，膨胀会导致压应力，收缩会导致拉应力。研究表明，CTE是影响路面性能的最重要参数之一。水泥混凝土凝固后的变形是CTE(温度膨胀收缩系数)的函数，混凝土的CTE是胶结料和集料CTE的函数，取决于混凝土组成材料和粗集料选择的类型，不同的材料组成和配比混凝土的CTE可能高或者低。一般情况下，水泥混凝土中硬化胶结料的CTE比集料的大。典型情况下，含石英的集料(如砂岩、石英岩、花岗岩)膨胀系数大于不含石英的集料(如石灰岩)，如含钙的集料如石灰岩、白云岩，具有低的CTE($4\times10^{-6}\sim9\times10^{-6}$/℃)，而含硅集料如石英岩有较高的CTE($10\times10^{-6}\sim12.5\times10^{-6}$/℃)。因此集料百分比提高，混凝土的CTE下降，同时采用膨胀系数较低的集料，将有利于改善路面板的温度应力。

3.公路绿化

公路两旁的绿化对于改善路面温度应力，延长路面使用寿命十分有效。一方面通过绿化可以对路面形成遮荫，降低对路表面的太阳辐射，显著降低路面温度和变化幅度。另一方面，绿化可以调节路面附近的气温，进一步改善路面的温度。凡有绿地的地方，由于绿色植物对阳光直射的阻挡和蒸腾散热作用，温度都明显低于无绿地的地方。研究统计显示，夏季绿化地区内气温较非绿化地区低3~5℃，冬天可增温2~4℃，比建筑物地区低10℃。一公顷绿地1年可蒸发4 500~7 500t水，一昼夜蒸发水的调温效果，相当于500台空调(六匹)连续工作20个小时所释放出来的“冷量”。实践表明，绿树成荫的地段无论从铺筑质量还是到使用年限都将显著优于其它地段。近年来，福建省公路大力发展了公路绿化技术，在美化公路的同时，对进一步延长福建省水泥混凝土路面寿命也将具有重要的实践意义。

4.选择合理的路面铺筑施工时段

研究表明，水泥混凝土施工时段将直接影响面板混凝土凝固时对应的板顶和板底温度差，混凝土板顶和板底凝固时对应较大的温度梯度时，混凝土路面的受力不利(本书第六章将详

细阐述此方面的研究成果)。一般来讲,秋季施工的路面将比夏季施工的路面质量好和温度应力小,夏季下午17时~早上5时施工的混凝土面板的凝固温度梯度较小,而早上5时以后的白天施工的面板将会使面板产生较大的温度应力。

5. 合理地处理面板与基层的接触面

面板温度应力产生的根本原因是温度变形受到了约束。面板的变形约束主要来源于基层与面板的黏结与摩擦,还包括相邻面板和路肩的约束。由于混凝土面板直接在基层顶面浇筑,面板将会和基层黏结在一起,这种接触界面条件将对面板变形产生巨大的约束力,产生很大的温度应力。但同时,由于这种黏结也会使基层帮助面板承担交通荷载应力,降低面板的荷载应力。因此,接触界面条件对于温度应力和荷载应力是一对矛盾体。接触面黏结可以减小荷载应力,却增大了温度应力;设置光滑的接触面减小了温度应力,却增大了荷载应力。因此,在设计路面面板与基层间的接触面时,应考虑温度应力与荷载应力之间的平衡。

目前国外在此方面有两个成功的典型例子。韩国在面板与基层设置隔离层,从而减小温度产生的应力。德国在面板与基层的黏结方面做得很成功,基层成型后,对准面板纵缝和横缝位置在基层上及时切缝,并严格控制面层与基层的施工时间间隔,使面板和基层形成整体,从而减小荷载应力,防止界面侵蚀和反射裂缝。由此可见不管基层与面板接触面是光滑还是黏结的,只要控制好施工等措施,都能获得不错效果。

图4-63、图4-64为本研究在福州G316线试验路设置的沥青滑动封层和南平G205线环城路设置的薄膜隔离层的试验路情况。实际上,面板的温度翘曲变形是无法避免的,但如果在半刚性基层或者贫混凝土基层之间能够设置一层2~3cm的沥青混合料柔性垫层,将可以通过沥青垫层的变形,缓解板角翘曲脱空,另外还可以起到防基层冲刷和起减振的作用,是一个极有前景的显著延长水泥混凝土路面使用寿命的方法。但由于目前限于路面造价费用的约束,此方面还没有得到实施。

图4-63 福州316试验路设置的沥青滑动封层

图4-64 南平G205线环城路设置的薄膜隔离层

第五章 福建省公路水泥混凝土路面的路基性能与影响

福建省公路多依山傍河布设,高边坡、半填半挖路基较多,极易由于路基沉陷,路基和基层支承欠稳固,支承变形量超出路面板所能容忍的限度,造成大量断板破坏。同时,路基填挖方交替造成的不均匀变形和不均匀刚度,将使重载交通水泥混凝土路面内部产生过大的内应力,导致路面过早破坏。本章以下重点分析研究福建省公路水泥混凝土路面的路基性能、路基性能对路面的力学影响,并提出改善技术和对策。

第一节 福建省公路工程地质条件与路基病害

一、福建省的工程地质条件[59,1]

福建省处于我国东南沿海,位于欧亚大陆板块东南部与太平洋板块的交接部位,以地层发育齐全、岩浆岩(侵入岩和火山岩)发育和地质构造复杂为主要地质特征。除志留纪和早中泥盆世地层外,从太古代到新生代地层均有出露。侵入岩以燕山期(距今约2亿年~7千万年)花岗岩类分布最为广泛,火山岩亦以同一时代的火山岩最为发育,二者实际上是同一时期岩浆活动的不同产物。福建陆域火山岩、花岗岩、沉积岩+变质岩各占总面积的三分之一。福建的地质构造以断裂构造为主,构造线方向多为东北—西南方向,西北—东南方向的断裂也较发育。齐全的地层加上强烈的岩浆活动和复杂的地质构造,造成了福建矿产和地质遗迹的多样性。

福建位于华南褶皱系东部,泥盆纪前处于地槽阶段,奥陶纪末开始转为准地台阶段,早侏罗世以来又进入濒太平洋大陆边缘活动带阶段。在漫长的地质历史时期中,形成多种类型的沉积建造,多旋回的构造运动,多期次的岩浆活动,多期的变质作用,构成复杂的构造,它们主要呈北东向延伸。福建省构造单元划分为:闽西北隆起带、闽西南坳陷带、闽东火山断坳带三个一级构造单元。另外是若干个隆起和凹陷和断陷二级构造单元。在二级构造单元内,又可依据其所形成的主要褶皱,划分为一系列复式背斜和复式向斜。根据全国和全省第二次土壤普查的分类系统,福建土壤划分为:铁铝、初育、半水成、盐碱、人为5个土纲,赤红壤、红壤、黄壤、石质土、紫色土、石灰(岩)土、新积土、风沙土、潮土、山地草甸土、滨海盐土、酸性硫酸盐土、水稻土等13个土类,26个亚类。

福建地跨中、南亚热带,两个地带的代表性土壤系红壤和赤红壤,其分界线大致是:东北自福清县的海口,经该县的宏路,莆田县的常太,仙游县的榜头,永春县的五里街,安溪县的官桥,华安县的仙都、城关,南靖县的和溪,西南迄平和县的九峰与广东相接。红壤与赤红壤之间,并没有一条截然明显的界线,而是以过渡的形式存在。界线基本从戴云山脉东南麓展布。由于山麓分布着许多自西向东或自西北向东南敞开的河谷或断裂谷地,有利于东南季风的湿热气流顺河谷直入,因而赤红壤也相应沿河谷深入,与红壤形成锯齿状交错分布。

福建地质构造复杂,矿产资源中已探明储量的矿种有118种(含亚矿种),其中能源矿产有无烟煤、地热等2种,金属矿产31种,非金属矿产82种,水气矿产1种,金、银、铅、锌、锰、高岭土、石灰岩、花岗石材、明矾石、叶腊石、硫等矿产储量也较大。石英砂储量、质量冠于全国。

福建省工程地质条件受地形、地貌、地层岩性、构造及水文地质等诸因素的共同制约,不同的地貌单元其工程地质条件差异明显。

西、西北部中低山区群峰耸峙,间夹有河谷盆地,地形坡度大,沟谷切割深。组成岩石变质岩类、岩浆岩类大部为块状结构,新鲜岩石致密坚硬,强度大,稳定性高,工程地质条件好,适宜建设各类工程项目。沉积岩、变质岩地区岩性复杂,软弱岩层与坚硬岩层相间。由于岩石结构和断裂构造的影响,风化程度不一,在地下水潜蚀、顶托的作用下,沿层间易产生滑坡、崩坍和泥石流等不良物理地质现象。

山间盆地、谷地及山前地带以冲积、洪积层广泛分布,工程地质条件相对复杂。地下水位埋藏较浅,一般埋深1~2m,地下水对建筑物无侵蚀性。

岩溶盆地主要分布于龙岩、永安、三明、连城等地,出露面积小。多为埋藏型,少部分出露地表。在大量抽取地下水时产生的下降漏斗和造成岩溶坍陷、地下突水是主要的工程地质问题。

沿海丘陵台地主要由花岗岩、火山岩及其风化物组成。岩体呈块状结构,新鲜岩石致密坚硬,但风化剧烈,多形成剧—强风化带,厚度一般10~20m,个别地区可达50~80m,常造成水土流失,见有崩坍、滑坡等现象。

台地主要分布于沿海岛屿和半岛地区,地表由第四系残积层组成,地形较为平坦,主要为花岗岩类和火山岩类风化而成,厚度10~30m,往下过渡到基岩强风化带或中等风化带,一般从上至下,承载力逐渐增高,工程地质条件较好。

沿海河口平原和港湾地区地势低平、水网较发育。第四系沉积物主要为全新统冲积、冲积海积层,底部常见有晚更新统冲洪积海积层。港湾地区一般分布面积较小,普遍发育着不同程度的淤泥、淤泥质土、饱和液化沙土与粉土等不良地基土,工程地质条件复杂。

福建省是我国东南部多山地区,境内峰峦叠嶂,丘陵起伏,河谷与盆地错落相间,自然斜坡十分发育,岩石风化强烈,是地质灾害的多发地区。滑坡、崩塌、泥石流、地面塌陷和地面沉降是福建省危害最大的地质灾害。

滑坡占已调查地质灾害总数的三分之二,广泛分布于福建省的中低山丘陵地区,灾害类型以土质为主,岩土混合质次之。单点灾害的影响范围和成灾规模比较小,但在强降雨的触发下,常出现群发。

崩塌也是福建省主要的灾种之一,占已调查地质灾害总数的近三分之一,主要以小型土质崩塌为主。

福建省泥石流灾害主要分布在中部大山带两侧地形切割强烈、坡降较大、雨量相对集中的中低山区以及一些大中型矿山的固体废弃物堆场和工程建设的弃土场及其下游地区,主要为中、小型的山坡型泥石流。

地面塌陷主要分布于矿山采空区和闽西南覆盖型岩溶区,多由于矿山洞采或开采(疏干)岩溶水引起,一般规模不大。

福建省较大面积的地面沉降分布在福州市区,主要因地下水的过量开采和工程建设而引起的。

地质作用决定了福建的地理位置、地貌形态和资源分布。福建地处大陆边缘活动带,地质构造复杂,地质作用多样,带来了众多的地质难题,对福建工程地质特性进行深入研究对于保障福建公路性能具有重要意义。

二、福建公路路基病害

路基裸露在大气中,经受着土体重力、行车荷载和各种自然因素的作用,路基的各个部位将产生变形。路基的不可恢复变形会引起路基设计高程、形状和边坡坡度的改变,破坏路基的整体性和稳定性,引发各种路基路面病害的产生。福建省公路路基容易出现的典型病害主要有如下几种[60]。

1. 路基沉陷

路基沉陷是指路基表面在垂直方向产生较大的沉落,而这种沉落是不可恢复的,是路基最常见的病害之一,如图 5-1。路基沉陷产生的原因很多,主要有路基本身引起的压缩沉陷、地基原因引起的沉陷,以及由于重载交通改变了路基工作特性导致的沉陷三种。

图 5-1　福建公路路基沉陷造成的路面破坏

路基本身引起的沉陷是因路基填料选择不当、填筑方法不合理、压实度不足、在路基堤身内部形成过湿夹层等因素,在荷载等的综合作用下,引起路基的竖向位移和变形。在路基施工时,如果选用了力学稳定性、水稳性差的路基填料(如粉质土)填筑路基,在水和行车荷载的作用下,路基可能产生沉陷。同样,在路基施工时,如果施工方法不当,填筑方法不合理,没有分层填筑或分层填筑厚度过大,造成路基压实度不足,也会引起路基沉陷。

由于原天然地面有软土、泥沼或不密实的松土存在,土基的承载能力极低,填筑路基前未对原天然地面进行处理,在路基自重的作用下,地基下沉或向两侧挤出,也会引起的路基下沉。地基的沉陷一般范围较广,长度从几十米至几百米,严重影响行车安全。

由于重载交通改变旧路路基工作特性也会导致路基沉陷。重载下使路基的工作区深度加深,被压缩的土层厚度增大,特别当路肩宽度较窄且无支挡的情况下,路基还会发生侧向变形,路基沉陷严重导致路面大量断板破坏。图 5-1 为由于重载交通福建省公路路基侧向变形和沉陷过大造成的路面过早破坏现象。

2. 路基滑塌

路基边坡滑塌也是福建路基最常见的病害之一,如图 5-2。根据边坡土质类别、破坏原因和规模的不同,可分为溜方与滑坡两种。

①溜方:由于少量土体沿土质边坡向下移动所形成。溜方通常是指边坡上表面薄层土体下溜,主要是由于流动水冲刷或施工不当引起的。

图 5-2　路基滑塌

②滑坡:滑坡主要是由于土体的稳定性不足引起的。路堤边坡坡度过陡,或边坡坡脚被冲刷淘空,或填土层次安排不当是路堤边坡发生滑坡的主要原因。路堑边坡滑坡的主要原因是边坡高度和坡度与天然岩土层次的性质不相适应。黏土层和蓄水的砂石层交替分层分布时,特别是有倾向路堑方向的斜坡层存在时,就很容易形成路堑边坡的滑动。

以上两种路基病害的发生往往都和路基边坡过陡有关。

3. 沿库岸路基的侧向滑动

在水库库区较陡的山坡填筑路基,若路基底部被水浸湿,形成滑动面,坡脚又未进行必要的加固处理,在路基自重力和行车荷载的作用下,整个路基将沿倾斜的原地面向下滑动,整体失去稳定。也有水库蓄水前路基比较稳定,但随着水库水位不断涨落,改变了路基或山体的内部应力,导致路基部分失去稳定,向下滑塌(图 5-3)。

4. 不良地质造成的路基破坏

公路通过不良地质地段如泥石流、溶洞、深厚软土地基时,导致路基的大规模破坏。图 5-4为岩溶造成的路基破坏。

图 5-3　库岸路基

图 5-4　岩溶造成的路基破坏

5. 水毁造成的路基破坏

公路如遭受较大的自然灾害(如台风暴雨)形成水毁时,均可能导致路基的大规模破坏,如图 5-5。

路基是路面结构的基础,一旦路基出现上述沉陷、滑动坍塌等病害,将直接会造成路面的大面积破坏。因此,特别对于山区公路,首先应保证路基的稳定和强度,防止路基出现过大的竖向和侧向变形。目前经过多年治理,福建公路抗灾害的能力显著增强,但由于资金限制以及新建公路的不断发展,福建省公路的灾害预警与防治仍然是一项必须长期坚持和不断改进的工作。

图 5-5　水毁造成的公路路基塌方

第二节　路基刚度和变形对路面力学性能的影响

如上所述,首先保证路基的稳定和强度,是确保路面结构服务性能的基本条件。但研究也表明,即使是处于正常条件下无病害的路基,由于半填半挖、填挖过渡导致的路基不均匀沉降和不均匀刚度也会对水泥混凝土路面结构力学性能产生显著影响。本节采用有限元法重点分析路基刚度、路基横纵向填挖过渡,以及路基不均匀沉降和累积变形对路面力学性能的影响。

一、路基模量对水泥混凝土面板受力的影响特性

首先分析路基刚度对水泥混凝土路面板底弯拉应力的影响。模型计算参数如表 5-1,路面板宽 4.5m,长 5m,交通荷载为三轴双轮 600kN。计算结果如表 5-2,图 5-6 所示。

有限元模型中各路面结构层参数　　表 5-1

部　位	厚度(m)	模量(MPa)	密度(kg/m^3)	泊 松 比
面板	0.24	30 000	2 500	0.15
基层	0.15	5 000	2 400	0.20
路基	10	10 ~ 210	1 800	0.35

不同路基回弹模量,路面板底弯拉应力最大值　　表 5-2

回弹模量(MPa)	10	30	50	70	90	110	130	150	170	190	210
板底弯拉应力最大值(MPa)	3.47	3.32	3.17	3.01	2.87	2.74	2.59	2.44	2.31	2.25	2.21

从图 5-6 可以看出,路基的回弹模量对路面板板底弯拉应力影响很大。在水泥混凝土面板与基层的厚度与模量不变的情况下,水泥混凝土路面板板底弯拉应力最大值随路基回弹模量增大而减小。当路基回弹模量为 10MPa 时,路面板板底弯拉应力最大值可达到 3.47MPa;而当路基刚度很大,模量达到 210MPa 时,路面板板底弯拉应力最大值降为 2.21MPa,仅为前者的 63.69%。另外,从图还能看出,当路基回弹模量增加到 190MPa 以后,路基回弹模量对路面板底弯拉应力影响趋缓。

另外，路基土在受力时存在显著的非线性变形特性。即路基土具体模量与加载量级有关，图 5-7 为承载板试验中某一典型加载曲线。在曲线上 0.04MPa、0.08MPa、0.12MPa、0.16MPa 四点的荷载压强对应的竖向变形为 9.87×10^{-3}cm、25.87×10^{-3}cm、48.20×10^{-3}cm、99.76×10^{-3}cm。通过计算可得，A、B、C、D 四点的回弹模量分别为 83.79MPa、63.94MPa、51.46MPa、33.15MPa。

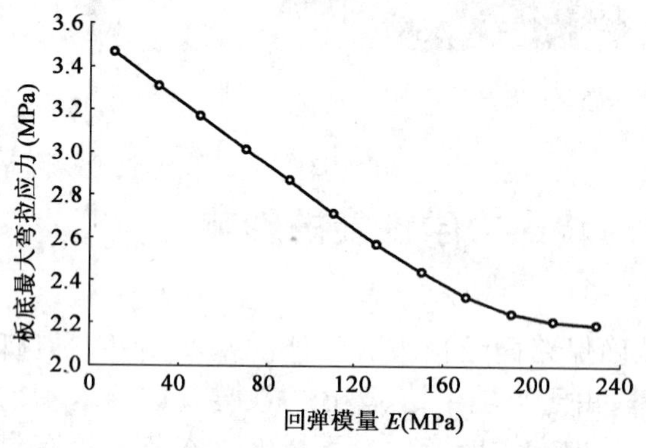

图 5-6　路面板板底弯拉应力最大值随路基回弹模量变化

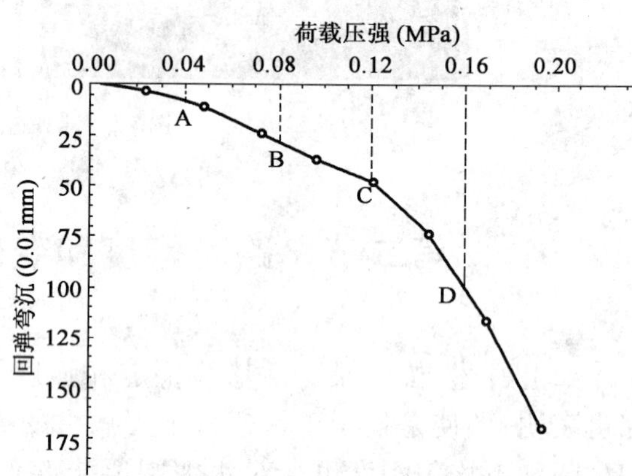

图 5-7　路基回弹模量加载沉降典型测试图

由此可见，路基土在受力时存在显著的非线性变形特性，回弹模量随着荷载压强的增大而减小。依据路基此回弹模量与荷载的变化规律，采用有限元计算汽车轴型均取三轴双轮，荷载作用于板边边缘中部的路面板底弯拉应力。计算模型参数见表 5-3，计算结果如表 5-4、图 5-8 所示。分析发现，由于路基土的非线性变形特性，交通荷载越大路基土表现出来的回弹模量越小，导致了路面板板底弯拉应力增大。当交通荷载为 800kN，土基回弹模量减小为33.15MPa，此时板底弯拉应力最大值为 4.37MPa。而同样 800kN 荷载作用，若不考虑土基的非线性，土基模量仍然取 83.79MPa，此时板底弯拉应力最大值为 3.62MPa，为非线性情况的 82%。

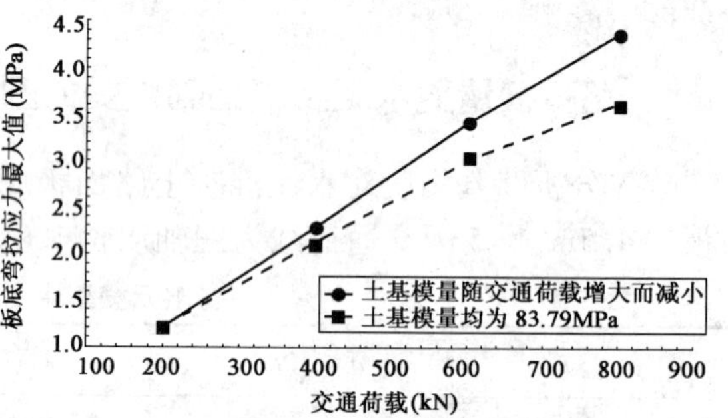

图 5-8　土基非线性特性对路面板板底弯拉应力影响对比

由此现象和分析可以看出，路基非线性变形特性对重载交通作用下路面结构的受力有很大不利影响。为适应重载交通对路面的不利作用，有必要进一步提高路基的强度和刚度，或者通过设置垫层降低路基顶面承受的压应力。

有限元模型中各路面结构层参数　　表 5-3

结构层	厚度(m)	模量(MPa)	密度(kg/m^3)	泊松比
面板	0.24	30 000	2 500	0.15
基层	0.15	5 000	2 400	0.20
土基	半无限空间体	33.15 ~ 83.79	1 800	0.35

路面板板底弯拉应力最大值(MPa)　　表 5-4

土基回弹模量(MPa)	三轴双轮交通荷载(kN)			
	200	400	600	800
从 83.79 减小到 33.15	1.20	2.28	3.41	4.37
83.79	1.20	2.11	3.03	3.62

二、填挖过渡段路基刚度不均匀对水泥混凝土面板受力影响

填挖过渡段路基在山区公路特别常见，填挖过渡路基包括路基横向填挖过渡(半填半挖)和纵向填挖过渡(堤堑过渡)。填挖过渡段路基的力学行为与均匀的路基土相差很大，由于填挖过渡段的路基土在填挖处刚度不均匀，或者因原地面与填土间的约束阻力不足而使填土在重力作用下顺原地面产生滑动，导致路基土在重载交通下产生不均匀沉降、沉陷、滑移等病害，进而将可能造成水泥混凝土路面结构发生严重病害。

以下应用有限元法模拟分析填挖过渡段刚度不均匀问题对水泥混凝土路面带来的受力影响。路面板设为一块自由板，以横向路面板中心部分为地基模量的分界点，左边的地基模量为300MPa，右边的地基模量为30MPa，模拟横向填挖过渡段路基不同刚度的影响；以纵向路面板中心部分为地基模量的分界点，路面板上侧的地基模量取300MPa，路面板下侧的地基模量取30MPa，模拟纵向填挖过渡段路基不同刚度的影响。横向与纵向填挖过渡段路基路面结构的示意图如图5-9、图5-10所示。有限元模型中各结构层的具体参数如表5-5所示。模型中采用的车轮荷载与轴型为双轴双轮400kN、三轴双轮600kN两种，来模拟重载交通情况。轴型参数如图5-11所示。荷载作用于面板的板边边缘中部、板中中部、纵缝边缘中部不同的位置。

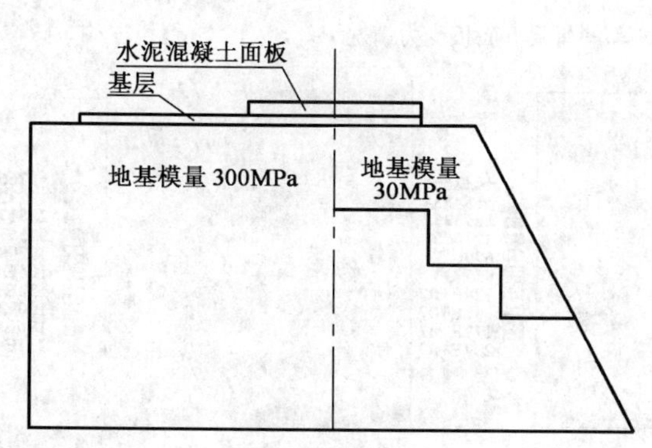

图 5-9　横向填挖过渡段

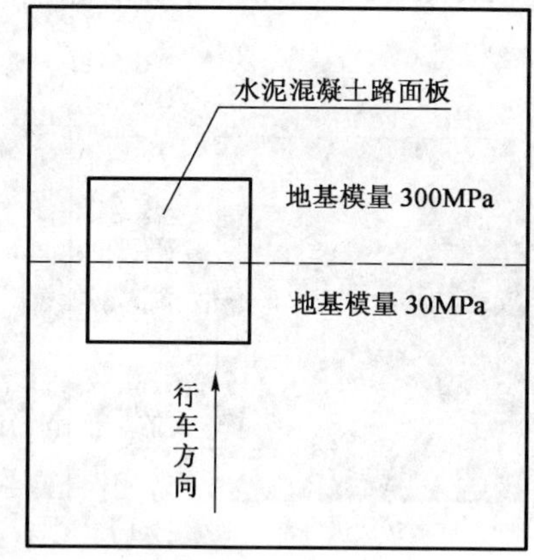

图 5-10　纵向填挖过渡段

有限元模型中各路面结构层参数　　表 5-5

结构层	厚度(m)	模量(MPa)	密度(kg/m³)	泊松比
面板	0.24	30 000	2 500	0.15
基层	0.15	5 000	2 400	0.20
土基	10	填 30、挖 300	1 800	0.30

1. 横向填挖过渡段路基对水泥混凝土路面受力影响分析

图 5-12、图 5-13 为横向填挖过渡段路基在重型轴载双轴双轮 400kN、三轴双轮 600kN 作用下面板板底弯拉应力的有限元计算结果。从图中可以看出填挖两侧路基由于模量相差很大(左边为挖方部分,右边为填方部分),造成交通荷载作用于板边缘中部、板中中部、纵缝边缘中部三个不同位置时,板底的弯拉应力相差很大。以交通荷载为双轴双轮 400kN 为例,当车辆荷载作用于板边边缘中部时,由于板边部分为填方部分,路基模量比较低,路面板板底的最大弯拉应力可达到 3.07MPa,而车辆荷载作用于纵缝边缘中部时,由于靠近纵缝边缘中部那一侧路基土为挖方路段,路基模量很大,故此时路面板板底的最大弯拉应力显著下降为 1.98MPa。而当交通荷载作用于板中部时,车辆的左边车轮落在挖方部分,右边车轮落在填方部分,此时,填方部分的路面板板底最大弯拉应力为 1.81MPa,挖方部分的路面板板底最大弯拉应力仅为 1.24MPa。

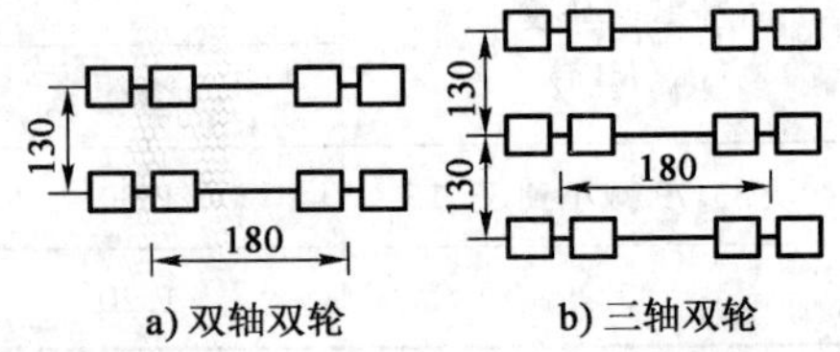

图 5-11 两种轴型的轮距和轴距(尺寸单位:cm)

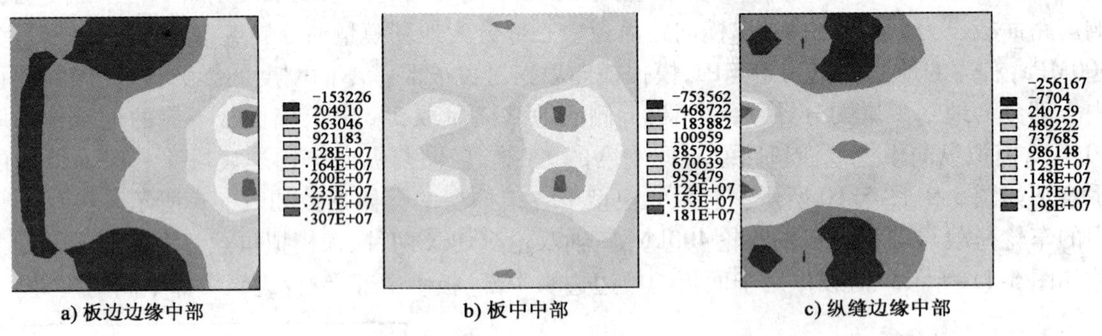

图 5-12 双轴双轮 400kN 车辆荷载下面板受力情况

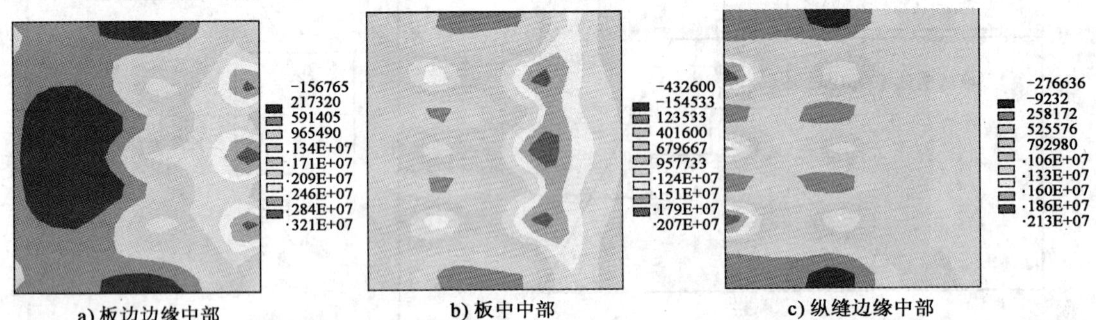

图 5-13 三轴双轮 600kN 车辆荷载下面板受力情况

三轴双轮 600kN 交通荷载也有类似的规律,当车辆荷载作用于板边边缘中部时,由于板边部分为填方部分,路基模量比较低,路面板板底的最大弯拉应力可达到 3.21MPa。而车辆荷载作用于纵缝边缘中部时,由于靠近纵缝边缘中部那一侧路基土为挖方路段,路基模量很大,故此时路面板板底的最大弯拉应力仅为 2.13MPa。而当交通荷载作用于板中中部时,车辆的左边车轮落在挖方部分,右边车轮落在填方部分,此时,填方部分的路面板板底最大弯拉应力为 2.07MPa,挖方部分的路面板板底最大弯拉应力仅为 1.51MPa。

2. 纵向填挖过渡段路基对水泥混凝土路面受力影响

图5-14、图5-15为纵向填挖过渡段路基(路面板上半部分为挖方部分,路面板下半部分为填方部分)在重型轴载双轴双轮400kN、三轴双轮600kN作用下面板板底弯拉应力的有限元计算结果。从图中可以看出填挖上下两侧路基由于模量相差很大,造成交通荷载作用于板边缘中部、板中中部两个不同位置时,板底的弯拉应力相差很大。交通荷载为双轴双轮400kN交通荷载时,当交通荷载作用于板边边缘中部时,路面板在填方路基土一侧的最大弯拉应力达到2.51MPa,而在挖方部分的最大弯拉应力仅为1.58MPa;当交通荷载作用于板中中部时,路面板在路基土填方一侧的最大弯拉应力达到1.99MPa,而路面板在路基土挖方一侧的最大弯拉应力仅为1.49MPa。

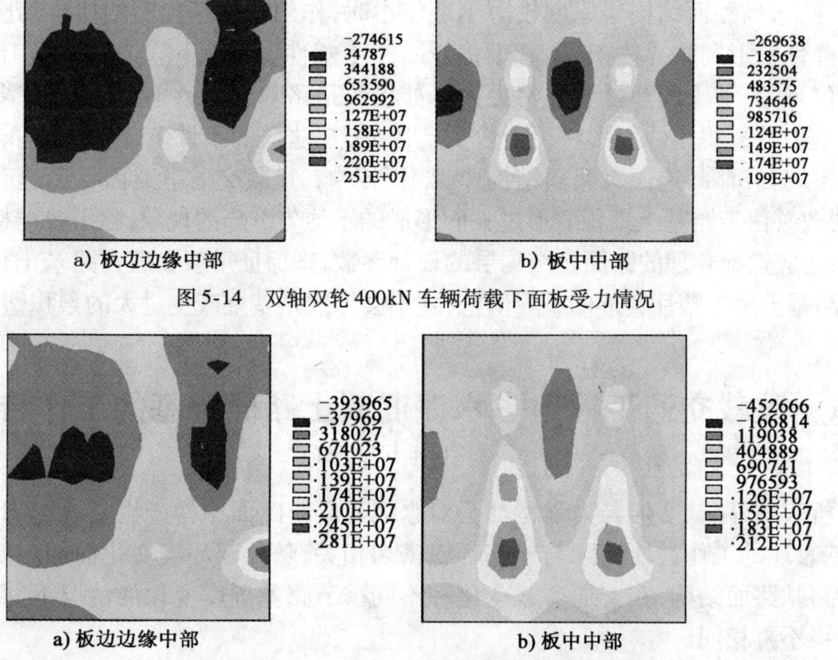

图5-14　双轴双轮400kN车辆荷载下面板受力情况

图5-15　三轴双轮600kN车辆荷载下面板受力情况

三轴双轮600kN交通荷载作用时也有类似的规律,当车辆荷载作用于板边边缘中部时,由于路面板下部分为填方部分,路基模量较小,路面板板底的最大弯拉应力可达到2.81MPa,而交通荷载在挖方部分路面板板底产生的最大弯拉应力仅1.74MPa;当交通荷载作用于板中中部时,从图中可以明显看到三个车轴作用于三个不同位置时,路基土模量对路面板板底弯拉应力的影响。第一个车轴作用于路面板上半部分,即挖方部分,此时路面板板底最大弯拉应力为1.55MPa;第二个车轴作用于路面板中间部分,即填挖结合处,此时路面板板底最大弯拉应力为1.83MPa;第三个车轴作用于路面板下部,即填方部分,此时路面板板底最大弯拉应力为2.12MPa。

从以上计算结果可以看出,路基刚度显著影响水泥混凝土面板的受力。当路基较刚时,可以给水泥混凝土路面提供一个很好的支承作用;而当路基刚度较弱时,会直接导致水泥混凝土路面在重载交通作用下产生过大的弯拉应力,影响了水泥混凝土路面的使用寿命。

横向与纵向填挖过渡段路基由于挖方部分路基土往往刚度较大,将可以承受比填方部分路基土更大的交通荷载。交通荷载作用于填方位置时,路面板的板底弯拉应力明显大于挖方位置,这就导致在同样的交通荷载作用下,面板各部分的弯拉应力出现显著差别,最终导致路面出现过破坏,从而影响水泥混凝土路面的服务性能与运营寿命。

三、路基的累积变形及其对路面性能的影响

在没有处理好的填挖过渡路基地段,还会诱发路基的不均匀沉降。不均匀变形的地基不能给路面板以完全的支承,也易导致水泥混凝土路面板下脱空,最终导致路面过早损坏。同时,路基还会由于重载交通的循环作用,产生过大的塑性残余变形累积,进而影响路面性能。

路基在重复荷载作用下的累积变形辆主要取决于:土的性质(类型)和状态(含水率、密实度、结构状态);重复荷载单次在路基顶面产生的竖向应力大小;荷载作用的性质,即重复荷载的施加速度、每次作用的持续时间以及重复作用的频率。

重载交通下,当路面结构层厚度较薄刚度较小时,作用在路基顶面的荷载偏应力值将超过路基土发生弹性变形的临界阈值,路基土将开始产生塑性变形累积。路基顶面压力大并且作用次数多的位置,路基土的塑性变形将更大。如板角是路基土的最不利位置,在多次荷载作用下板角处路基土的累积塑性变形将可能较大。因此,在这样的条件下,路面板不同位置底部的路基将产生不均匀沉降,进而对路面结构产生不利影响,重载交通下路面将迅速破坏。

因此,要改善由于路基土累积变形过大而形成的不均匀沉降的现象,除了要严格控制路基土的压实度外,还应选择合理的路面各结构层的设计参数,来保证重载交通在路基土顶面产生的竖向应力小于路基土发生塑性变形的临界阈值,才不会导致路基土产生过大的累积塑性变形。

第三节　重载交通下福建省水泥混凝土路面路基的工作特性分析

前述分析表明,路基变形与力学特性会对水泥混凝土路面结构产生显著影响,但同时也应该看到,路基表现的工作性能实际与外部环境密切相关,随外部环境变化而相对变化。例如即使是同一种路基路面结构,在交通荷载变化和不同季节路基湿度变化的情况下,路基表现出来的力学性能将不再相同。

研究表明重载交通对路基工作性能有显著影响,具体体现在如下方面:

(1)重载下路基工作区深度加大,从而使路基压缩区变深,变形量加大;

(2)重载下路基承受更大的压力,刚度的非线性特性影响加剧;

(3)加重路基的累积变形;

(4)重载交通下水泥混凝土路面受力对填挖过渡刚度差异、沉降差异更为敏感;

(5)重载交通对路基的稳定性、压实度、力学性能等指标提出了更高的要求;

(6)福建还发现在填方路基处,当路肩宽度较窄且无支挡的情况下,路基还会发生侧向变形,路基沉陷严重导致路面大量断板破坏。

以下通过数值分析,具体研究重载交通对福建水泥混凝土路面路基力学性能的影响。

一、车辆轴载下路基竖向附加应力分布特征分析

首先采用后单轴单轮 100kN 轴载来模拟不同工况情况下路基土竖向附加应力分布。路面结构取福建省典型的路面结构。工况一为板中加载,工况二为板边加载,工况三为板边缘中

部加载，工况四为板角加载，具体如图5-16。

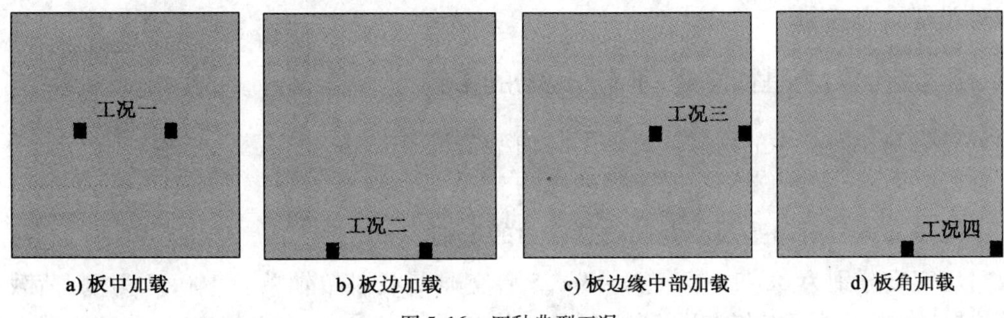

a) 板中加载　　b) 板边加载　　c) 板边缘中部加载　　d) 板角加载

图5-16　四种典型工况

计算结果表明，相同荷载作用于路面板的不同位置时，在路基土中会产生不同大小的竖向附加应力。荷载作用于板角时，路基土靠近顶面部分附加应力达到20.05kPa；荷载作用于板边时，路基顶面附加应力值也达到了15.84kPa；荷载作用于板边缘中部时，路基顶面附加应力值为12.82kPa；荷载作用于板中时，路基顶面附加应力值最小为8.54kPa。对比可以看出，当荷载作用于板角时，路基土产生的竖向附加应力最大。

对不同轴型不同吨位交通荷载作用在板角位置时，路基土竖向附加应力分布进行分析发现，轴载对路基土的竖向附加应力分布影响很大，后轴为单轴单轮100kN交通荷载作用下路基土的竖向附加应力最大值为20.05kPa，单轴双轮200kN交通荷载作用下路基土的竖向附加应力最大值为39.80kPa，双轴双轮400kN交通荷载作用下路基土的竖向附加应力最大值为77.41kPa，三轴双轮600kN交通荷载作用下路基土的竖向附加应力最大值为117.52kPa。由计算可以看到，路基土在重型轴载作用下，路基工作区深度明显加深。

设定路基土在车轮荷载作用下的附加应力σ_Z与自重应力σ比值$n=1/5$时的路基深度为路基工作区深度。由图5-17可知（路基土的重度取18.8kN/m^3），当车辆为单轴单轮100kN时，路基土的工作区深度为1.6m，当车辆为单轴双轮200kN时，路基土的工作区深度为2.8m，当车辆为双轴双轮400kN时，路基土的工作区深度为3.8m，当车辆为三轴双轮600kN时，路基土的工作区深度为4.9m。

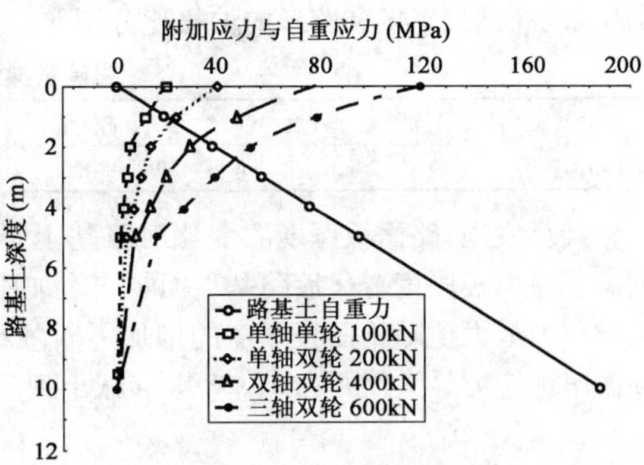

图5-17　路基土自重应力与车辆附加应力

实际上，路基工作区深度由车辆荷载大小与路面结构刚度决定。普通交通荷载对路基土的影响深度通常约为0.9～2.4m，而重载交通下路基工作区深度明显大于一般交通荷载作用的情况。这也间接说明，重载交通下将有更深厚度的路基土产生压缩变形，进而路基沉降将大于一般交通荷载下的路基，同时对较深位置的路基土提出了更高的强度和抗变形能力要求。

重载交通比较常见的后轴轴型为单轴单轮、单轴双轮、双轴双轮、三轴双轮。计算比较单轴双轮200kN与双轴双轮200kN交通荷载作用于板角时的路基土竖向附加应力发现，轴型为单轴双轮时，路基竖向最大应力会略大于轴型为双轴双轮的情况，单轴双轮作用下路基土靠近顶面部分竖向附加应力最大值为39.8kPa，而双轴双轮作用下路基土靠近顶面部分竖向附加应力最大值为 34.9kPa，单轴双轮作用对路基土的影响深度较双轴双轮情况大，这说明多轴多轮轴型对路基受力有利。

二、路面结构对路基顶面竖向附加应力的影响

轴载对路基顶面产生的附加应力除了与轴型轴重有关外，也与路面结构和构造有关。以下具体分析路面结构与构造对路基受力的影响。

1. 不同路肩宽度对路基顶面竖向附加应力的影响

取路肩宽度分别为 0m、1m、2m、3m、4m、5m，交通荷载以单轴单轮 100kN 为例，荷载作用于板角位置，有限元计算结果如图 5-18 所示。从图中可以看出，未设路肩时，路基土顶面的竖向附加应力最大值可达到 33.01kPa，路肩宽度为 1m 时，路基土顶面的竖向附加应力下降，最大值为 22.36kPa，而当路肩宽度大于 1m 后，路肩对路基土顶面的竖向附加应力影响趋于稳定，稳定为 20kPa 左右。这说明路肩不仅对路面起着横向支撑作用，而且增加路肩宽度可一定程度减小交通荷载对路基土产生的竖向附加应力，但路肩对土基顶面附加应力的减小有一定宽度范围。在水泥混凝土路面设计时，要尽量设置一定宽度的路肩，尽量要保证路肩宽度有 2m，但设置更宽的路肩也无益。

2. 路面结构体系对路基竖向附加应力的影响

以福建省典型路面结构为例（表 5-6），分别改变路面板的厚度、基层厚度、基层模量、土基模量研究结构层参数变化对路基顶面竖向附加应力的影响。路面板厚度变化范围为 20 ~ 30cm，基层厚度变化范围为 10 ~ 35cm，基层模量变化范围为 1 500 ~ 20 000MPa，路基模量变化范围为 10 ~ 110MPa。荷载都采用后单轴单轮 100kN 标准荷载作用，荷载作用位置为板角最不利位置。面层、基层和路基的泊松比分别取 0.15、0.25、0.30。

福建省典型路面结构 表 5-6

福建省典型路面结构	面板厚度	面板模量	基层厚度	基层模量	路基模量
	24cm	30 000MPa	15cm	5 000MPa	50MPa

计算发现，路面板厚度的变化对路基土竖向附加应力具有一定的影响（图 5-19），表 5-7 列出了路面板厚度变化后路基顶面竖向附加应力最大值的变化。从表中可以看出，路基顶面附加应力最大值随路面板厚度的增加不断减小。面板厚度从 200mm 增大到 300mm 时，路基顶面附加应力最大值则由 22.089kPa 减小到 18.822kPa，附加应力减小了 14.79%。

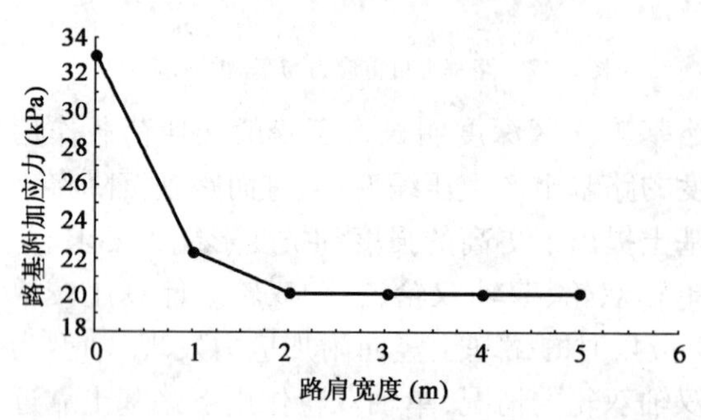

图 5-18 路肩宽度对路基土竖向附加应力影响

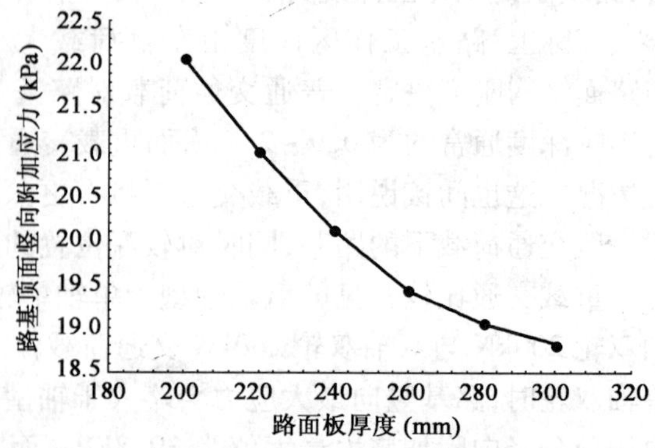

图 5-19 路面厚度对路基土顶面竖向附加应力影响

标准轴载作用下，不同路面板厚度对路基靠近顶面部分竖向附加应力影响（kPa）　表 5-7

路基顶面竖向附加应力最大值（kPa）	面板 20cm	面板 22cm	面板 24cm	面板 26cm	面板 28cm	面板 30cm
	22.089	21.016	20.123	19.422	19.045	18.822

3. 基层对路基竖向附加应力的影响

计算发现，基层厚度对路基土竖向附加应力的分布影响很大，在路基结构其它参数不变的情况下，当基层厚度为 10cm 时，路基土顶面竖向附加应力最大值为 28.91kPa，当基层厚度为 35cm 时，路基顶面竖向附加应力最大值由 10cm 时的 28.91kPa 减小到 9.75kPa，减小了 66.27%（表 5-8），曲线图如 5-20。路基顶面竖向附加应力最大值与基层模量的关系列于表 5-9，曲线如图 5-21 所示。计算表明，路基土的竖向附加应力随基层模量的增大而减小，基层模量为1 500MPa 时（对应普通水泥稳定砂砾基层），路基土顶面竖向附加应力最大值为 29.48kPa，而随着基层类型由普通水泥稳定砂砾基层变为贫混凝土基层时，此时基层的模量为 20 000MPa，路基土顶面的竖向附加应力最大值减小为 13.35kPa，减小了 54.72%，可见基层模量对路基土竖向附加应力影响很大。当基层材料级配、施工良好以及采用贫混凝土基层时，由于基层刚度的增加，可以有效减小路基土竖向附加应力。而当基层材料级配、施工质量较差时，会显著增加扩散到路基土的竖向附加应力。

标准轴载作用下，不同基层厚度在路基靠近顶面部分的竖向附加应力最大值（kPa）　表 5-8

基层 10cm	基层 15cm	基层 20cm	基层 25cm	基层 30cm	基层 35cm
28.91	20.12	17.22	14.19	11.92	9.76

标准轴载作用下，不同基层模量靠近路基顶面部分的竖向附加应力最大值（kPa）　表 5-9

基层模量 1 500MPa	基层模量 5 000MPa	基层模量 10 000MPa	基层模量 20 000MPa
29.48	20.12	17.32	13.35

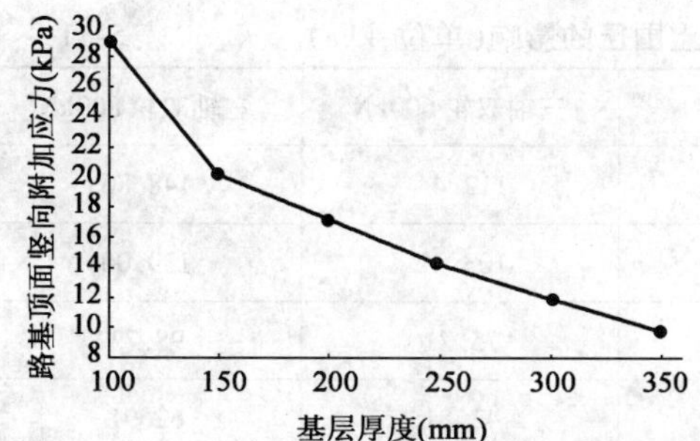

图 5-20　基层厚度对路基土顶面竖向附加应力影响

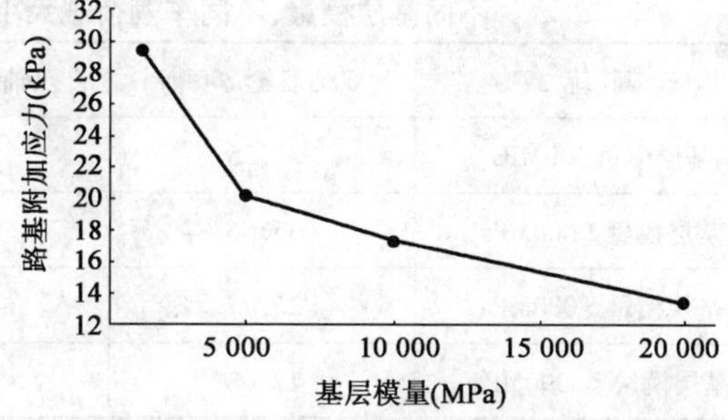

图 5-21　基层模量对路基土顶面竖向附加应力影响

4. 土基模量对路基竖向附加应力影响

图 5-22 为路基顶面竖向附加应力随土基模量的变化情况。从图中可以看出路基土的竖向附加应力随土基的模量增大而增大，这主要是因为随着土基模量的增大，土基的刚度也随之增大，土基所能承受的荷载能力变大。当土基模量为 10MPa 时，路基土顶面竖向附加应力最大值为 11.17kPa，随着土基模量增大到 110MPa 时，路基土顶面的竖向附加应力最大值也增大为 26.38kPa，增加了 1.36 倍（表 5-10）。可见较好的土基可以更好地为路面结构提供支承作用。

标准轴载作用下,不同土基模量在靠近路基顶面部分产生的竖向附加应力最大值(kPa)　　表5-10

土基模量10MPa	土基模量30MPa	土基模量50MPa	土基模量70MPa	土基模量90MPa	土基模量110MPa
11.17	17.25	20.12	22.96	24.65	26.38

以上计算表明,路面结构体系中不同结构层的设计参数对路基顶面的竖向附加应力影响是不一样的。增加路面各结构层的厚度与刚度均能有效降低路基顶面的竖向附加应力,但效果不一样。增加面层厚度并不能显著减小路基土的竖向附加应力,当面板厚度由20cm增加到30cm时,路基土靠近顶面部分的竖向附加应力仅仅减小了14.79%,但造价增加巨大。相比之下,增大基层厚度与基层模量是减小路基竖向附加应力的最有效办法。计算表明,当基层厚度由10cm增大到35cm时,路基土靠近顶面部分的竖向附加应力减小了66.27%;当基层模量由1 500MPa增大到20 000MPa,即基层类型由普通的水泥稳定砂砾基层变为贫混凝土基层后,路基土靠近顶面部分的竖向附加应力减小了54.72%。由此可见,路面结构体系中,路面各结构层的厚度与刚度的提高可以减小路基土的竖向附加应力,但影响程度不一样,影响最大的是基层厚度与基层模量。

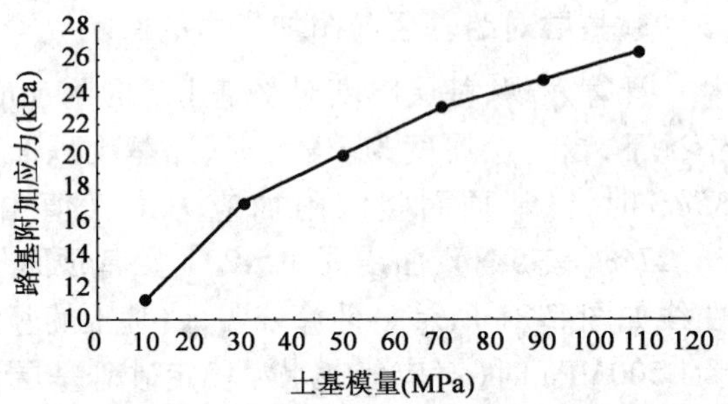

图5-22　土基模量对路基土顶面竖向附加应力影响

三、重型轴载下路基土的围压分布状况

除了竖向压应力,路基所受到的围压也显著影响路基的变形特性。路基土受到的围压不仅与施加于其上的交通荷载关系密切,同时也与路面结构的形式有关。以下利用ANASYS有限元建模计算各种工况下路基土的围压状况,荷载作用位置为板角位置,路面各结构层的参数见表5-11。

不同基层模量、不同车辆荷载大小对路基土围压的影响(单位:kPa)　　表5-11

车辆荷载	双轴双轮200kN	双轴双轮400kN	三轴双轮600kN	三轴双轮800kN
基层模量500MPa	37.55	73.67	112.44	148.86
基层模量1 000MPa	35.56	69.94	103.42	139.00
基层模量5 000MPa	25.75	50.47	75.21	98.73
基层模量20 000MPa	17.08	32.54	47.81	62.91

1.不同轴型交通荷载对围压的影响

取单轴单轮、单轴双轮、双轴双轮、三轴双轮四种轴型,车辆荷载为200kN。有限元计算表明,轴型对路基土的影响不大,以靠近路基顶面部分的围压为例,四种不同轴型车辆在路基顶面部分产生的围压值相差很小,单轴单轮在路基顶面部分产生的围压最大值为27.53kPa,单轴双轮为26.36kPa,双轴双轮为25.75kPa,三轴双轮为24.45kPa。虽然不同吨位车辆的轮胎触地面积分布不一样,但是由于基层与水泥混凝土面板对车辆荷载的扩散作用,同吨位而轴型不同的车辆荷载产生的路基土围压值相差不大。

2. 重型轴载下路基土的围压状况

改变基层模量，基层模量分为四种分析：500MPa、1 000MPa、5 000MPa、20 000MPa，车辆荷载取双轴双轮 200kN、双轴双轮 400kN、三轴双轮 600kN、三轴双轮 800kN。表 5-11 表示基层模量由 500MPa 变化到 20 000MPa，重型轴载荷载作用下路基土的围压状况。从表 5-11 可以看出，同一基层模量情况下顶面路基的围压随着车辆荷载增大而增大，而当交通荷载大小一定时，基层模量对路基土围压大小影响很大。

图 5-23 直观表示不同基层模量以及不同车辆荷载对路基土围压的影响。路基土受到的因车辆荷载引起的围压值，随车辆荷载大小呈线性递增的趋势。以双轴双轮 200kN 车辆荷载为例，当基层模量为 500MPa 时，路基顶面的围压值由 37.55kPa，而基层模量由 500MPa 增加到 20 000MPa 时，路基顶面的围压值则减小为 17.08kPa。可见，基层模量增大在一定程度上降低了交通荷载在路基土内产生的围压值。

3. 路肩宽度对围压的影响

选择为后单轴单轮 100kN 车辆荷载计算路肩宽度对围压的影响，计算结果如图 5-24 所示。计算结果表明，路肩宽度对围压有一定的影响，路肩宽度越大，路基土所受到的围压越大，路基土的侧向连接就越好，当路肩达到一定宽度后，围压值趋于稳定。当未设路肩时，路基顶面围压最大值为 10.17kPa，路肩宽度为 1m 时，路基顶面围压最大值为 23.11 kPa，路肩宽度为 2m 与 3m 时，路基顶面围压最大值均为 24.61kPa。可以看出，从未设路肩到路肩宽度为 1m 时，围压增加得最快，以后就趋于缓和，最后稳定。

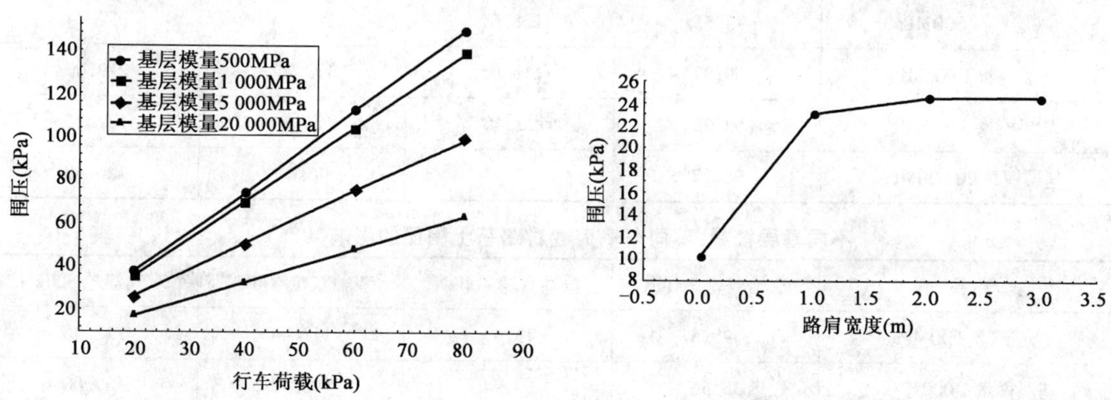

图 5-23　不同基层模量不同车辆荷载大小对路基土围压影响　　图 5-24　路肩宽度对路基顶面围压最大值的影响曲线

因此可以看出，对于水泥混凝土路面，特别是山区公路，要设置一定宽度的路肩，尽量设置 2m 宽度的路肩，以保证其水泥混凝土板板底路基土的围压，从而保证路基土的强度与稳定性，为水泥混凝土路面提供良好的服务性能。

四、重载交通下不同路面结构中路基土的偏应力分布

路基顶面竖向总应力值减去围压值，即为交通荷载作用下路基土的偏应力值。路基土产生累积塑性变形的条件是作用在路基土上的偏应力超过其发生塑性变形的临界应力值。以下以福建省典型路面结构为基础，通过有限元计算不同交通轴载作用下在路基顶面偏应力大小。轴型与轴载分别为后双轴双轮200kN、后双轴双轮400kN、后三轴双轮600kN、后三轴双轮

800kN,荷载作用位置为最不利的板角位置。基层模量取 500MPa、1 000MPa、5 000MPa、20 000MPa。500MPa 代表路面运营到晚期时基层模量,1 000MPa 代表施工质量较差且集料级配较差的基层,5 000MPa 代表施工质量较好且级配较好的基层,20 000MPa 代表贫混凝土类型基层。表 5-12 是福建省典型路面结构结构层的设计参数。

路面结构结构层的设计参数 表 5-12

福建省典型路面结构	面板厚度(mm)	面板模量(MPa)	基层厚度(mm)	基层模量(MPa)	路基模量(MPa)
路面结构 a	240	30 000	150	500	30
路面结构 b	240	30 000	150	1 000	30
路面结构 c	240	30 000	150	5 000	30
路面结构 d	240	30 000	150	20 000	30

表 5-13 是不同交通荷载大小以及采用不同基层模量计算时,路基土顶面部分所受到的竖向总应力最大值。表 5-14 是不同交通荷载以及采用不同基层模量计算时,路基土顶面部分的围压值。表 5-15 是交通荷载作用下,用不同基层模量计算时,路基土受到的交通荷载的偏应力值。计算表明,基层模量增大显著减小路基顶面的偏应力。交通荷载的大小直接决定了路基偏应力大小,荷载越大路基偏应力越大。

不同大小交通荷载作用在路基顶面产生的竖向总应力最大值(kPa) 表 5-13

车 辆 荷 载	双轴双轮 200kN	双轴双轮 400kN	双轴双轮 600kN	双轴双轮 800kN
基层模量 500MPa	72.55	128.67	188.72	250.74
基层模量 1 000MPa	69.37	119.95	173.42	229.00
基层模量 5 000MPa	52.75	92.46	128.84	177.65
基层模量 20 000MPa	36.27	62.43	96.01	120.49

不同基层模量、不同车辆荷载对路基土围压的影响(kPa) 表 5-14

车 辆 荷 载	双轴双轮 200kN	双轴双轮 400kN	双轴双轮 600kN	双轴双轮 800kN
基层模量 500MPa	37.55	73.67	112.44	148.86
基层模量 1 000MPa	35.56	69.94	103.42	139.00
基层模量 5 000MPa	25.75	50.47	75.21	98.73
基层模量 20 000MPa	17.08	32.54	47.81	62.91

路基顶面受到的偏应力值(kPa) 表 5-15

车 辆 荷 载	双轴双轮 200kN	双轴双轮 400kN	双轴双轮 600kN	双轴双轮 800kN
基层模量 500MPa	35.00	55.00	76.28	101.88
基层模量 1 000MPa	33.81	50.01	69.53	90.00
基层模量 5 000MPa	27.00	41.99	53.63	78.92
基层模量 20 000MPa	19.19	29.89	48.20	57.58

第四节　福建省公路路基的工作性能

通过以上分析可以看到，路基的工作性能显著受到交通荷载、路面结构形式和力学参数的综合影响。路基的性能反过来对路面结构的性能也会产生显著影响。路基的工作性能又与区域土的工程性质密切相关。以下具体探讨分析福建公路路基的工作性能。

一、福建省公路路基性能调查

福建公路区划基本属于两个大区：IV4 浙闽沿海山地中湿区和 IV6a 武夷副区与龙岩局部的 IV6 武夷南岭山地过湿区，具体见表 5-16 和表 5-17[58]。

福建省一级区[58]　　表 5-16

代号	一级区名	平均温度(℃)	最大冻深	潮湿系数 K	地势阶梯	土　质　带
IV	东南湿热区	1 月大于 0，全年 14 ~ 26	< 10cm	1.00 ~ 2.25	东部 1 000m 等高线以东	下蜀土，黄棕黏性土，红黏性土，砖红黏土，软土

福建省二级区[58]　　表 5-17

二级区名（包括副区）	潮湿系数 K	降水量（mm）	雨型	最高月 K 值	最大月雨期长度（天数）	最高月平均地温（℃）	地下水埋深（m）	土质和岩性
IV4 浙闽沿海山地中湿区	1.00 ~ 2.00	1 400 ~ 2 200	台风、暴雨	2.0 ~ 3.5	3.0 ~ 4.5	30 ~ 35	谷地 1 ~ 3，山岭大于 5	红黏性土，局部为沿海软土，粗粒岩
IV6 武夷南岭山地过湿区	1.5 ~ 2.25	1 400 ~ 2 000	春、夏雨	3.0 ~ 4.5	3.5 ~ 5.5	30 ~ 35	谷地 2 ~ 3，山岭大于 5	红黏性土，粗粒、细粒岩、可溶岩
IV6a 武夷副区	1.75 ~ 2.25	1 800 ~ 2 600	梅雨、夏雨	3.0 ~ 4.5	4.0 ~ 5.0	25 ~ 32.5	>5	红性黏土，粗粒岩

为了解福建省旧路路基的工作状态，在南平环城路上重载交通路段使用了近 20 年的旧路路基进行了压实度检测（表 5-18）。从试验结果可以看到，土样在含水率 5.82% 情况下，可以达到最大的干密度 2.229g/cm^3。灌砂法所取的 6 个点中，压实度分别为：86%、103%、106%、104%、106%、99%。试验结果表明，旧路基在行车 20 多年后，压实度明显增大，均超过了重型击实标准，这说明按照目前的路面结构，最初路基施工即使按照重型击实标准，按照目前的重型交通荷载，路基也不能达到相应的要求。要保证公路有足够的压实度，需要进一步加大压实功，或者加大路面结构厚度，降低路面结构和荷载对路基顶面的压应力。

路基压实度统计表　　表 5-18

压实度(%)	1 号孔	2 号孔	3 号孔	4 号孔	5 号孔	6 号孔
	86	103	106	104	106	99

为了解福建路基的变形特性，结合福建省三个地区的试验路段，分别选择福建浸水下的旧路基、新建干燥路基、冲击压实垫层三种不同条件下路基土的变形特性和回弹模量，采用承载板试验的方法进行了调查研究。

1. 浸水下旧路基的回弹模量试验

路基的强度与稳定性，同路基的干湿类型有密切关系，并在很大程度上影响路面结构及厚度的确定。路面设计一般要求路基处于干燥或中湿状态。当路基受雨水侵蚀过后，路基土处于潮湿或过湿状态。在南平环城路上的试验路段，对雨水浸泡下旧路路基的回弹模量进行了调查，路基回弹模量测试值分别为26.557MPa、22.075MPa、25.202MPa、18.04MPa。从数据可以看出，路基的回弹模量值很低（图5-25），明显低于规范推荐值。

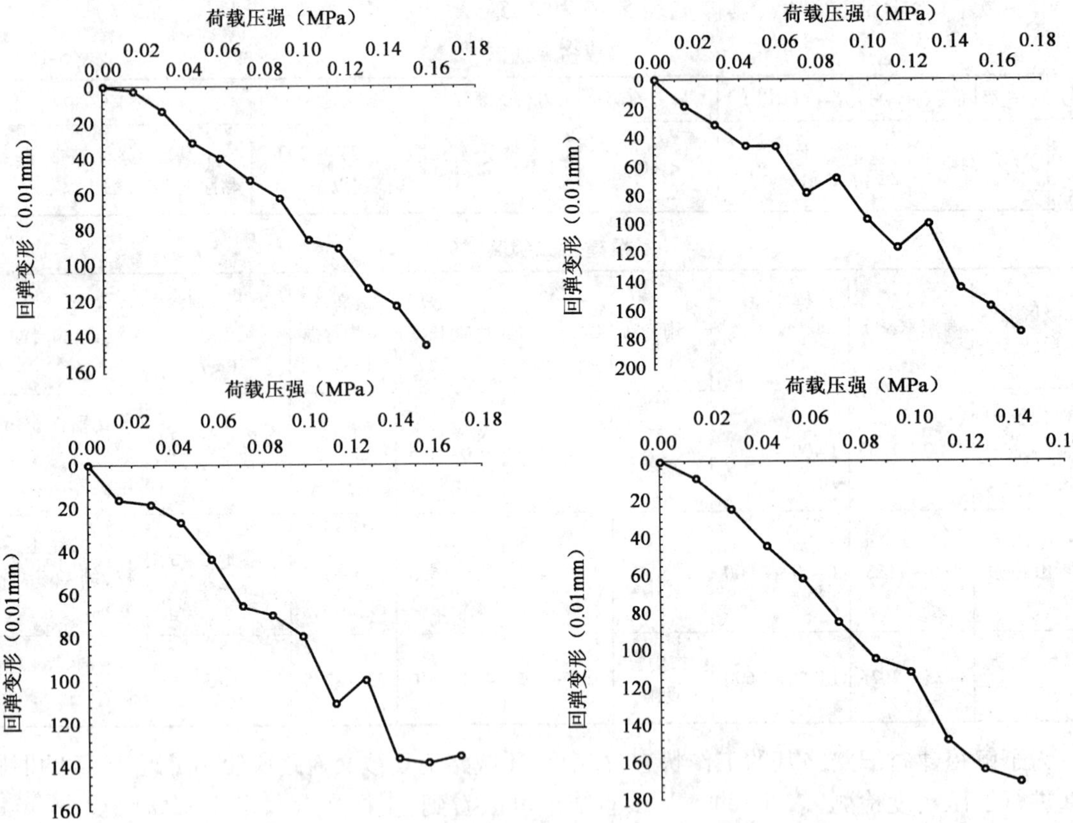

图5-25　福建省浸水旧路基回弹模量现场试验

由上可见，水对路基土体的浸湿、饱和与冲蚀是使路基失去稳定、丧失强度以及发生各种路基病害的重要原因。由于受到降雨量的影响，一年中路基土的含水率不时会发生变化，因此，不同月份的土基回弹模量值也会随之发生变化。当雨季来临时，由于降雨量大，路基土浸水时间长，此时土基的回弹模量值偏低。虽然各地所处的自然气候条件无法改变，但为使路基经常处于干燥、坚固稳定的状态，必须及时修建好路基的排水设施，使路基内的水迅速排离路基范围，以防止路基内的水停滞下渗和流动冲刷而降低路基的强度与稳定性。

2. 新建干燥路基回弹模量试验

在南平延平区新建路基试验路段上沿线每 20m 取选一个点测试土基的回弹模量，总共选取了 30 个点，图 5-26 为回弹模量加载沉降典型测试图，回弹模量分布如柱状图 5-27。从试验路段得到的结果表明，该新建路基的路基回弹模量平均值为 53.44MPa，最小值 30.37MPa，最大值为 78.99 MPa(表 5-19)。从加载测试图中可以看到，由于新建路基比较干燥，土基受力时的非线性特性表现得不是很明显。

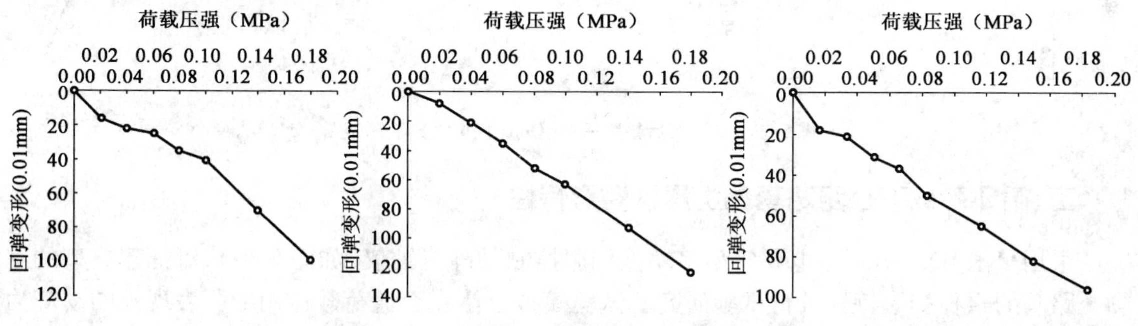

图 5-26　新建路基回弹模量加载沉降典型测试图

回弹模量处理后统计表　　表 5-19

回弹模量 (MPa)	样本数	均值	最小值	最大值
	30	53.44	30.37	78.99

3. 冲击压实垫层回弹模量试验

对 316 国道福州段冲击压实后作为垫层顶面的回弹模量进行了检测。通过对具有代表性路段的 63 组回弹模量检测，采集到丰富的数据。对原始数据进行数理统计，结果如表 5-20，具体分布见柱状图 5-28。图 5-29 为回弹模量加载沉降典型测试图。由表 5-20 可以看出，顶面回弹模量均值为 89.52Mpa，顶面回弹模量在 100 ~ 300MPa 区间的比例占到了 93.7%。所以，冲击压实后垫层的回弹模量值很高。

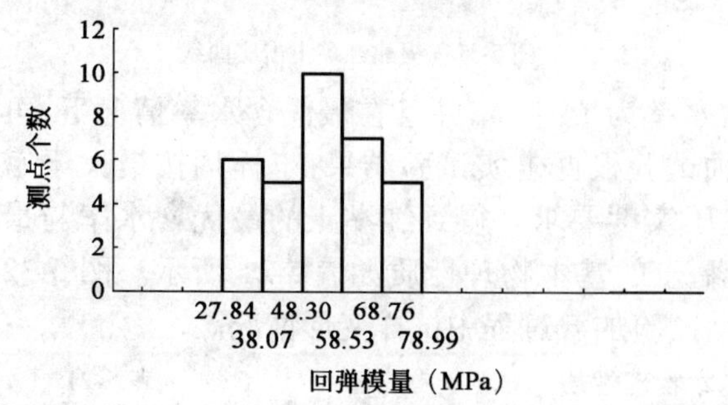

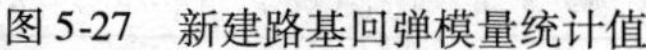

图 5-27　新建路基回弹模量统计值

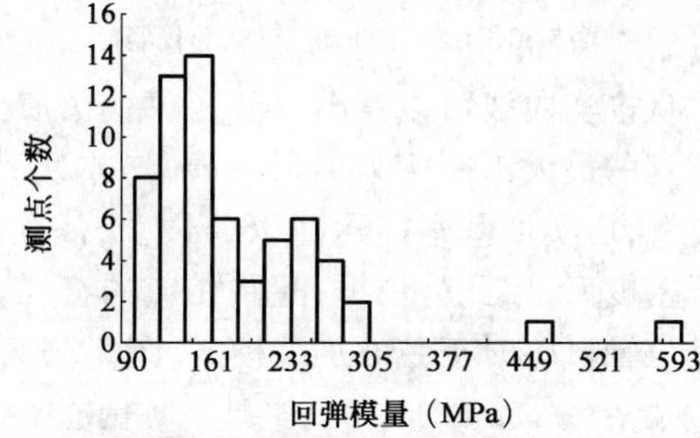

图 5-28　破碎板后垫层顶面回弹模量统计图

回弹模量处理后统计表　　表 5-20

回弹模量 (MPa)	样本数	均值	最小值	最大值
	63	182.76	89.52	593.33

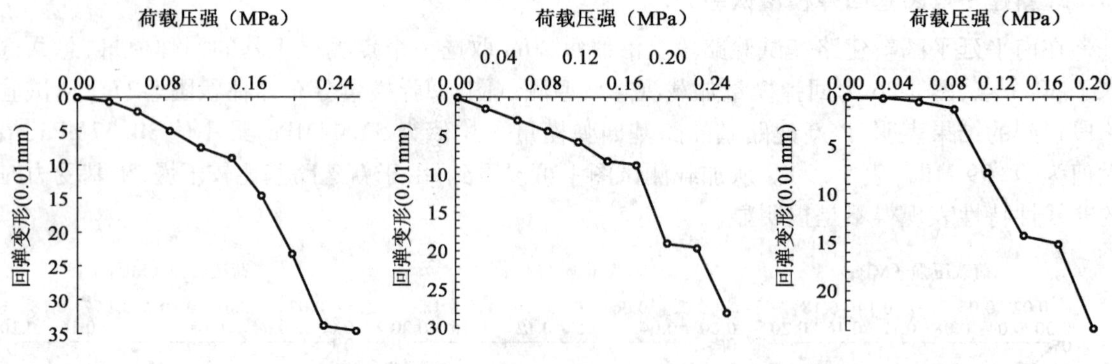

图 5-29　破碎板后垫层回弹模量加载沉降典型测试图

二、循环荷载下公路路基黏土累积变形特性

采用美国 HX—100 型电—气型多功能伺服控制动静三轴仪（如图 5-30），对福建典型的红黏土路基的累积变形特性进行试验研究。试验模拟土体在交通荷载作用下所表现出的动应力与累积变形特性，得出使土体产生过大累积塑性变形所需要的动应力值，进而能指导基于路基变形的路面结构设计。试验所用的土为南平地区重塑的红黏土，击实结果如图 5-31。

图 5-30　HX—100 动三轴试验仪器

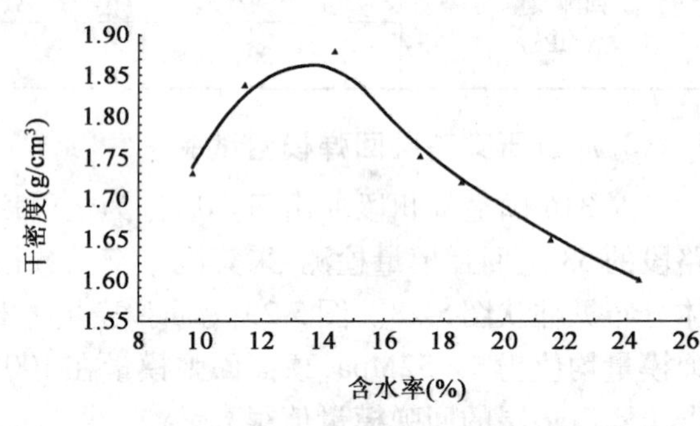

图 5-31　福建红黏土击实曲线

从击实曲线可以看出，福建红黏土的最优含水率为 14.4%，并且在最优含水率情况下，可以达到的最大干密度为 1.88g/cm^3。本次动三轴试验根据击实试验结果，土样均按最大干密度配置，压实度基本能达到 98% 以上，满足路基压实度要求。得到红黏土的最优含水率与最大干密度后，以此为依据，配制相应的土样。红黏土的基本物理性质如表 5-21 所示。图 5-32 为动三轴试验时正弦波加载模式，图 5-33 动三轴试验加载过程中试样变形情况。

试验红黏土基本物理性质　　表 5-21

最优含水率（%）	最大干密度（g/cm^3）	塑限（%）	液限（%）	塑限指数
14.4	1.88	19.25	34.14	14.89

1. 临界动应力与轴向累积应变

试验采用三种不同的围压：20kPa、50kPa、80kPa。每种围压下，采用不同的动应力进行加载，这些围压与动应力组合成循环三轴试验应力控制条件，结果见表 5-22。

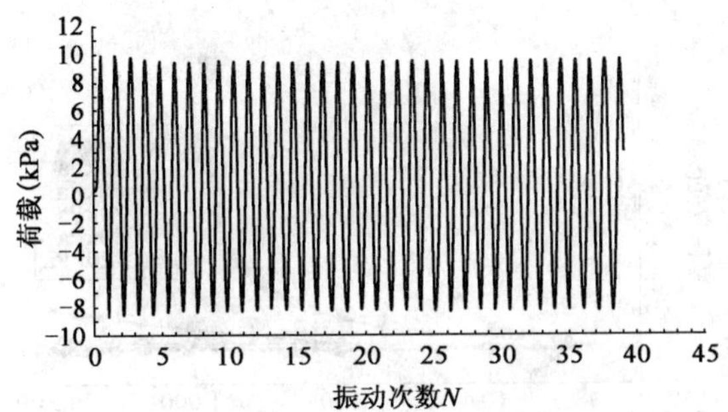

图 5-32 动三轴试验正弦波加载模式

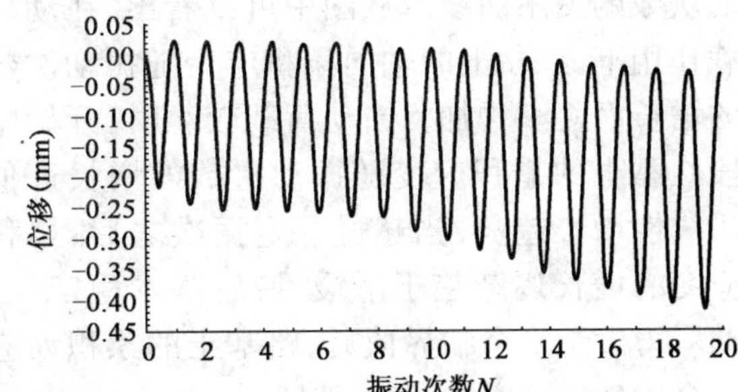

图 5-33 动三轴试验加载时试样变形

循环三轴试验结果一览表 表 5-22

试样编号	固结压力 σ_c (kPa)	动应力幅值 σ_d (kPa)	加载次数 N	轴向累积应变 ε_p (%)	试样编号	固结压力 σ_c (kPa)	动应力幅值 σ_d (kPa)	加载次数 N	轴向累积应变 ε_p (%)
1	20	5	10 000	弹性变形阶段	12	50	70	800	4.414 7
2	20	10	10 000	弹性变形阶段	13	50	80	11	5.956 1
3	20	20	10 000	0.243 1	14	80	5	10 000	弹性变形阶段
4	20	40	10 000	2.986 3	15	80	10	10 000	弹性变形阶段
5	20	50	3 583	3.773 7	16	80	20	10 000	0.017 1
6	20	60	47	5.373 5	17	80	40	10 000	0.049 4
7	50	5	10 000	弹性变形阶段	18	80	60	10 000	0.163 9
8	50	10	10 000	弹性变形阶段	19	80	70	10 000	0.633 2
9	50	20	10 000	0.041 0	20	80	80	744	4.414 7
10	50	40	10 000	0.493 9	21	80	120	35	4.760 5
11	50	60	10 000	1.405 7					

从表 5-22 中可以看出各种围压下，当动应力为 5kPa、10kPa 时，轴向应变幅值 $\leqslant 10^{-5}$，处于弹性变形阶段。当动应力超过这个值时，不同围压情况下，不同的动应力的加载都会对土样产生不同程度的轴向累积应变。

图 5-34、图 5-35、图 5-36 分别为 20kPa、50kPa、80kPa 围压条件下，红黏土的累积应变与振

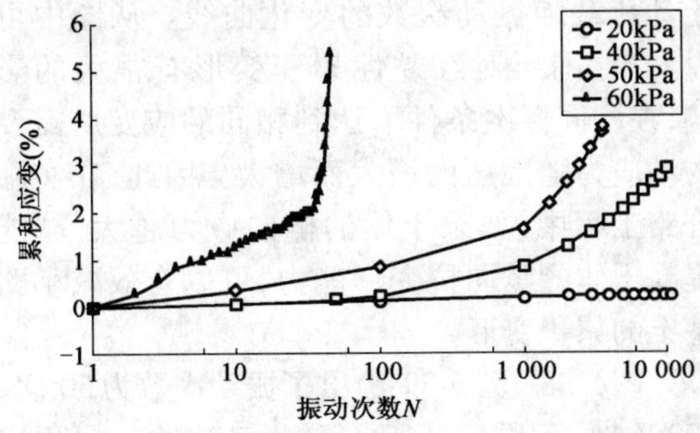

图 5-34 20kPa 围压下红黏土轴向累积应变—时间曲线

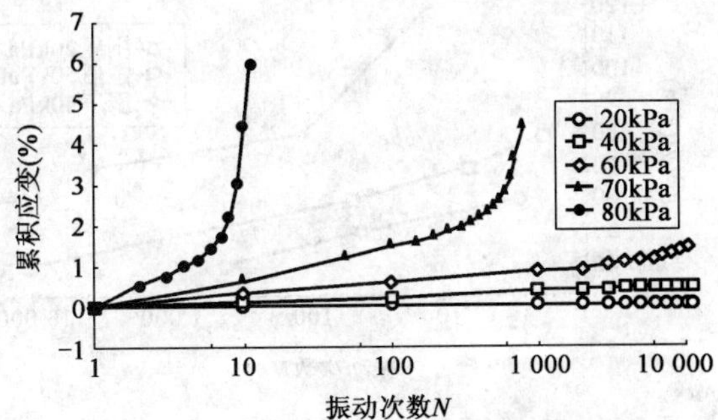

图 5-35 50kPa 围压下红黏土轴向累积应变—时间曲线

动次数的关系曲线。从图中可以看出，在动荷载作用下，红黏土的轴向累积应变随振动次数的增长而逐渐增加。当动荷载较小时，开始阶段红黏土的累积应变随振动次数的增长近似呈线性增长趋势，当超过一定振次之后，累积应变的增长逐渐趋于平缓，最后基本稳定；当动应力大于某个临界值后，路基土的累积动应变会发生急剧增长，直至破坏。

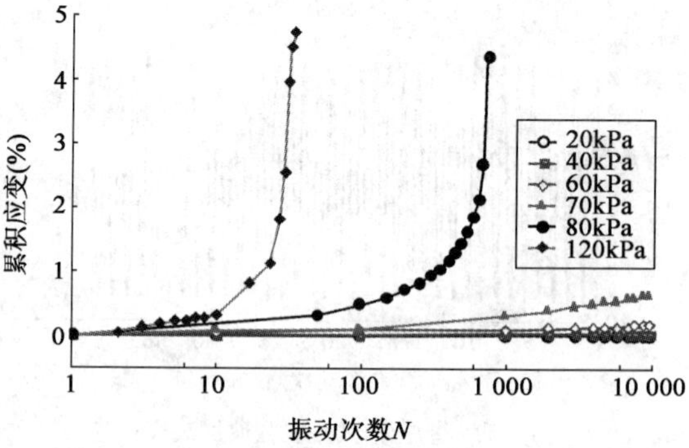

图 5-36　80kPa 围压下红黏土轴向累积应变—时间曲线

可见红黏土在动荷载作用下存在一个临界动应力值，当动荷载低于临界值时，红黏土在动荷载作用下，开始阶段土体中的大孔隙受到振动而被压密，轴向累积应变发展较快，但随着土体的压密，土样中的孔隙不易再被压缩，轴向应变发展逐渐趋于平稳。但当动荷载达到或超过这个临界值后，红黏性土的孔隙结构遭到破坏，以至于不能稳定而发生急剧变形后破坏。

分析表明，红黏土的临界动应力值与土体受到的围压大小有很大的关系，不同围压下的红黏土的临界动应力值不一样。当围压为 20kPa 时，加载 20kPa 与 40kPa 动应力，振动到 10 000 次后，土体变形趋于稳定，未产生破坏，而当动应力增加到 50kPa、60kPa 时，土体振动到一定次数就产生急剧变形，最终破坏。因此，对围压为 20kPa 黏性土来说，40kPa 动应力就是其临界动应力。同样，对围压为 50kPa 黏性土来说，60kPa 动应力就是其临界动应力；对围压为 80kPa 黏性土来说，70kPa 动应力就是其临界动应力。所以，当围压较小时，如 20kPa 时，临界动应力值比较小，围压较大时，临界动应力值相应的比围压较小时的临界动应力值大，但是当围压达到一定程度时，临界动应力值趋于稳定。

分析室内循环三轴试验结果可以发现，循环荷载作用下，存在一个使路基土产生突然累积塑性变形破坏的临界动应力值，当路基土顶面受到的动应力小于临界动应力时，路基土的最终累积塑性变形值趋于稳定，不至于产生塑性破坏，当路基土顶面受到的动应力大于临界动应力时，路基土在作用一定次数后会产生突然的累积塑性变形破坏。路基土临界动应力值与路基土所受的围压有关，它随围压的增大而增大。

2. 围压对轴向累积应变的影响

分析发现，红黏土在不同围压作用下，动荷载对轴向累积应变的影响是不同的，图 5-37 给出了轴向累积应变为 0.5% 时不同围压下红黏土动荷载随振动次数的变化曲线。从图中可以看出，围压对红黏性累积变形有很大的影响，在相同振次条件下达到相同的应变所需要的动应力随围压的增大而增大。因此，在实际公路工程中，如果土体的侧向应力越大，越能提高土体的竖向抗变形能力，可以有效减小路基土的累积变形。

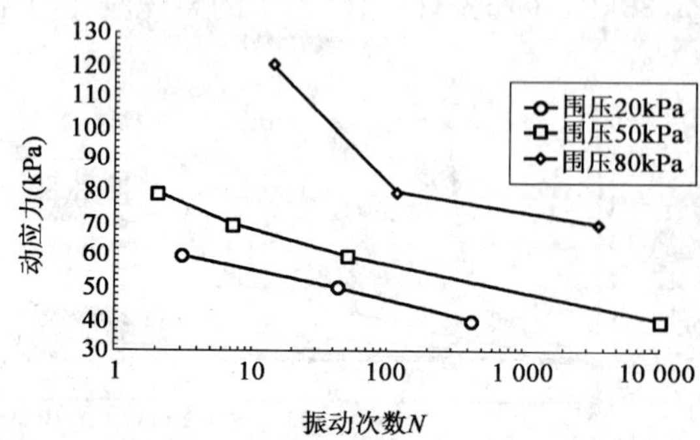

图 5-37　三种围压下红黏土累积应变 0.5% 时动应力—振次关系

图 5-38、图 5-39 给出了振动次数为 50 次、100 次时，不同围压下红黏土动应力—累积应变的关系曲线。从图中可以看出重载交通对

路基土的危害。路基土在轻交通作用下，一般处于弹性变形阶段，或者产生比较小的稳定的累积塑性变形，而当重载交通作用于路基土上时，由于土基具有很强的非线性，当土基受到很大力的作用时，路基土的应力应变关系并不是呈直线递增，而是呈指数递增关系，路基土在重交通作用下可以在很短的一段时间内达到过大的塑性累积破坏，从而造成水泥混凝土面板脱空、断板，最终丧失其服务性能。

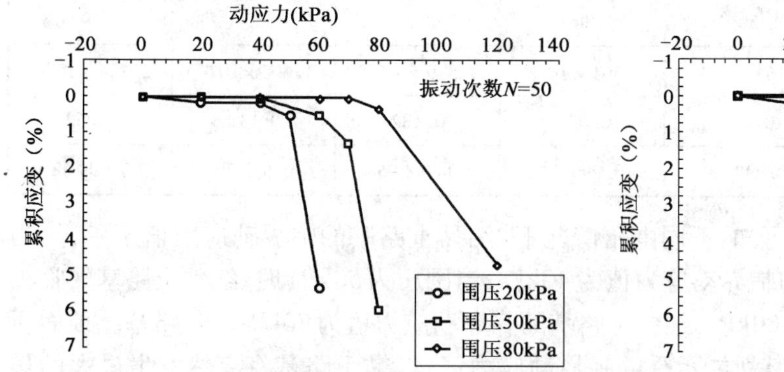

图 5-38　$N=50$ 不同围压下红黏土动应力—累积变形曲线

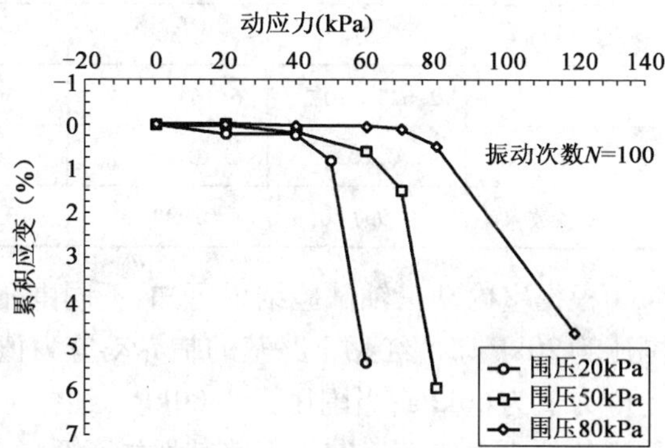

图 5-39　$N=100$ 不同围压下红黏土动应力—累积变形曲线

因此，在进行路面结构设计时，一定要考虑重载交通对土基的受力影响，要保证落在土基顶面的竖向动应力值不超过土基所能承受的临界动应力值，保证土基的强度与稳定性，从而更好地为路面结构服务。图 5-40 为不同围压下，红黏土的破坏形态。当对红黏土施加侧向 50kPa、80kPa 围压时，由于围压较大，故当土体破坏时，会沿某一截面呈一定角度破坏，并且破坏面截面积较破坏面两边的截面积小，呈中间小两边大的剪缩破坏，这主要是由于一定动强度下，当振动次数达到一定次数时，土体因过大的拉伸而破坏；当对红黏土施加侧向 20kPa 围压时，由于围压较小，土体在荷载作用下，竖向压缩变形比较大，当土体破坏时，呈中间大、两边小的剪胀破坏方式，这个时候土体破坏主要是由于过大的压缩变形引起的。

a)围压为50kPa、80kPa下土体破坏形态

b)围压为20kPa土体破坏形态

图 5-40　不同围压下，红黏土的破坏形态

3. 红黏土的应力应变拟合关系

根据红黏土在不同振动次数下的应力应变关系曲线，应用指数函数对其进行拟合，如公式(5-1)：

$$\sigma = ae^{b\varepsilon} \tag{5-1}$$

式中：σ——应力(kPa)；

ε——应变；

a、b——系数。

表5-23是不同围压，不同振动次数情况下，a、b参数的值与拟合公式的相关系数。

各参数及拟合公式的相关系数 表5-23

振动次数	50			100		
围压(kPa)	20	50	80	20	50	80
a	2.627×10^{-5}	6.164×10^{-5}	9.561×10^{-4}	9.519×10^{-5}	1.605×10^{-4}	2.764×10^{-3}
b	0.203	0.143	0.071	0.182	0.131	0.062
相关系数 R	0.997 60	0.999 26	0.999 71	0.998 96	0.998 70	0.999 38

根据室内动三轴试验结果可知，不同围压情况下，红黏土路基的临界动应力值不一样，当围压为20kPa时，红黏土路基的临界动应力值为40kPa；当围压为50kPa时，红黏土路基的临界动应力值为60kPa；当围压大于80kPa，红黏土路基的临界动应力值为70kPa。若路基土顶面所受到的偏应力值大于红黏土路基所能承受的临界动应力值，红黏土路基将突然发生过大的累积变形而产生塑性破坏。结合表5-23与表5-13、表5-14、表5-15可以看到：

(1)基层模量为500MPa时，200kN与400kN的交通荷载产生的偏应力值小于临界动应力值，而600kN与800kN的交通荷载产生的偏应力值分别为76.28kPa、101.88kPa已经超过了红黏土路基土所能承受的临界动应力值。

(2)基层模量为1 000MPa时，200kN、400kN、600kN的交通荷载产生的偏应力值不超过临界动应力值，而800kN的交通荷载产生的偏应力值为90.00kPa，已经超过了红黏土路基土所能承受的临界动应力值。

(3)基层模量为5 000MPa时，200kN、400kN、600kN的交通荷载产生的偏应力值不超过临界动应力值，而800kN的交通荷载产生的偏应力值为78.92kPa，已经超过了红黏土路基土所能承受的临界动应力值。

(4)基层模量为20 000MPa时，200kN、400kN、600kN、800kN的交通荷载产生的偏应力值均小于临界动应力值。

通过上面的计算可以知道，当基层为贫混凝土基层，即模量为20 000MPa时，红黏土路基可以承受800kN及800kN以下的重型轴载。当基层类型采用普通水泥稳定基层时，按照基层施工质量的好坏，分基层模量为1 000MPa、5 000MPa两种情况，这两种模量的基层仅能承受800kN以下的重型轴载。当水泥混凝土路面到了运营晚期时，由于基层的疲劳损伤，此时基层模量很小，在600kN与800kN的重型轴载作用下已不堪重负。

三、重载交通下软土路基的累积变形特性

由于福建地处沿海，省辖各地区除了有广泛的红黏土分布以外，软黏土的分布也很广。软黏土地基的变形一直是岩土工程领域研究的重点问题，研究不同应力水平下结构性软黏土的变形特性具有十分重要的意义。国内外已经对软黏土的变形特性进行了一定的研究，本文没有通过室内循环三轴试验确定软土的累积变形特性。但是，根据相关文献[71]可以知道，软黏土在循环荷载作用下也存在一个临界循环应力比：

$$\tau_c = \frac{\sigma_d}{2C_u} \tag{5-2}$$

式中：σ_d——轴向循环动应力；

C_u——土体不排水强度，文献[71]中 C_u 取为30.15kPa。

另外，文献通过试验得到该软土的临界循环应力比介于0.499与0.583之间。本文取0.499为其临界循环应力比，故临界动应力为30kPa。

可以看到：如果软土地基不经过处理，直接在上面铺设基层与面板，交通荷载作用下，软土路基的动应力显然超过了临界动应力值。通常，可以对软土地基进行处理时，在一定深度内，可以用好的路基土来置换差的路基土，另外还需要在路基顶面铺设一定厚度的垫层来满足交通荷载的要求。

以三轴双轮600kN重载交通为例，为使软土地基顶面动应力不超过30kPa的临界动应力，相应各结构层计算结果如表5-24。通过有限元计算可知，在福建省典型路面结构基础上，当基层模量为500MPa时，需要换填1.92m高的软土，并且在路基顶面需设置一层30cm厚度的垫层；当基层模量为1 000MPa时，需要换填1.76m高的软土，并且在路基顶面设置一层30cm厚度的垫层；当基层模量为5 000MPa时，需要换填1.30m高的软土，并且在路基顶面设置一层30cm厚度的垫层；当基层模量为500MPa时，不需要换填软土，只需在路基顶面设置一层30cm厚度的垫层，即可满足三轴双轮600kN重载交通对路基的要求。

满足三轴双轮600kN重载要求的软土路基路面结构　　表5-24

新路面结构	面板厚度（cm）	面板模量（MPa）	基层厚度（cm）	基层模量（MPa）	垫层厚度（cm）	垫层模量（MPa）	置换软土层厚度（m）
A	24	30 000	15	500	30	600	1.92
B	24	30 000	15	1 000	30	600	1.76
C	24	30 000	15	5 000	30	600	1.30
D	24	30 000	15	20 000	30	600	0

第五节　福建省水泥混凝土路面的路基性能改善技术

路基是公路线形的主体，它与路面共同承担汽车荷载的作用。路基质量的好坏，必然反映到路面上来。车轮荷载通过路面结构传至路基的压力随路面结构的性质而变化。刚性路面下路基承受的压力比柔性路面下路基承受的压力要小得多，一般不会超过0.05MPa。因此，水泥混凝土路面无需对土基的强度提出过高的要求。然而，如果路基的稳定性较差，在车轮荷载的反复作用下和周围水温状况变化的影响下出现较大的不均匀变形时，将导致路面使用品质的下降和路面板的损坏、断裂。因此，没有稳固的路基，就没有稳固的路面。通过以上研究分析，可以看到，福建省公路水泥混凝土路面的路基应满足如下性能要求：

（1）首先保证路基稳定，不发生各类路基病害和过大的路基变形；

（2）具有足够的刚度和承载能力，以适应未来不断增大的重载要求；

（3）避免路基发生累积塑性变形和不均匀沉降；

（4）尽量降低填挖过渡形成的路基不均匀刚度；

(5)保证路基有足够的水稳定性。

以上性能的保持,离不开路基病害的处置和防护技术,也离不开路基路面结构的综合合理设计,同时路基施工质量的保证也是保持路基有较好性能的关键。以下结合前述研究和国内外路基施工技术的综合实践,提出相关改进技术。

一、路基病害的防治技术

对于路基本身引起的压缩沉陷,预防的方法主要是选择良好的路基用土(如砂性土)填筑路基,如果在必要时,应对路基上层填土作稳定性处理。在施工时,采用合理的施工方法,严格遵守相关施工规范的规定,分层填筑,分层碾压,一定要保证每一层路基填料的压实度,使路基有足够的强度和稳定性来承受行车荷载的作用。另外,在路基施工时,应严格控制路基填土的含水率,避免在层与层中间形成过湿的软弱夹层。如果已经发生路基沉陷,则应根据具体情况,采取换填路基填料、翻晒路基填料等措施。

对于由于地基原因引起的路基沉陷病害的防治,应从设计阶段开始,路线应尽量避开有软土、泥沼等不良地质地段。如果必须从软土、泥沼等不良地质地段通过时,应提出处理措施,并进行验证。可采取换填路基土、地基处理等措施提高原天然地面的承载能力。在施工阶段,路基填筑之前,应彻底清除原地面的杂草、表面松土等,并充分压实,使之达到足够的强度。在泥沼地段,还可以适当提高路基高度,设置边沟、排水沟、渗沟等措施以降低地下水位,提高土基强度。

由于重载交通改变旧路路基工作特性导致的路基沉陷,可以通过设置足够厚度的垫层,以及保证足够宽度的侧向土路肩予以保证。路肩宽度对路基土竖向附加应力分布与围压影响较大,尽可能保证路肩宽度有2m,以保证对路基土有足够的支承作用(图5-41)。

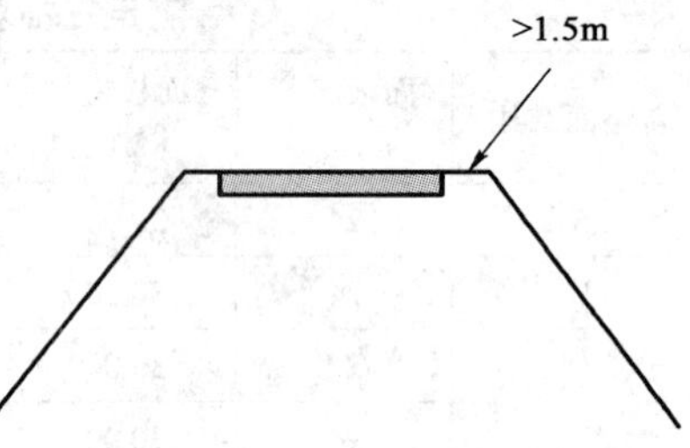

图5-41 设置足够的路肩宽度

针对路基滑塌这种情况,在路基设计时,应该根据路线沿线不同的地质土质情况,采用合适的边坡坡率,对有滑动倾向的路基边坡可进行加固处理。

对于路基沿山坡滑动的病害的处理,可采取对路基边坡坡脚加固的方法。在水库库区路段,往往由于地形条件的限制,展线困难,这时应考虑改移路线,避开水库区域,彻底解决山体不稳、路基滑动的隐患。可采取主动(硬化土体)防治措施如注浆技术;被动(增大抗滑力)防治技术如重型支挡技术和轻型支挡技术,如图5-42~图5-44;此外,还可采用冲刷防治技术进行加固处理,该技术包括:砌石护坡、混凝土预制板、抛石、石笼、格宾、土工软体沉排、土工模袋等,如图5-45~图5-53。

图5-42 分离式锚索桩板墙

图5-43 现浇式锚索桩板墙

图5-44 锚定板挡墙

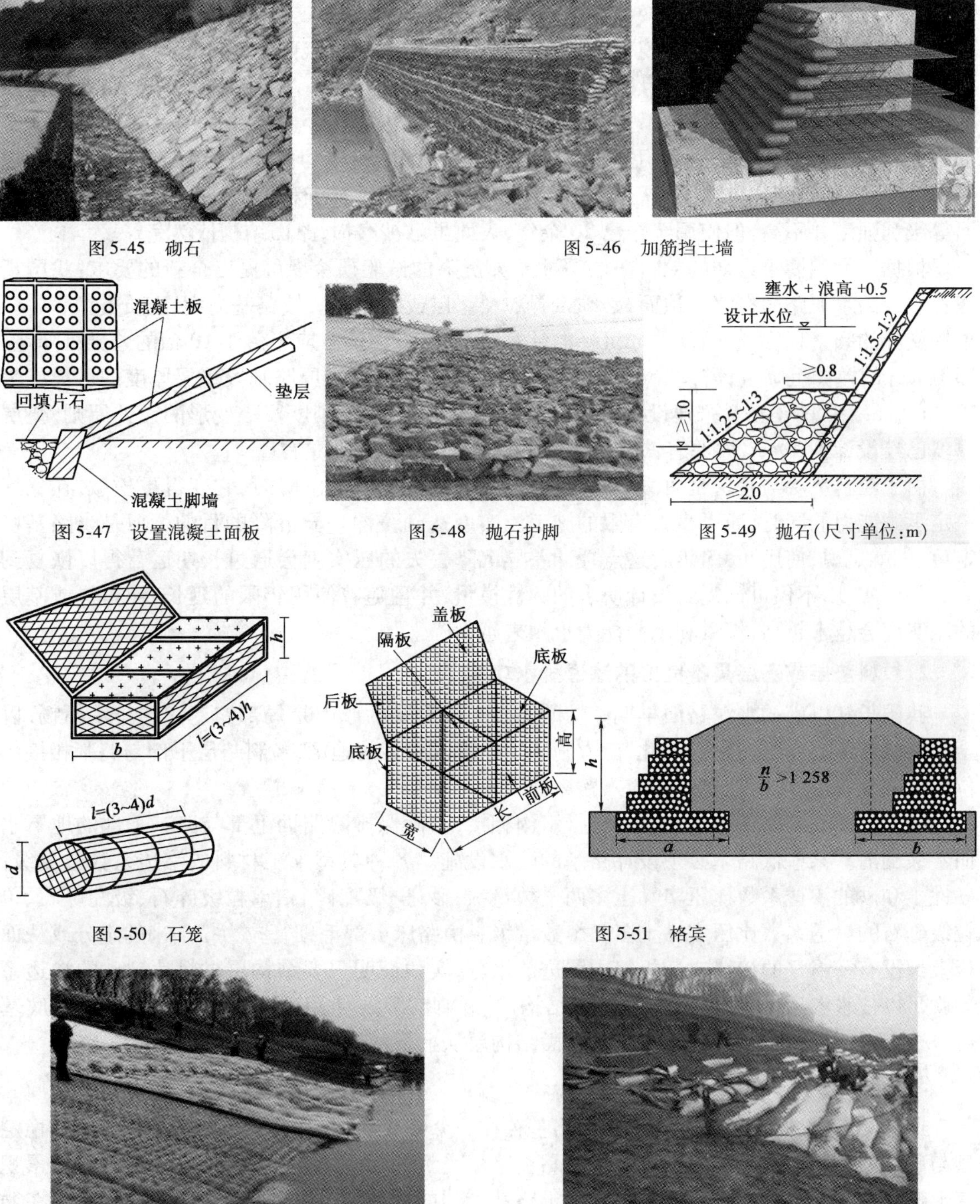

图 5-45　砌石

图 5-46　加筋挡土墙

图 5-47　设置混凝土面板

图 5-48　抛石护脚

图 5-49　抛石(尺寸单位:m)

图 5-50　石笼

图 5-51　格宾

图 5-52　土工软体沉排

图 5-53　土工模袋

二、设置足够厚度的垫层改善路基路面结构性能

研究表明,如果在路床上设置足够厚度的垫层(特别是粒料垫层),对于路基条件不良地段的水泥混凝土路面结构性能改善将会起到重要作用。

1. 缓冲差异沉降

虽然路基满足设计与施工规范的全部技术要求，但路基总沉降与差异沉降依然会导致水泥路面产生早期断板破坏。而且路基高度越高，路基的总沉降与差异沉降量就越大，水泥路面的早期破损也就越严重。我国不少二级国、省道公路在行车多年的老路基旧沥青路面上加铺的水泥路面，早期破损最少，使用年限也最长，不少二级公路水泥路面使用年限达到20年以上，有的超过了40年[61]。例如福州104国道连江段，在“先行工程”阶段修建，水泥混凝土路面等级和强度并不高，但使用至今已20余年，表面虽已被磨损，路面结构依然完好。

根据王大鹏博士近期的粒料垫层缓冲差异沉降的试验研究[61]，提出全新的要求：我国新建各级公路水泥路面在路床顶面，必须设置粒料垫层或底基层。按路基高度、土质类型、软基、填挖交界的频繁程度，按路基差异沉降的计算结果，其设置厚度应不薄于10倍的差异沉降量。即10mm的差异沉降量，需设置不薄于100mm的垫层厚度。最厚路基段垫层厚度的可设计为50～100cm。目前正在紧张建设中的我国轮轨无渣铁路，按等刚度及小变形的设计原则，垫层厚度已经设计到70cm，而原有铁路枕木下的活道渣仅有25cm左右。

由于粒料垫层与基层是由散体材料构成，在路基发生差异沉降时，它变得更松散，在保持一定承载能力的同时，通过丧失有限的施工压实度达到缓冲差异沉降的目的。但是当路基稳定后，也就是说，使用3～5年后这点缓冲差异沉降丢失的压实度会通过长期运营得以恢复到更高的压实度，不仅可恢复到设计所求的弹性模量，并且随着使用年限的延长，粒料垫或基层的压实度会越来越高，模量和承载能力也越来越大[61]。

2. 粒料垫层或基层具备良好的渗透排水功能[61]

我国长江以南的水泥路面早期破损的另外一个重要的原因是局部路基渗透排水不畅，以至于路基几年后完全泥化。因此，南方施工期间降雨较多的地区，粒料垫层下部与路基相接部位应设置隔水层，以防粒料垫层潜入路床而失效。

隔水层铺设到路基边缘并与渗透排水沟相接，以确保排除路面上部与路基下部的地下水而不被倒灌。某些低路基必须设计路基的防水设施。各种典型土工材料的渗透系数数量级：砂性土和砂的渗透系数比压实黏土多两个数量级；砂砾、级配碎石、单粒级碎石、级配砾石、单粒级砾石的渗透系数比压实黏土多3个数量级。由路床下部毛细管拉力拉上来的水分或从面板上部没有密封好的接缝或断板缝中漏进的水分，实践证明只要结构层材料达到砂的渗透系数就足以使水渗透排除，而不影响路面结构层。因此，只要使用砂、碎石、砂砾做垫层或底基层，从渗透排水的角度看，就足以排除路面结构层从上下两个方向的来水。

3. 防治路基顶面出现过大累积变形

通过动三轴试验可知，福建红黏土路基存在一个临界动应力值，它是路基累积变形在稳定型与破坏型之间的动应力分界点。当软黏土路基受到的动应力比较小时，路基土的塑性累积变形略有增大，最后趋于稳定，而当红黏土路基受到的动应力大于临界动应力时，路基土在循环荷载作用下会产生突然的塑性变形破坏。路基的长期变形是否稳定取决于临界动应力与实际作用动应力大小。

计算表明，按照目前福建省的典型路面结构，当基层类型为贫混凝土基层，即模量为20 000MPa时，红黏土路基可以承受800kN及800kN以下的重型轴载。当基层类型采用普通水泥稳定基层时，按照基层施工质量的好坏，分基层模量为1 000MPa、5 000MPa两种情况，这

两种模量的基层仅能承受800kN以下的重型轴载。当水泥混凝土路面到了运营晚期时,由于基层的疲劳损伤,此时基层模量很小,在600kN与800kN的重型轴载作用下已经不堪重负。前述研究表明,软土路基的承载能力差,临界动应力值很小,也存在类似问题。

因此,为使路基能承受重载交通的作用,可在路基顶面设置垫层,减小路基顶面受到的压应力,使路基不发生过大累积变形。本章根据福建省红黏土的动三轴试验,和软土临界循环应力比公式,计算得到不同设计轴载下的路面结构所需换填土或设置的垫层厚度,可为福建省相关设计提供参考。

第六章 福建省公路水泥混凝土路面施工与质量控制

第一节 水泥混凝土路面施工技术

一、水泥混凝土路面施工技术

水泥混凝土路面面层施工有滑模摊铺、轨道摊铺、碾压混凝土、三辊轴施工和小型机具施工五大铺筑方式。其中，滑模摊铺、轨道摊铺、碾压混凝土属于高技术层次的水泥混凝土路面摊铺铺筑技术。

滑模施工是一种采用滑模摊铺机摊铺水泥混凝土路面的机械化施工工艺，其特点是不需架设边缘固定模板，将布料、松方控制、高频振捣棒组、挤压成型滑动模板、拉杆插入、抹面等机构安装在一台可自行的机械上，通过基准线控制，能够一遍摊铺出密实度高、动态平整度优良、外观几何形状准确的水泥混凝土路面。滑模摊铺具有施工速度快、机械化程度高、提高摊铺质量、可节省支模和搭设脚手架所需的工料、能较方便地将模板拆散和灵活组装并可重复使用等优点(图6-1)。

图6-1 水泥混凝土路面滑模摊铺施工

虽然我国混凝土路面施工规范要求高等级公路混凝土路面施工采用大型摊铺机，但由于大型摊铺机一台一般都在几百万元左右，资金投入较大，因此目前在我国普通公路水泥混凝土路面建设中较少采用。福建省只有厦门公路局在使用滑模摊铺设备。

轨道式摊铺施工是指在基层上铺设两条轨道板作为路面侧向支撑和路型定位模板，顶部作为路面表面基准，施工机械行驶在轨道上进行布料、振动密实、成型、修整和拉毛、养生的混凝土路面施工法。从国内外的水泥混凝土路面大型机械化施工技术的发展看，轨道摊铺机铺筑方式有被滑模摊铺机取代的明显趋势，凡是可使用轨道摊铺机的场合，均可使用滑模摊铺机，因此，自从有了滑模摊铺技术，轨道摊铺基本被滑模摊铺取代，现已很少使用。

碾压混凝土采用的是沥青摊铺机或灰土摊铺机摊铺，碾压密实成型工艺，目前尚存在一些没有彻底解决的问题：如离析与局部早期损坏，板底密实不佳和动态平整度不高等问题。因此，一般认为该技术仅适合施作二级以下水泥混凝土路面或复合式路面下面层[14]。

小型机具施工工艺是水泥混凝土路面施工方式中最古老而传统的施工方式。采用滚筒搅拌机及小型机具的施工设备进行水泥混凝土路面施工，机械化程度低，混合料搅拌不均匀，路面平整度差，路面在行车荷载和环境因素作用下，容易出现早期破坏。实践证明，此工艺已经很不适应目前日益发展的交通形势，国内外均逐渐将其淘汰。

水泥混凝土路面三辊轴施工技术起源于美国，三辊轴机组是介于小型机具施工和摊铺机施工之间的一种中型施工设备，是美国对小型机具的改进技术。相比以上几种施工方式，三辊轴机组施工工艺的机械化程度适中，设备投入少，适应性强，能达到较高的平整度，技术容易掌握，比较适用于我国二、三、四级公路及县乡公路水泥混凝土路面的施工。相比小型机具施工，三辊轴施工设备不但具有与小型机具施工设备同样的投资省、操作简便，还具有以下优越性：一是三辊轴机组将平板振捣器与滚杠结合改进为三辊轴机，将手持振捣棒改为排式振捣机，避免了漏振，提高了工程质量；二是三辊轴机组操作简单方便，施工劳动强度低，进度快，同时人为影响质量因素低；三是凡架设模板能够采用小型机具施工的公路路面，均可采用三辊轴机组施工工艺，同时它比摊铺机成本低，适应性强，而且能达到较高的平整度。

因此，三辊轴机组施工技术自20世纪90年代以来在我国得到广泛应用。福建省目前普通公路水泥混凝土路面普遍采用三辊轴机组施工工艺，由于同时配备密集排式振捣机施工，大大提高了混凝土路面的施工质量。

二、三辊轴施工方法[14]

以下简单介绍三辊轴的施工方法。

1. 三辊轴机组施工的工艺流程

三辊轴机组施工工艺流程以及机械布置顺序为：测量放样→安装模板→混合料拌和与运输→布料机具布料→密集排振→拉杆安装→人工补料→三辊轴整平→(真空脱水)→精平饰面→抗滑构造制作→切缝→养生→(硬刻槽)→填缝。

2. 三辊轴机组的主要机械设备

1）三辊轴整平机

三辊轴整平机的主要技术参数应符合表6-1。板厚200mm以上宜采用直径168mm的辊轴；桥面铺装或厚度较小的路面可采用直径为219mm的辊轴。轴长宜比路面宽度长出600～1 200mm。振动轴的转速不宜大于380r/min。

三辊轴整平机的主要技术参数[14]　　表6-1

型号	轴直径(mm)	轴速(r/min)	轴长(m)	轴质量(kg/m)	行走机构质量(kg)	行走速度(m/min)	整平轴距(mm)	振动功率(kW)	驱动功率(kW)
5001	168	300	1.8～9	65±0.5	340	13.5	504	7.5	6
6001	219	300	5.1～12	77±0.7	568	13.5	657	17	9

2)振捣机

三辊轴整平机实质上属于小型机具的改造形式,是将小型机具施工时的振动梁和滚杠合并安装在有驱动力轴的设备上,所以,仅靠三辊轴整平机是不能保证面板中下部路面混凝土振捣密实的,因此必须同时配备密集排式振捣机施工,如图6-2所示。排式振捣机是在密集排振的观点指导下开发的配套设备。目前振捣机有仅安装一排振捣棒的形式;也有同时安装有辅助摊铺的螺旋布料器和松方控制刮板的形式。振捣棒的直径宜为50~100mm,间距不应大于其有效作用半径的1.5倍,并不大于500mm。插入式振捣棒组的振动频率可在50~200Hz之间选择,当面板厚度较大和坍落度较低时,宜使用100Hz以上的高频振捣棒。《施工规范》推荐采用同时配备螺旋布料器和松方控制刮板,并具备自动行走功能[14]。

图6-2 福建省水泥混凝土面板三辊轴施工

3)拉杆插入机[14]

在摊铺双车道公路面时,拉杆插入机是在公路中间纵缝中插入拉杆的专用装置。当一次摊铺双车道公路路面时应配备纵缝拉杆插入机,并配有插入深度控制和拉杆间距调整装置。

4)其它施工辅助配套设备

包括装载机、自卸汽车、洒水车、抹面板、三米和四米刮尺、普通切缝机、刚性刻槽机等。

3. 三辊轴机组的铺筑作业

1)卸、布料

三辊轴机组施工的摊铺能力不是很强,因此要特别注意布料的均匀性、准确控制布料高度,要设专人指挥车辆均匀卸料。布料可用人工也可用装载机或挖掘机布料,人工布料时,应使用排式振捣机前方的螺旋布料器辅助控制松铺厚度。布料应与摊铺速度相适应。坍落度为10~40mm的拌和物,松铺系数为1.12~1.25。坍落度大时取低值,坍落度小时取高值。超高路段,摊铺应考虑横坡影响,松铺系数横坡高侧取高值,横坡低侧取低值[14]。

2)密排振实

混凝土拌和物布料长度大于10m时,可开始振捣作业。有间歇插入振实与连续拖行振实两种。密排振捣棒组间歇插入振实时,每次移动距离不宜超过振捣棒有效作用半径的1.5倍,并不得大于50cm,振捣时间宜为15~30s。排式振捣机连续拖行振实时,作业速度宜控制在4m/min以内。具体作业速度视振实效果确定。振实要领在于必须首先使拌和物振捣为连续介质,然后将拌和物中的气泡排除干净。振捣速度应缓慢而均匀且连续不间断。其作业速度以拌和物表面不露粗集料,液化表面不再冒气泡,并泛出水泥浆为准[14]。

3)拉杆安装

面板振实后，应随即安装纵缝拉杆。单车道摊铺的混凝土路面，在侧模预留孔中应按设计要求在板厚度中间插入钢筋拉杆；双车道路面摊铺施工时，除应在侧模孔中插入拉杆外，还应在中间纵缝部位使用拉杆插入机在1/2板厚处插入拉杆，插入机每次移动的距离应与拉杆间距相同。插入拉杆后立即振捣拌和物，以使拌和物充分包裹拉杆[14]。

4）三辊轴整平机作业[14]

三辊轴整平机按作业单元分段整平，作业单元长度宜为20～30m。三辊轴滚压振实料位高差宜高于模板顶面5～20mm，过高时应铲除，过低应及时补料。三辊轴整平机在一个作业单元长度内，应采用前进振动、后退静滚方式作业，宜分别进行2～3遍。振动时，调整好振动轴的高度，与模板顶面留2mm间隙，振动轴只能打击削平拌和物表面。由于三辊轴机自重较大，施工中要随时注意观察模板情况，出现问题立即纠正。

滚压完成后，将振动辊轴抬离模板，用整平轴前后静滚整平，静滚遍数要足够多，一般为4～8遍，直到平整度符合要求、表面砂浆厚度和水灰比均匀为止。表面砂浆厚度宜控制在4mm±1mm。三辊轴整平机前方表面过厚、过稀的砂浆必须刮除丢弃，以改善表面的抗滑性和耐磨性。

5）饰面

采用3～5m刮尺，在纵、横两个方向进行饰面精平，每个方向不少于两遍。也可采用旋转抹面机密实精平饰面两遍[14]。刮尺、刮板、抹面机、抹刀饰面的最迟时间不得迟于规定的铺筑完毕允许的最长时间，见表6-2。

混凝土拌和物出料到运输、铺筑完毕允许最长时间　　表6-2

施工气温（℃）	到运输完毕允许最长时间（h）	到铺筑完毕允许最长时间（h）
	三辊轴、小机具	三辊轴、小机具
5～9	1.5	2.0
10～19	1.0	1.5
20～29	0.75	1.25
30～35	0.5	1.0

注：施工气温指施工期间的日平均气温，使用缓凝剂延长凝结时间后，本表数值可增加0.25～0.5h。

三、三辊轴施工的注意要点[14,76]

施工技术直接影响水泥混凝土路面质量，三辊轴机组施工工艺的机械化程度适中，虽然机械的操作较简单，但对技术和管理的要求较高。以下基于文献[76]的研究成果简述三辊轴施工的注意要点。

1. 机械选型

1）搅拌生产能力的配套

选择具有足够生产能力的混凝土搅拌楼与三辊轴机组配套铺筑施工。摊铺宽度为8.5m的三辊轴摊铺整平机，摊铺能力可达90～120m^3/h。

采用小型搅拌机生产水泥混凝土混合料时，生产达到摊铺长度要求的混合料所需要的时间过长，混合料的施工性能会随时间而变化，先摊铺的混合料由于没有沉入值，不能正常摊铺施工。采用多台搅拌机组成的搅拌楼，由于混合料的均匀性受搅拌本身和时间的影响，对三辊轴机组铺筑施工也有一定影响,会降低施工的平整度。因此,最好选用一台 90~120m^3/h 大生产量的搅拌楼,既确保产量,又保证混凝土拌和物的均匀稳定性。

2)三辊轴摊铺整平机

三辊轴摊铺整平机以轴的直径划分型号,以轴的长度划分规格。从摊平拌和物考虑,轴的直径大比较有利;从有效密实深度考虑,轴的直径较小比较有利。目前市场上的三辊轴摊铺整平机,轴的直径有 168mm、219mm 和 240mm 几种。

采用内部振动式振捣机振实后,不存在密实深度问题,采用较大的轴径施工效率较高,平整度较好,但表面浆体比较容易离析,浆较薄。采用较小的轴径,提浆效果较好,但轴易变形。三辊轴摊铺整平机振动轴的转速不宜大于 380r/min,振动轴的转速分为 300r/min 和 380r/min 两种,宜采用较小的转速,以保证有效振实和提浆。振动功率宜大于 7.5kW;驱动轴的最大行驶速度不大于 13.5m/min,驱动功率不小于 6kW。保证振动轴和驱动轴有足够大的功率,以克服混合料和模板的阻力,实现摊铺、振动密实及整平功能。

3)其它设备

运输设备及运输能力应适合三辊轴摊铺施工的需要,必须保证混合料开始铺筑施工时具有足够的坍落度或沉入值,以保证施工顺利进行。

2. 面层铺筑施工

1)作业单元划分的影响

三辊轴摊铺整平机的施工按单元进行,每个工作单元都要完成摊铺、振实和整平施工作业。作业单元长度为 20~30m,施工时间最少要 20min,最多不能超过 45min。单元长度过短时,三辊轴摊铺整平机反复掉头,影响施工平整度;过长时,提起的浆水灰比越来越大,越来越稀。因此,三辊轴整平机最佳滚压遍数应经过试验或按经验确定。

2)布料控制的影响

准确布料是保证路面平整度的重要环节。为保证模板内有足够的水泥混凝土拌和物,布料高度应足够高。但布料过高时,三辊轴摊铺整平机振动的遍数过多,易产生分层离析,路面平整度较难保证。三辊轴整平机施工前,混凝土表面应大致平整,不得有明显的凹陷。采用人工布料时,人不得随意踩入工作面内,操作工人退出工作面时,应顺便消除留下的脚印。

3)振捣机振动和整平机施工的衔接

混凝土拌和物振捣后,工作性损失较快,若布料长度较短就开始振动,三辊轴整平机不能立即跟上施工,两道工序间隔时间较长,会使拌和物工作性损失较大,造成以后施工较困难,因此应在布料达到一个作业单位长度才开始振实。因为混凝土刚振过流动性最好,这时开始三辊轴摊铺整平机施工最容易,施工效果也最好。两道工序之间的时间间隔不宜超过 15min。

4)三辊轴摊铺整平机施工

三辊轴摊铺整平施工开始之前,强调拌和物高出模板,不能低于模板,目的是防止三辊轴摊铺整平机振动提浆后,表面浆不均匀,水灰比大的稀浆去填补凹陷处。振动密实后水泥混凝土高出模板太多时,三辊轴摊铺整平机不能顺利施工,容易偏斜。因此,振动后应有专人观察,混凝土表面过高时以人工铲除,过低时用混凝土填补,严禁用纯水泥砂浆找平。

振动过后必须及时用三辊轴摊铺整平机进行压平施工,工序之间的时间间隔不宜超过 10min。因为振动过后,水泥混凝土已较密实,沉入值大大降低,从而降低三辊轴摊铺整平机的工作效率。又因混凝土拌和料坍落度损失较快,停留时间过长时将进一步降低沉入值,施工更加困难。

三辊轴摊铺机位于前面的振动轴始终是向后旋转的，而两根驱动整平轴则可以正反转，实现前后移动。三辊轴摊铺整平机摊铺振动时，采用前进振动、后退静滚的作业方式。三辊轴摊铺整平机前进振动时，振动轴将高出的水泥混凝土进一步振实并向前摊铺，振动过后形成的有规律的表面波浪，紧接着被两根整平轴整平。如果采用后退振动，振动轴的振动作用只能将混凝土进一步振实，而不能将高出的水泥混凝土向前摊平，振动过后形成的波浪留在混凝土表面，待三辊轴摊铺整平机回头向前施工时才能整平。如果机械不能及时掉头，波浪将不能消除，永久保留在路面上，形成短波缺陷。因此，三辊轴摊铺整平机摊铺振动时，只能采用前进振动、后退静滚的作业方式。

在整个作业单元长度内，振动和静滚逐遍交叉进行。如果作业长度过短，机械频繁掉头，难以摊平；作业长度过长时，高出的水泥混凝土被长距离推移，在振动轴的离心力作用下，逐渐分层离析，如果遇到低凹处，已离析的混凝土浆便填入低凹处，大大降低混凝土表面的均匀性。如果在正常振动遍数内不能将混凝土振实和摊平，应加强上一道工序，由振捣机振实，提高布料的准确度或辅以人工将高处铲除。被振动轴提起向前推移的水泥砂浆，逐渐变成稀浆，砂浆稠度从初始稠度增加到140mm。稠度大于60mm的砂浆，已不能满足路面表面功能的要求，应采用人工刮除。刮除的水泥浆不得用于路面内。上一作业单元的水泥砂浆不得向下一个作业单元推赶，因为两作业单元的水泥砂浆时间相差近1h，不注意处理易出现路面脱皮。

三辊轴机组施工最关键的是料位高差和振动滚压遍数的控制。料位高差与坍落度、整平机的重量和振捣强度有关，坍落度大，高差小；整平机质量大或振捣强度大，高差大；反之亦是。在三辊轴整平机作业时，应有专人处理轴前料位的高低情况，过高时，应辅以人工铲除，轴下有间隙时，应使用混凝土找补。

另一方面，振动滚压遍数并非越多越好，一般需要2～3遍。滚压遍数与三辊轴机型、坍落度及混合料松铺高差的关系可参见表6-3。

整平混凝土表面所需的三辊轴振动滚压遍数[14]　　表6-3

布料高度(mm) / 坍落度 SL(mm)	进口5001型 $L=9\text{m}, M=2\,095\text{kg}$			国产 $L=12\text{m}, d=21.90\text{mm}, M=3\,800\text{kg}$		
	2	4	6	2	4	6
1.5	3	5	8	1	2	2
4.0	2	3	5	1	1	2
6.0	1	2	3	1	1	1

三辊轴整平机作业期间，恰好处于混凝土向上泌水过程中，表面砂浆水灰比及流动性增大，容易影响路面质量。为了增强表面耐磨性，改善平整度，也可采用两台三辊轴整平机联合作业，中间增加真空脱水作业。

5）表面修整

刮尺饰面是水泥混凝土路面三辊轴机组施工的重要工序。经过整平轴整平后，表面砂浆沿纵向摊铺，使得沿路线方向砂浆厚度和砂浆水灰比均匀，但沿横坡方向还不够均匀。用长3～5m的饰面刮尺纵向摆放，从路面以外沿横坡方向从板的一边向另一边拉刮，使表面砂浆沿横向也均匀。刮尺饰面还能够增加路面纵横向平整度。第一遍刮尺饰面也称密实和整平饰面，在整平轴静滚整平后尽快进行，宜在初凝时间的1/3左右，一般为25～30℃·h时进行，过迟后均匀效果较差。推拉刮尺速度应均匀，刮尺推拉方向的前缘离开浆面，使刮出的浆被刮尺始终压住，刮尺推拉方向与浆面保持一定的角度。

刮尺饰面的遍数应根据均匀和整平需要确定，第一遍刮尺饰面后留下间隔为3～4m的浆条，必须进行第二遍刮尺饰面。第二遍或最后一遍刮尺饰面以不留下明显的浆条为宜，宜在水泥混凝土初凝时间的1/2以前（一般为40～60℃·h）完成。

当泌水已蒸发消失，在混凝土初凝时间的2/3以前，采用刮板进行饰面，将集料进一步压紧，表面水泥浆进一步密实和均匀。收浆饰面的目的是将混凝土表面的泌水通道消除，使混凝土表面更加密实、平整。掌握收浆饰面时间是关键。如果泌水还在继续就进行收浆，达不到目的，应待泌水蒸发消失，在混凝土表面还能够压实又没有留下明显的浆印时进行。施工实践表明，在混凝土初凝时间的2/3时（一般为50～70℃·h），混凝土的贯入阻力已开始逐步进入快速增大阶段收浆饰面最合适。

最后的饰面操作可采用镘刀进行。耐磨性要求较高时，必须进行抹光处理。经过抹光处理再进行抗滑构造施工，对提高表面耐磨性效果非常明显，这道工序可提高表面回弹值3%～5%，使磨损量降低到规定范围内。

在路面抹平后对水泥混凝土路面平整度进行检测，若平整度不理想，立即在路面混凝土未硬化之前马上进行整平，从而提高混凝土路面的平整度。

四、由施工工艺引起的病害

合理的施工工艺对于确保水泥混凝土路面的施工质量至关重要。以下介绍福建省几种由于施工工艺不合理造成的路面病害情况。

（1）垫砂污染。施工中一些单位为防混凝土粘在运输车上，采用砂子铺底，卸车时砂堆积在一起，直接造成芯样底部3cm多范围内混凝土砂率太大，影响芯样整体的强度，如图6-3。

（2）采用排式振捣机施工时，为图方便将排式振捣机拖行，造成振捣不足，混凝土中的气泡无法更好地排出，导致芯样气泡多，影响强度，如图6-4。

图6-3　芯样中夹砂，强度为4.23MPa（设计强度为5.0MPa）

图6-4　振捣不足，气泡多，强度4.69MPa（设计强度为5.0MPa）

（3）混凝土拌和时间不足，造成混凝土中水泥浆体对粗集料的握裹力差，降低了混凝土的强度。另外，拌和时间不足的混凝土，在保证配合比不变的情况下，其工作性能往往不能满足施工要求，为方便施工，工人常用提高水灰比的办法来改善工作性能，又进一步降低了混凝土的强度。拌制混凝土应使混合料达到黏而不散为宜。施工时，拌和时间足够的混凝土，在插捣后进行平板振动器时，几乎不会下沉，甚至于人在混凝土上蹦跳也不会下沉；拌和时间不足的混凝土，在插捣后进行平板振动器作业时，平板振动器很容易下沉，人踩在混凝土上也会有较

大沉陷。在芯样检测时，可以很明显地看到，拌和时间不足的混凝土，水泥浆体无法与粗集料很好黏结，大多剥离破坏，如图 6-5 和图 6-6。

图 6-5　拌和时间不足，芯样剥离破坏，强度 4.41MPa

图 6-6　拌和时间充足的混凝土

(4)摊铺料过高时处理不当。在三辊轴整平机整平后，若发现摊铺料过高，应辅以人工铲除。铲除时，应多铲除部分已整平过的混合料，再用新拌混合料找补。如果铲除后用边缘高出的、已滚压振实的混合料回填补平，将严重影响该部位的混凝土强度，因为混凝土表面已滚压振实的混合料多为砂浆或只有很少的集料。

(5)路面起砂磨损和露骨。混凝土路面浇筑中，提浆机作业时间过长，由于提浆机振动频率大，使面层砂浆过厚，也易造成起砂和露骨。另外，路面磨损甚至露骨多与砂石材料中的含泥量、砂偏细以及与水泥的品质有关，水泥保水性较差，泌水较为严重，最后路面起砂磨损现象很严重。

(6)面层出现孔洞、坑槽。孔洞、坑槽主要是由于砂石材料含泥量过大，混凝土内有泥土或杂物所致。在施工过程中，采用含泥量较大的石料，拌和前未加清洗，而且在装运碎石的时候将地面的泥土杂质带起，混在水泥混凝土中进行浇筑，从而为病害产生埋下隐患。

(7)板面起皮、啃边现象。起皮主要是施工中水灰比过大或因混凝土施工时表面砂浆有泌水提浆现象所致。通过调查发现，采用薄膜作为混凝土与钢模间的隔离剂时，施工中把薄膜覆盖于钢模上，容易产生啃边的病害。

(8)灌缝问题。漏灌及灌缝不良会造成雨水下渗，影响路面的使用质量。灌缝施工常有灌缝不及时、切缝深度不足及灌缝时缝内湿度太大等问题。灌缝不及时会使泥砂等杂质进入缝内，切缝深度不足及灌缝时缝内湿度太大，都会影响灌缝质量。灌缝必须在缝槽干燥的状态下进行。

第二节　水泥混凝土路面早龄期病害与防治

混凝土路面在铺筑后的前 72 小时，由于不利的气象环境（高温、大风、高蒸发率），或者不当的施工（水灰比过大）和养护工艺（保水养生不及时、锯缝过迟等），容易诱发路面混凝土出现早龄期病害，如干缩开裂、温度应力开裂、塑性收缩开裂、剥落病害等。

福建气候炎热，沿海地带风天多，在混凝土铺筑的早期阶段极易诱发路面的早龄期病害，进而影响路面的服务性能和寿命。以下分别阐述路面容易产生的几种早龄期病害的机理与防治方法。

一、路面混凝土早龄期性状的影响因素

混凝土路面在铺筑后的前72小时的早龄期阶段，混凝土强度和模量开始缓慢增长，同时此阶段混凝土又受到如下诸多因素的综合影响：

(1)水泥水化产生的水化热；

(2)气象环境条件如：气温、太阳辐射、大气中的相对湿度、风速；

(3)铺筑时的混凝土温度、基层温度；

(4)混凝土的热膨胀系数；

(5)板和基层接触面的约束；

(6)混凝土的干缩；

(7)混凝土板在温度梯度下的翘曲和卷曲；

(8)蠕变和松弛现象；

(9)施工流程。

混凝土早龄期硬化过程中在这些因素相互作用下发生体积变化，同时因为板的翘曲、卷曲和板与基层之间的位移约束等，混凝土中开始形成内应力。早龄期阶段混凝土抗拉强度很低，如果此时混凝土中的应力超过了强度的增长，就会导致路面的早龄期破坏。研究表明，路面铺筑后的72个小时内的早龄期养生阶段会产生显著的内应力，如果不能正确处理，则会带来很坏的效果，诱发路面出现早期病害。

二、干缩开裂

当混凝土中的化学结合水、层间水、物理吸附水及毛细水在硬化过程中失去时，水泥浆体就会发生干缩。当收缩受到限制时就会产生收缩应力，收缩应力大于混凝土的抗拉强度，混凝土即产生干缩开裂。干缩开裂的特征是表面开裂，纵横交错，没有一定的规律，形似龟纹，缝宽和长度都很小，与发丝相似(图6-7)。

图6-7　福建路面出现的干缩裂缝

引起干缩裂缝的因素主要有：

(1)水泥类型。当水泥中的硅酸二钙和铝酸三钙含量大时干缩性就大。因为硅酸二钙可产生很多肢体，它在干/湿作用下，体积变化很大；铝酸三钙在水化时需大量的水，养护过程中膨胀值大，干燥时收缩亦大。

(2)水灰比。混凝土中的水灰比对干缩值有很大影响，当用水量增加一定百分数时，即水灰比过大时，干缩值成倍增加。

(3)集料类型和数量。集料粒径大小和级配也与干缩值有密切关系。级配良好时，空隙率小，砂浆含量减少，收缩值相对减小。当使用偏细砂时，会使混凝土收缩值增大。含泥量大

的情况与使用偏细砂类似。

干缩裂缝的主要预防措施有：

(1)选用收缩量小的水泥,并降低水泥用量。

(2)严格控制水灰比。混凝土的干缩受水灰比的影响较大,水灰比越大,干缩越大。当单位用水量增加50%,干缩变形将增加100%。因此在混凝土配合比设个中应重点控制好水灰比选用,同时掺加合适的减水剂。

(3)在满足施工要求的前提下,粗细集料选用级配良好且最大粒径尽可能大的集料,也可以减少用水量和水泥用量。

(4)加强混凝土的早期养护,并适当延长混凝土的养护时间。

三、温度应力开裂

温度应力包括轴向和翘曲温度应力。任何条件导致温度下降都会产生温度应力,只要温度拉应力发展超过混凝土的强度,就会导致温度裂缝,如图6-8。在混凝土铺筑早龄期阶段,如果遇到大幅度降温的情况(如当天日降温15℃),会使路面中产生过大的温度拉应力,导致路面开裂。水泥混凝土路面温度应力裂缝在锯缝之前,甚至在锯缝之后都会以一个随机的裂缝形式出现。这些裂缝刚开始很紧密,但是随后会扩展到整个深度,影响路面结构的整体性,在交通荷载和随后的温度变化作用下加快路面性能衰变,缩短路面寿命。

图6-8 路面温度开裂[121]

如果在气象恶劣的同时,还使用高水化热的水泥,将进一步加大路面因温度应力而开裂的风险。

因此,当由于气象原因,发生温度显著改变时,应及时评估路面温度开裂的危险性,同时要选择方法改变混合料的温度或者养生方法来隔绝路面与环境接触,以控制路面温度和水的过分散失。建议施工当天温差大于15℃时,混凝土养生应采取适当覆盖等保温防裂措施。

对于新修筑的普通混凝土路面,最重要的因素是锯缝的时间。接缝的作用就是控制开裂的位置,这种裂缝产生在早龄期阶段,是混凝土体积改变受到约束的结果,如果锯缝不及时,就会产生不可控制的裂缝,带来不理想的长期影响。

四、塑性收缩开裂

塑性收缩裂缝是由于新鲜混凝土表面水分快速散失引起的。当蒸发的速率比混凝土泌水的速率大时,就会出现收缩裂缝。随着路表面水的散失,新鲜混凝土会发生体积收缩,收缩基本上发生在胶结料中,集料则是起了约束作用,这种体积改变的不同会导致路面产生拉应力,而新鲜的混凝土没有足够的强度来抵抗胶结料中的毛细应力,进而导致裂缝产生。塑性收缩裂缝往往在刚铺筑的水泥混凝土路面凝固之前发生,裂缝短而不规则,形成在新鲜的路混凝土表面,如图6-9。它们能够从几厘米一直到一米长,裂缝的间距是非规则的,从几厘米到半米以上。

图6-9 塑性收缩开裂[121]

目前预估水分蒸发率的方法是1954年C. Menzel提出来的。他用气温相对湿度、混凝土温度、风速来决定蒸发率是不是足够产生塑性收缩裂缝。当蒸发率达到0.5kg/m^2·h时,裂缝就会产生,当蒸发率超过1.0kg/m^2·h,预防措施必须执行。这个过程最初是基于一个标准盘内水的蒸发量提出来的。一个新铺筑的混凝土表面水的蒸发速率取决于气候条件。

典型的塑性收缩会在炎热天气情况下发生。高混凝土温度、低的环境相对湿度、高的风速三个条件增加了凝土表面的蒸发速率。通过基层和模板的吸收,水也能够从板中释放。水损失容易诱发塑性开裂。混凝土中加入一些新材料也会加剧塑性开裂的发生。如细料对水的需求更大,将影响泌水的速率;添加剂如高效减水剂、缓凝剂,也影响混凝土的塑性状态,使混凝土低泌水缓凝固。同时,混凝土的结构尺寸也影响塑性收缩裂缝。预估裂缝形成的方法必须考虑这些不同的材料组成和尺寸效应。

总结影响混凝土塑性收缩开裂的因素主要有:水灰比、混凝土的凝结时间、施工工艺、环境温度、风速、相对湿度等。建议采取如下预防措施:

(1)为防止塑性开裂的产生,混凝土表面的水分散失必须最小化,一个观点就是在混凝土铺筑过后进行湿养护,至少持续24h。最有效的方法就是保持路面表面潮湿,另外的方法就是在路面周围设风障和遮荫,来保护表面不受热。

(2)选用收缩量小、早期强度高的水泥,一般选用普通硅酸盐水泥。

(3)严格控制水灰比,掺加高效减水剂增加混凝土坍落度和和易性,减小水泥及水的用量。

(4)在混凝土浇注振捣后,使用喷雾器向空中喷淋水雾,加大空气湿度,保持混凝土表面湿润状态,不要使混凝土表面暴露在干燥的空气中。在路面形成后,待混凝土有一定强度,用塑料布或湿布覆盖养生,保持混凝土终凝前表面湿润,特别是在高温及大风天气要及时养护。

(5)做好混凝土成面工作。混凝土在收水后先用抹面机抹面,主要是提取表面水泥浆,平整混凝土表面。然后用木抹子搓毛抹压,重点寻找裂纹,在裂纹处拍打,使混凝土二次液化,愈合裂纹,最后采用铁抹子抹平混凝土面。

如遇风天,可通过提高混凝土原材料质量、调整混凝土配合比防止产生塑性收缩裂缝[75]。具体措施如下:

(1)严格控制混凝土原材料中泥土含量,粗集料含泥量不应大于1%,砂的含泥量不应大于2%。

(2)不宜掺粉煤灰。

(3)宜选择较低细度的水泥。

(4)宜选择细度模数为2.5~3.2范围的中偏粗砂。

(5)采用32.5级水泥最大用量不宜超过375kg/m^3。

(6)采用较低的砂率。

五、剥落

福建省很多高温天气施工的水泥混凝土路面在通车不久即在接缝附近出现剥落病害，这与水泥混凝土早龄期沿面板深度存在过大的湿度梯度差有关系。

如果遇到高温大风的不利天气，水泥混凝土表面水分将存在过多的蒸发，进而沿板厚形成一个显著的湿度梯度，一般表层湿度小，中下部湿度大，如图 6-10。

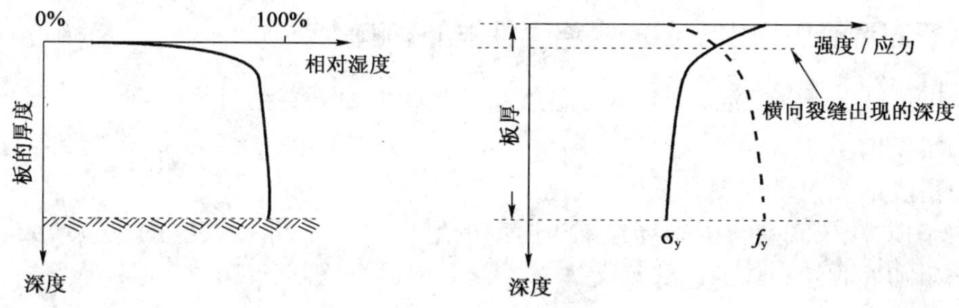

图 6-10　沿板厚的相对湿度梯度[121]

表层水分过多散失就会影响混凝土的水化，水泥胶结料强度出现损失，导致表面混凝土强度下降。同时，由于顶部混凝土湿度相对较低，收缩值也较大，当收缩拉应力或者剪应力超过了混凝土强度，浅层的水平裂缝就会产生。理论上讲水平裂缝通常发生在靠近接缝位置，裂缝典型的深度在 13 ~ 76mm 之间。表层开裂深度基本上是蒸发速率、养生方法、养生时间的函数。高蒸发率和不好的养生条件，将导致表层开裂位置较深，反之则较浅。

接缝处一定深度处的水平表层开裂，施工完并不能马上被发现，一般会在路面开始运营后，在温度场和交通荷载的重复作用下，隐形的浅层水平裂缝逐渐在根部断裂，才会逐渐显现出来，形成剥落病害，如图 6-11。剥落会影响路面的平整度和接缝性能，进而影响路面的长期性能。从剥落发生的机制可以看出，失水越多，浅层水平裂缝形成位置越浅，剥落出现在路表面的时间则越晚。失水较少，浅层水平裂缝形成位置越浅，剥落出现在路表面的时间则越早。防治剥落的主要措施就是，避开高蒸发率的不良天气，及时补水养生。

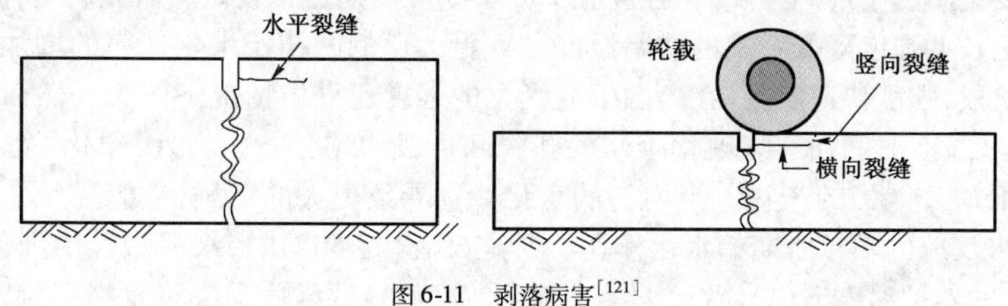

图 6-11　剥落病害[121]

第三节　夏季高温施工对水泥混凝土路面性能的影响

从上可以看到，水泥混凝土路面的早龄期病害与环境温度关系密切。福建水泥混凝土路面由于计划、立项、批复、招投标等原因，多夏季高温季节开始施工。虽然人们已注意到夏季高温施工会诱发路面早期开裂和剥落等病害，但夏季高温施工会对路面长期性能产生何种深层影响，福建省复杂的路面病害模式、面板冬季翘曲脱空与福建高温气候施工有无关系、有何关系等一系列问题，由于缺乏研究一直尚未可知。

基于福建省的高温气候特点以及以上福建省水泥混凝土路面存在的复杂问题，课题组集思广益，重点关注高温环境场对路面施工以及高温施工对路面长期性能影响的理论研究。以下结合相关的初步研究成果，对夏季高温施工时水泥混凝土路面的性状和影响进行探讨。

一、夏季高温施工对水泥混凝土路面性能的影响[123]

研究表明，对于新鲜的混凝土，在高温条件下会产生如下潜在问题：

(1)用水量的增加。

(2)坍落度的损失带来用水量的增加。

(3)由于搅拌、压实变得困难导致铺筑时间的增加，并且产生冷接缝的风险增大。

(4)产生塑性收缩裂缝的趋势增大。

(5)控制引气含量的难度增大。

(6)一些化学成分将变得互不相容，降低效应。

(7)高温下水化速率的增加，水化放热加大，混凝土温度进一步升高。

高温给混凝土硬化也可能带来的问题：

(1)由于用水量的增加、高的混凝土温度会导致28d龄期和后期强度降低。

(2)由于整体结构冷却和内部各组分温度不同，导致干缩裂缝和温度裂缝产生几率增大。

(3)由于裂缝导致耐久性降低。

(4)增加腐蚀的潜在可能性。

(5)由于用水量增加、养护不充分、碳化、轻集料、不合适的集料比例导致的渗透性增加。

高的温度下，水和水泥的反应速度更快，因此，缩短了凝结时间。初始混合料温度的改变将显著改变热量增长速率，随着混合料温度的增长，热量增加的曲线斜率增大，高的混合料温度将导致高热量的产生。混凝土拌和物在较高的温度下搅拌、铺筑和养护通常产生相比在低温的条件下要更高的早龄期强度，但强度在28d龄期和后期通常较低。研究表明，高的养护温度导致混凝土长期强度降低。高的初始温度导致更大比例的初始水化速率的增加。因此，在早龄期养护阶段，强度快速增长，在高温下混凝土的强度比低温情况下的大。然而，随着快速水化，水化产物没有时间在逐步硬化胶浆的孔隙间形成均匀分布。另外，硬化"壳"在水泥颗粒周围形成低渗透能力的产物。不均匀的水化产物导致更大的孔洞，它们降低了强度，并且"壳"阻止了未反应的颗粒后期的水化作用。研究发现，在50℃时，水泥颗粒周围包裹着致密的"壳"，增高的养护温度下也导致更大的孔隙度。高温导致强度损失将直接影响路面板的长期性能，因此容易理解在高温天气条件下施工的路段混凝土性能较差。

由于高温下水化速率的增加，水化放热加大，混凝土温度进一步升高，当到晚上降温阶段，将由于过大的温差可能导致面板较低温时段出现较大的温度开裂的风险。如图6-12、图6-13所示，中午施工的路面温度应力超过了混凝土强度而致路面开裂，傍晚施工的路面则没有出现温度开裂的情况。

另外，高温阶段施工的混凝土路面在早龄期阶段将形成较高的零应力温度，和显著的面板固化翘曲和过高的固化温度梯度，进而使水泥混凝土路面在日后运营阶段产生较大的

温度应力和翘曲脱空现象，导致路面发生过早破坏。目前国内对此方面关注还较少，以下重点阐述。

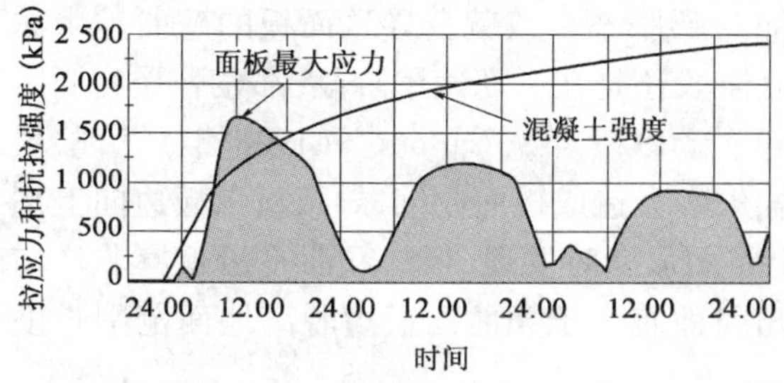

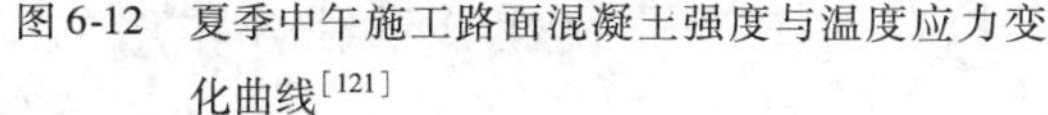

图 6-12　夏季中午施工路面混凝土强度与温度应力变化曲线[121]

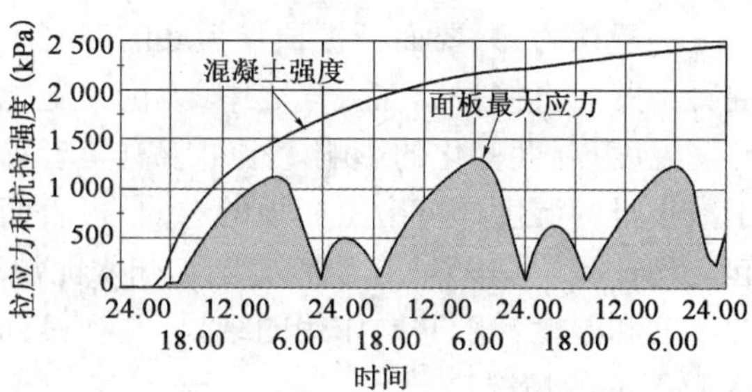

图 6-13　夏季傍晚施工路面混凝土强度与温度应力变化曲线[121]

二、固化翘曲与固化温度梯度

对于施工阶段形成的非病害类水泥混凝土路面早龄期性状，以及这些早龄期性状对路面后长期性能的影响机制，由于问题的隐蔽性和复杂性，直到最近十几年才引起学界的注意。1996 年，作为美国 LTPP 研究的一部分，学者们研究发现在预估水泥混凝土路面性能方面存在一个严重空白：即路面的早龄期条件。这里的早龄期条件是指路面铺筑后 48 ~ 96h 阶段的路面性状，例如路面初期平整度、施工阶段面板凝固时对应的面板温度梯度、早龄期干缩造成的卷曲、接缝张开宽度等。研究发现，这些面板早龄期条件是预估水泥混凝土路面后期性能的关键基准参数，但一直以来并未得到足够重视。近几年来，随着对该问题认识和研究的加深，美国逐渐开始重视关注此领域的研究，并取得重要进展。

国外最新研究发现[29,86]，路面在施工阶段形成的早龄期性状在与交通荷载共同作用下，将显著影响路面的力学行为，甚至决定路面的临界荷位和日后典型破坏模式。研究发现夏季或者干燥地区施工的水泥混凝土路面，由于早龄期显著的板顶干缩和板凝固时对应高的正温度梯度，板会形成一个始终向上的固化翘曲（built-in curling）。这种翘曲会导致距板边几英尺范围内板与基层脱开，特别是重载下会导致裂缝、错台增加、平整度下降，诱发过早破坏，在与车辆、气候、路面结构等因素共同作用时增加路面潜在可发生疲劳破坏的位置数目，促使面板可能产生自上而下和自下而上的横缝、纵缝和板角裂缝等多种复杂破坏模式。

为验证以上研究结论和了解南方夏季高温施工对水泥混凝土路面性能的影响机制，课题组于 2007 年 7 月 25 ~ 29 日在福州市历史性的夏季高温（连续 37 天 35℃以上高温）下，对 104 国道福州马尾路段水泥混凝土路面铺筑后前 96h 的早龄期温度场和面板翘曲进行了监测。研究发现，不同时段施工的路面，在外界气候和水化热的共同影响下出现显著不同的路面“固化温度梯度”（面板混凝土凝固对应温度梯度的反向值）。试验表明，2007. 7. 26 上午 7:00 施工的 24cm 面板固化温度梯度为 -9. 51℃，而 2007. 7. 25 晚上 19:00 施工的固化温度梯度则为 +2. 93℃。小组依据试验监测得到的固化温度梯度，借鉴国外研究理论，对固化温度梯度对路面力学行为和疲劳应力的影响进行了研究，发现固化温度梯度显著影响水泥混凝土路面的破坏模式和量级，负固化温度梯度影响将更显著；考虑早龄期固化温度将改变路面临界荷位，可得到福建省目前普遍出现的路面断板模式[21]；更重要的是，发现引入早龄期固化温度梯度，依据福建多夏天施工的实际情况，可以十分贴切地解释福建省水泥混凝土路面板冬季脱空现象(一年四季中,冬季面板将出现与夏季高温施工面板凝固正温度梯度反向的、差别最大的负温度梯度,此时板顶将比板底有更显著的收缩,导致面板脱空严重)。

一般认为,只要面板板顶与板底的混凝土收缩与膨胀不一致就会导致面板的翘曲。水泥混凝土路面直接暴露在大气之中,无论在施工凝固阶段还是在后期使用阶段,都显著受到周围环境温度、湿度变化的影响。很早就有学者如 Hatt[87](1925 年)、Carlon[88](1938 年)发现,由于沿板身的湿度梯度会引起板的卷曲、板表面干燥失水会造成板面收缩,导致板角板边向上翘起。Hveem[89](1951)在研究美国加州水泥混凝土路面形状时发现,板的翘曲是沿板厚非均匀的温度和湿度梯度共同作用的结果,并观察到加州路面有由于翘曲而板边脱离地面范围长度达 1 ~2m 的情况。

实际上,水泥混凝土板在使用阶段的翘曲可以归为 5 个非线性分量综合作用的结果[29,86]:

(1)路面使用阶段由外界环境引起的沿板深的温度梯度;

(2)沿板深的湿度差;

(3)板施工阶段凝固时形成的固化温度梯度;

(4)板施工阶段凝固时浅部混凝土的干缩;

(5)徐变(creep)。

总的面板翘曲每天会随着沿板深温度梯度和湿度梯度的变化而循环变化,但后三个分量引起的翘曲在路面整个寿命中变化很小,且占到路面翘曲总量的很大部分,此部分翘曲可称为固化翘曲(built-in curling)。

这里首先介绍一下“固化温度梯度”分量。水泥混凝土路面铺筑往往是在一年中温暖或高温月份的白天施工,此时由于高的气温和太阳辐射,板顶混凝土温度往往比板底高,在这样的温度梯度下凝固,平整的板并没有对应零温度梯度,而往往对应一个正的温度梯度,随后在实际的零温度梯度下,板会向上翘曲而不是平的,这样一个有影响的负温度梯度就固化到板中了[29](Built-in temperature gradient)。当然在其它情况下,也会固化正的温度梯度(如秋季傍晚施工的路面)。这个温度梯度受混凝土凝固时间、养生期间天气和混凝土温度的显著影响。

另外板表面往往容易干燥,但在距板顶 50mm 以下将保持在一个相对稳定的高水平湿度。浅部的干燥将导致板顶收缩,从而致使板向上翘曲。干燥收缩中一部分是可逆的,一部分则是不可逆的,不可逆的面板浅部干缩将导致永久的面板卷曲,构成了固化翘曲的第二个分量。

由固化温度梯度和干缩引起的翘曲也会由于板受到约束和自重力作用引起的徐变而恢复一部分。徐变大小受到应力水平和材料组成的显著影响。有文献报道,受到全约束的混凝土徐变可以减小收缩应变至少 50%[29]。

在温度的作用下,大多数路面的翘曲每天是在变化的,但相关研究表明由于板顶 50 ~75mm 范围不可逆的收缩和固化温度梯度,不管外界环境如何变化,大部分刚性路面会存在一个永久向上的固化翘曲(Byrum 2000[93])。研究发现,固化翘曲现象在各种地理位置和气候条件下都可能存在,固化翘曲的形成和性状会受到诸如:(1)施工时段、外部气候环境;(2)热膨胀系数、热传导率、渗透性等材料性质;(3)集料类型、水灰比、外加剂、水泥含量等混合料设计参数;(4)路面结构形式、约束水平等系列因素的影响。因此,要建立一个有效的固化翘曲理论综合分析模型,需要考虑材料、面板结构、混凝土施工前和施工中的环境因素多种因素的综

合耦合影响，十分复杂。直到最近才开始有学者尝试这方面的研究，现今还没有可应用的考虑材料特性、施工环境、养护和约束机制的固化翘曲综合理论模型。

在这样的情况下为在设计分析中进行应用，如何确定固化翘曲量值就成了一项必要的工作。目前研究中往往剥离引发面板翘曲的环境温度梯度分量，将另外四个分量作用用一个效果等效、线性分布的有效固化温度梯度 EBITD（effective built-in temperature difference）来代替。

由于固化翘曲受到多种因素的组合影响，具体路段将会显著不同，统一的 EBITD 推荐值或将产生巨大的分析误差，对于分析具体案例无效。近几年国外学者主要通过对不同地区、特定结构和约束条件的足尺路面板的施工观测，并结合相关室内试验，进行路面固化翘曲早龄期形成机制和有效固化温度梯度（EBITD）反算研究。监测的混凝土早龄期性状主要有温度场、应变、翘曲形状等。近年来随着测试技术的进步，监测内容更趋丰富，例如湿度场、混凝土成熟度、面板翘曲曲率外形、大型移动加载和非加载模式对比分析等。并提出了多种根据现场观测数据反演计算 EBITD 值的方法，如依据面板翘曲形状、零温度应力、等效温度梯度、翘曲测量值进行反算等。但这些反算方法均需要进行足尺板试验，并需要监测温度场以剔除实际温度梯度，试验规模都很庞大，需要试验设备众多。Rao（2005）[97]最近提出了基于 FWD 落锤弯沉加载的快速反算方法，但该方法需要进行温度梯度预估，对测试面板的完好状态和条件要求十分苛刻，适用性尚需进一步深入研究和论证。目前一些基于各类试验获得的 EBITD 值如表 6-4 所示。

美国有效固化温度梯度（EBITD）测试值[86]　　表 6-4

路段位置	EBITD（℃）	路面结构状况	参考文献
I-70 in Colorado[a]	-11.1	设传力杆/拉杆路肩	Yu et al.（1998）
Florida[a]	-5.0	无传力杆	Armaghani et al.（1987）
Chile[b]	> -19.2	多个路段	Poblete et al.（1988）
I-80 in Pennsylvania[b]	-8.9	碎石基层	Yu and Khazanovich（2001）
	-6.7	沥青基层	
Palmdale，California[b]	-22.7	无传力杆/沥青路面路肩	Rao and Roesler（2003）
	-9.8	设传力杆/拉杆路肩	
	-17.2	宽面板/沥青路面路肩	
Ukiah，California[b]	-10.0	无传力杆/沥青路面路肩	Rao and Roeslerunpublished data，2003
Denver[c]	-5 to -8	432mm 厚机场面板	Rufino（2003）

注：a-采用固定在表面的仪器测试面板竖向位移；
b-采用落锤弯沉仪测试面板弯沉；
c-采用多深度位置的位移传感器。

对比我国公路水泥混凝土路面设计规范（JTG D40—2002）推荐的最大温度梯度标准值域（0.083～0.098℃/mm），可以发现 EBITD 值与路面实际温度梯度基本处于同一量级甚至更大。

目前有关固化翘曲对路面性能的影响机制研究还不深入，文献不多。现有文献的研究方法主要有两类：

（1）现场试验观测和反算获得 EBITD 值，将 EBITD 值代入有限元程序中进行分析，从而研究不同施工和路面结构条件下形成的早龄期固化翘曲对面板脱空、荷载应力的影响[105]。

该方法的本质是把固化翘曲作为联系桥梁，来研究施工条件、路面结构、材料参数对路面长期性能的影响特性。

（2）不进行现场试验，直接根据目前其它试验研究获得的 EBITD 值，从静力或者移动恒载的角度结合具体轴型、环境场、路面结构形式进行早龄期固化翘曲对路面性能的影响机制研究[29]。

研究发现，这种往往向上的固化翘曲，会导致面板板边在 1 ~ 2m 范围内与地基脱开，施工气候条件将显著影响路面后续的力学行为和破坏模式，可能诱发面板性能加速衰减和过早破坏。并且发现考虑固化翘曲后可以更好地解释过去一些难以解释的破坏现象，如纵缝、板角开裂，自上而下的裂缝等。Yu et al. 1998[29]在美国科罗拉多州观察到取值 EBITD 为 -11.1℃可以很好地使计算值与 295mm 厚面板翘曲的实测值拟合在一起。美国 NCHRP 1-37A 项目[107]（2004）研究表明存在自上而下和自下而上的两种横向裂缝，在温度梯度、湿度梯度、干缩以及固化温度翘曲综合作用下增加了潜在可发生疲劳破坏的位置数目。

最近 Hiller[29]（2005）对固化翘曲对路面性能影响机制进行了较深入的研究工作，该文基于影响线的分析方法，对不同车辆恒定轴载移动、考虑固化翘曲与环境温度共同作用的路面疲劳临界荷位全寿命性能分析研究。研究发现，考虑固化翘曲可以更好地预估刚性路面疲劳开裂产生的复杂位置和时间[28]，面板累积疲劳水平和临界破坏位置显著地受到诸如有效固化温度梯度 EBITD、车辆前后轴间距、荷载传递水平、横向轮迹分布和气候区域等因素的影响，板在上述因素综合作用下，就会产生自上而下和自下而上的横缝、纵缝和板角裂缝。考虑固化翘曲的计算模式与美国加州现有的路面破坏模式基本一致。

总结固化翘曲对路面性能的影响机制研究，还可以发现固化翘曲的以下特性：

（1）虽然固化翘曲采用效果等效的有效固化温度梯度 EBITD 来描述，但 EBITD 和环境场形成的实际路面温度梯度作用特性不一致。因为 EBITD 是基本不变的，而环境场温度梯度是一年四季、一天到晚变化的，二者之间有时叠加，有时又互相抵消，对路面性能形成不同的影响特性。

（2）固化翘曲作为联系施工、材料设计与长期性能的桥梁，可以通过对设定的具体施工条件下面板测试，来分析施工和材料、路面结构与约束对路面长期性能的影响。如果能够通过数值模拟得到特定施工条件下面板 EBITD 或者分量，将可以分析更多的工况，获得更多的信息，但此方面研究不足。

（3）固化翘曲对水泥混凝土路面性能是一个间接作用，深入地对其影响机制进行分析，往往需要结合其它的主动作用共同分析才能反映其间接影响，且往往需要全面板位置分析才能较好地揭示其复杂的影响机制，工作量大而且复杂。

三、考虑固化温度梯度的水泥混凝土路面温度应力计算方法

由上述对固化温度梯度和固化翘曲的表述可知，在计算温度应力时，如果考虑 EBITD 对路面板的影响将可能更符合路面工作的实际情况。以下暂不考虑干缩、徐变、湿度梯度影响，直接讨论固化温度梯度与使用阶段路面的温度梯度耦合作用下的路面受力性状。

基于以上，温度应力计算应包括两个主要部分：一部分是由路面板顶面与底面的温度差引起的翘曲变形受阻而产生的翘曲应力；另一部分是由于路面板整体温度的上升或下降而引起板的胀、缩变形受阻而在板内产生的热压应力或收缩应力。

因此，温度应力计算时所采用的温度梯度应该为：路面的实际温度梯度（取板顶板底温度实际值）减去路面凝固时路面实际的温度梯度（取板顶板底温度实际值），如图6-14所示。

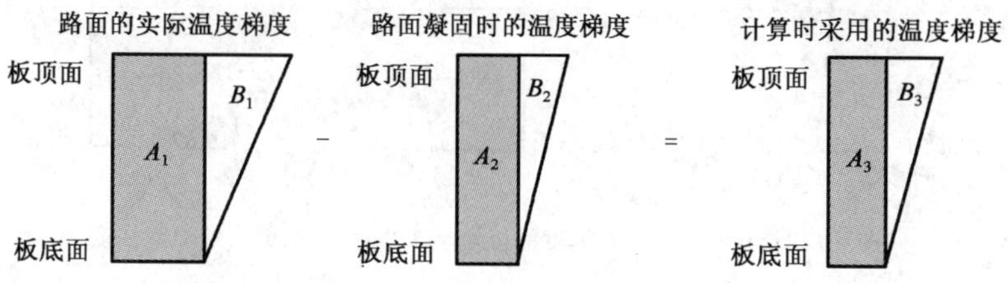

图6-14　温度梯度值取值方法

这其中包括了胀缩A_3（实际温度梯度的温度最小值A_1 - 路面凝固时路面实际的梯度的温度最小值A_2），A_3大于零则代表路面均匀膨胀，小于零则代表均匀收缩，由于基层与面板之间的约束，会产生温度应力。另一部分则是现在的板顶与板底温度梯度B_1与路面凝固时路面实际的梯度B_2的差值B_3，这反映了路面的温度翘曲。即在温度应力计算时所采用的温度梯度值应为：$(A_1 - A_2) + (B_1 - B_2)$，将其反映在实际计算当中为路面实际温度梯度与凝固时路面实际温度梯度的差值，即$(A_1 + B_1) - (A_2 + B_2)$。

为了更直观地反映温度应力计算时所采用的温度梯度，下面以课题组在福建省长期监测得到的最大正、负温度梯度，以及在早龄期施工阶段得到的凝固温度梯度，讨论温度应力计算时所采用的温度梯度值，如图6-15～图6-18所示。

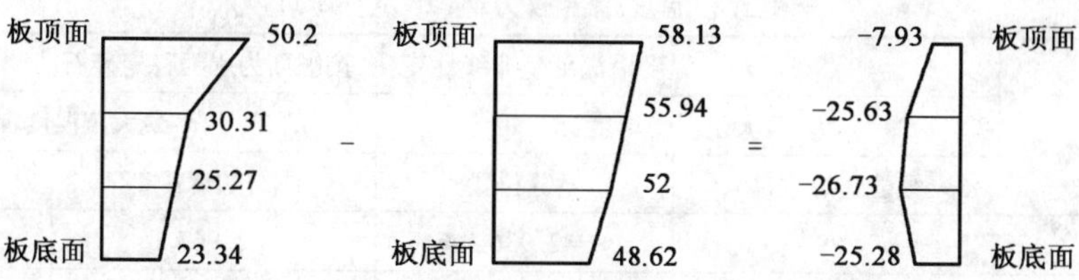

图6-15　当白天施工时，温度沿板厚呈非线性变化，最大正温度梯度

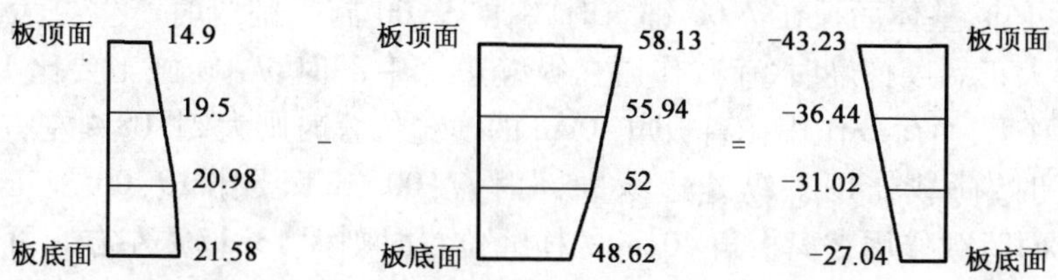

图6-16　当白天施工时，温度沿板厚呈非线性变化，最大负温度梯度

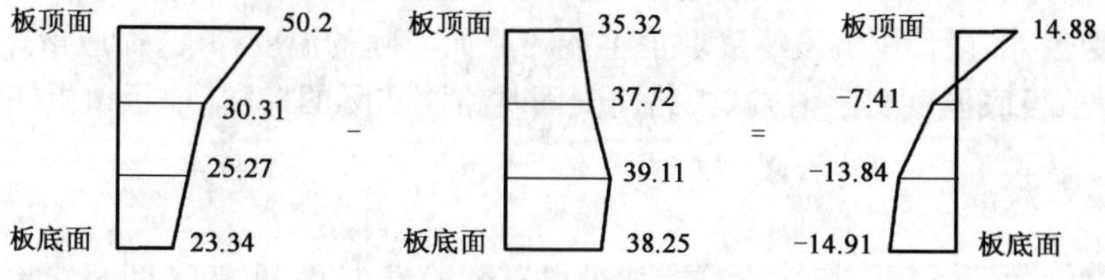

图6-17　当晚上施工时，温度沿板厚呈非线性变化，最大正温度梯度

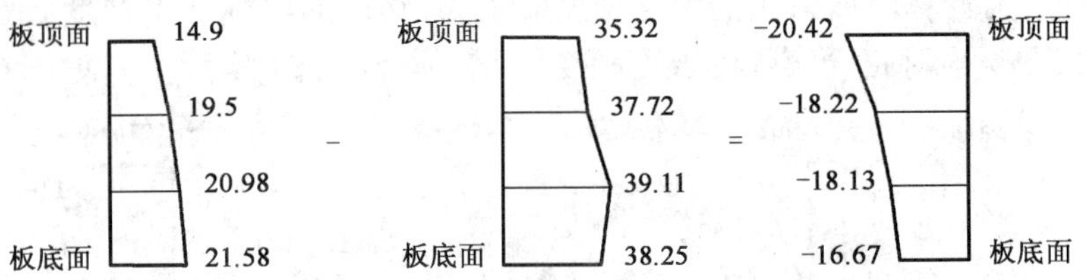

图 6-18　当晚上施工时，温度沿板厚呈非线性变化，最大负温度梯度

该计算模型凝固温度梯度取值方法：白天施工采用了 8h 的凝固时间，以 2007.6.26 上午 7:00 点福州马尾路段施工为实例，取 8h 后的凝固温度板顶为 58.13℃，板底为48.62℃；晚上施工时取 10h 的凝固时间，以 2007.6.25 晚上 19:00 点福州马尾路段施工为实例，取 10h 后的凝固温度板顶为 35.32℃，板底温度为 38.25℃。

该计算模型实际温度梯度的取值方法：最大正温度梯度取福州 316 国道 2007.4.21 中午 13:00 时为其最大值，其板顶温度为 50.2℃，板底温度为 23.34℃；最大负温度梯度取福州 316 国道 2007.4.20 凌晨 1:00 时为其最大值，其板顶温度为 14.9℃，板底温度为 21.58℃。

针对马尾实测数据对 7:00 和 19:00 两个时间段下铺筑的路面，面板在后期使用阶段受到最大正、负温度梯度作用时，其产生的耦合应力值进行对比分析，采用 EverFE2.24 计算软件进行计算（计算参数同第四章第六节），得到不同的最大拉应力值如表 6-5 所示。

荷载和温度耦合应力值（单位：MPa）　　表 6-5

工　况	温度沿深度呈非线性变化，接触面为水泥稳定碎石			
	最大正温度梯度		最大负温度梯度	
	纵缝边缘中部	横缝位置	纵缝边缘中部	横缝位置
7:00 铺筑	3.398	2.936	2.967	2.688
19:00 铺筑	2.751	2.317	2.553	2.334

注：纵缝边缘中部、横缝位置分别指荷载位置在离板边 40cm 的纵缝边缘中部、荷载位置在离板角 40cm 的横缝位置。

从表 6-5 可知，整体面板在 7:00 铺筑时将比 19:00 施工铺筑时产生更大的耦合应力值。当路面处于最大正温度梯度时，荷载作用在纵缝边缘中部时，7:00 施工要比 19:00 施工产生的应力大 19.04%，而荷载作用在离板角 40cm 的横缝位置时则大 21.08% 左右；当路面处于最大负温度梯度时，荷载作用在纵缝边缘中部时，7:00 施工要比 19:00 施工产生的应力大 13.95% 左右，而荷载作用在离板角 40cm 的横缝位置时则大 13.17% 左右。可见，最大正温度梯度产生的耦合应力值要比最大负温度梯度时大。为减小面板的耦合应力值，路面板的铺筑时段最好选择在晚上。

综合以上研究可知，路面板在后期使用阶段的温度应力就是“等效固化温度梯度”和真实温度梯度的函数，即设计中温度梯度取值不能为路面实际的温度梯度，而应该是路面的实际温度梯度（取板顶板底温度实际值）减去路面凝固时路面实际的梯度（取板顶板底温度实际值）。

四、接缝张开量

福建省普通公路水泥混凝土缩缝一般都设置为假缝形式，板块之间主要依靠接缝的集料嵌锁作用传递荷载。接缝一般有“V”和“平行”缝宽两种形式，混凝土的温度收缩系数、干缩、

路面长度、外界温度是影响路面接缝张开量的重要因素。由于路面温度的日变化,接缝张开量随着一天的温度循环而变化。美国研究表明,缝宽严重影响传荷能力和衰减特性,接缝的张开尺寸决定了集料嵌锁传递荷载的有效性。试验研究表明,接缝张开6mm或更大将完全丧失荷载传递能力,如表6-6。课题组在104国道马尾段对新修建的路面缩缝宽度进行了观测发现,施工后平均间隔3块板的间距缩缝被拉开,缩缝张开量平均0.65mm,最大1.8mm,如图6-19、图6-20。

缝宽与传荷效率的关系　　表6-6

接缝缝宽(mm)	传荷效率(%)	接缝缝宽(mm)	传荷效率(%)
1.5	>50	6	0
3	<50		

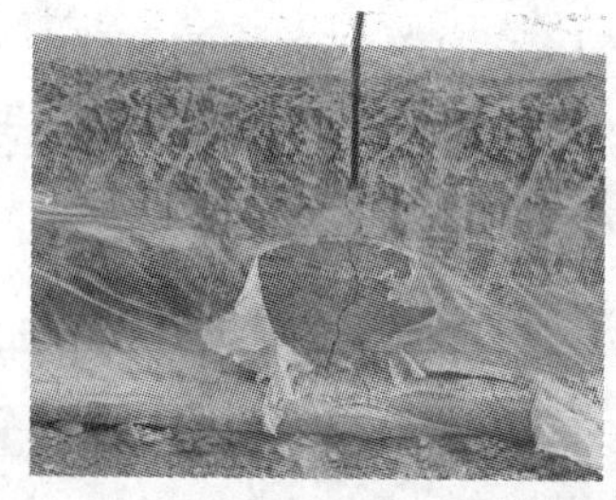

图6-19　福州104国道早龄期接缝形态

图6-20　接缝宽度测试

如果通过恰当的方法使混凝土的温度差异和干缩能够最小化,使接缝的张开尺寸下降,裂缝保持紧密,对于保障水泥混凝土路面具有较好的服务性能是十分重要的。早龄期的接缝张开量基本受路面温度湿度改变的影响和混凝土的温度收缩系数、干缩、基层约束等控制。

为了控制接缝张开在一个可接收的水平,铺筑时对路面的正确处理是最重要的。为防止过分的接缝张开,必须谨慎地进行接缝间距选择,短的接缝间距通常导致窄的接缝张开,大的接缝间距将导致宽的接缝张开,美国推荐4.5m的路面接缝间距。PCC的混合料设计也决定了接缝的宽度、接缝集料嵌锁的有效性,大粒径、硬度高的集料对于传递荷载更有效。

第四节　水泥混凝土路面的材料要求与病害

一、路面工程对混凝土的性能要求[14]

公路路面水泥混凝土是承受很大冲击、振动、疲劳、磨损、外界温湿度影响的动载结构用材料,它比静载结构用水泥混凝土材料的质量要求高得多,若用普通静载结构混凝土原材料的技术要求来衡量路面混凝土,将难于满足公路的苛刻使用条件和环境要求。

路面混凝土的基本组成材料有6种:胶凝材料(水泥等)、水、粗集料、细集料、化学外加剂、矿物掺合料。其中最重要的是胶凝材料,胶凝材料的质量直接影响混凝土路面的弯拉强度、抗冲击振动性能、疲劳循环周次、体积稳定性和耐久性等关键物理力学性能和路用品质,必须引起高度重视。施工前和施工过程中,严格科学地选择、生产和使用高质量的原材料,是建造优质高等级公路混凝土路面基本物质前提。

路面混凝土在生产和使用过程中，一般有如下过程和性能要求：

(1)胶凝材料性能要求与检验；

(2)集料性能要求与检验；

(3)混凝土配合比设计与检验；

(4)混凝土性能室内试验检验；

(5)混凝土路用性能检验。

1. 胶凝材料性能要求

公路水泥混凝土路面所用的水泥应采用抗折强度高、耐疲劳、收缩小、耐磨性强、抗冻性好的水泥。新修订的施工规范规定：特重、重交通混凝土路面宜采用旋窑道路硅酸盐水泥，旋窑硅酸盐水泥或普通硅酸盐水泥；中、轻交通的路面可采用矿渣硅酸盐水泥。低温天施工、有快通要求的路段可采用R型水泥，一般情况宜采用普通型水泥。各级交通路面水泥各龄期抗折强度、抗压强度不得低于表6-7的规定，且应同时满足。

各级交通路面水泥各龄期的强度[14] 表6-7

交通等级	特重交通		重交通		中、轻交通	
龄期(d)	3	28	3	28	3	28
抗压强度(MPa)	25.5	57.5	22.0	52.5	16.0	42.5
抗折强度(MPa)	4.5	7.5	4.0	7.0	3.5	6.5

各级公路混凝土路面所使用水泥的物理性能等路用品质要求应符合表6-8的规定。水泥进场时每批量应附有齐全的矿物组成、物理、力学指标合格的检验证明。水泥使用前应对水泥的安定性、凝结时间、标准稠度用水量、抗折强度、细度等主要技术指标进行检验，合格后方可使用。水泥的存放期不得超过三个月。

各级交通路面用水泥的矿物组成和物理指标[14] 表6-8

水泥性能	特重、重交通路面	中、轻交通路面
碱含量	$Na_2O+0.65K_2O\leq0.6\%$	怀疑有碱活性集料时，≤0.6% 无碱活性集料时，≤1.0%
混合材种类	不得掺窑灰、煤矸石、火山灰和黏土，有抗盐冻要求不得掺石灰石粉	不得掺窑灰、煤矸石、火山灰和黏土，有抗盐冻要求不得掺石灰石粉
出磨时安定性	雷氏夹或蒸煮法检验必须合格	蒸煮法检验必须合格
标稠需水量	不宜>28%	不宜>30%
烧失量	不得>3.0%	不得>5.0%
比表面积	宜在300~450(m^2/kg)	宜在300~450(m^2/kg)
细度(80Ⅲ)	筛余量不得>10%	筛余量不得>10%
初凝时间 终凝时间	不早于1.5h；不迟于10h	不早于1.5h不迟于10h
28d干缩率	不得>0.09%	不得>0.10%
耐磨性	不得>3.6(kg/m^2)	不得>3.6(kg/m^2)

注：28d干缩率和耐磨性指标及试验方法采用《道路硅酸盐水泥》(GB 13693—92)标准。

路面混凝土的配合比设计和施工控制是水泥混凝土路面工程质量中极其重要的环节之一。人们经常会发现即使原材料相同，由于配合比不妥或失控，常常会造成路面磨损、断板等早期破损现象。这证明了配合比设计和控制的重要性。与常规混凝土相比，路面混凝土主要是承受冲击、振动、疲劳、磨损等作用的动载结构，其控制技术指标是弯拉强度、耐疲劳性、耐久性、工作性等。由于技术指标不同，且要求比常规静载结构混凝土严格得多，因此，在配合比设计上具有路面自身特点，既非任何原材料都可以用来建造路面，也非满足静载结构的配合比可以满足路面要求。

2. 配合比设计应满足技术经济要求

1）弯拉强度

各交通等级公路混凝土路面板的28d设计弯拉强度标准值、弯拉弹性模量应符合表6-9的规定。

水泥混凝土面板设计强度标准值和弹性模量[14]　　表6-9

交 通 等 级	特重	重	中等	轻
水泥混凝土设计弯拉强度标准值f_{cm}（MPa）	5.0	5.0	4.5	4.0
钢纤维混凝土设计弯拉强度标准值f_{mf}（MPa）	6.0	6.0	5.5	5.0
混凝土和钢纤维混凝土弯拉弹性模量 E_C（$\times 10^3$MPa）	31	30	29	27

注：在特重交通的特殊路段，通过论证，可使用设计弯拉强度标准值5.5MPa，弯拉弹性模量33×10^3MPa。

2）工作性

三辊轴机组、小型机具定模摊铺的路面混凝土坍落度及最大单位用水量，应满足表6-10的规定。

不同路面施工方式混凝土坍落度及最大单位用水量[14]　　表6-10

摊 铺 方 式	三辊轴机组摊铺		小型机具摊铺	
出机坍落度（mm）	30~50		10~40	
摊铺坍落度（mm）	10~30		0~20	
最大单位用水量（kg/m³）	碎石:153	卵石:148	碎石:150	卵石:145

注：①表中的最大单位用水量系采用中砂、粗细集料为风干状态的取值，采用细砂时，应使用减水率较大的（高效）减水剂；

②掺用外加剂或掺合料时，实际用水量应相应调整，但不得大于最大单位用水量；

③碎石最大粒径 D_M=31.5mm；卵石 D_M=19.0mm；使用碎卵石（D_M=26.5mm）用水量可取碎石卵石中值。

3）耐久性

耐久性所要求的最大水灰（胶）比及最小水泥用量见表6-11。

路面耐久性包含内容：

（1）满足抗（盐）冻性要求，除了引气外，混凝土本身应有足够的抗冻破坏能力，足够高的弯拉强度，要求低水灰比和较大水泥用量。同时表面要有足够的抗渗性和防水性，使水分不透进混凝土中，而防水抗渗性混凝土表面必须有足够厚度的水泥砂浆，同样也要求较大水泥用量及低水灰比。

（2）满足抗滑性要求。

耐久性要求的最大水(胶)灰比和最小水泥用量[14]　　表6-11

公路等级		二级公路	三、四级公路
最大水(胶)灰比		0.46	0.48
抗冰冻要求最大水(胶)灰比		0.44	0.46
抗盐冻要求最大水(胶)灰比		0.42	0.44
最小水泥用量(kg/m³)	42.5级	300	290
	32.5级	310	305
抗冰(盐)冻时最小水泥用量(kg/m³)	42.5级	320	315
	32.5级	330	325
掺粉煤灰时最小水泥用量(kg/m³)	42.5级	260	255
	32.5级	270	265
抗冰(盐)冻掺粉煤灰最小水泥用量(42.5级水泥)(kg/m³)		270	265

注:①掺粉煤灰,并有抗冰(盐)冻性要求时,不得使用32.5级水泥;
②水灰(胶)比计算以砂石料的自然风干状态计(砂含水率≤1.0%;石子含水率≤0.5%);
③处在除冰盐、海风、酸雨或硫酸盐等腐蚀性环境中、或在大纵坡等加减速车道上,最大水(胶)灰比可比表中数值降低0.01~0.02。

(3)满足抗磨性要求。

(4)满足抗冲击性要求。

(5)满足耐疲劳性要求。除了水泥成分中体积不安定的游离氧化钙、碎石尖角对耐疲劳性能具有较大的影响外,水泥用量低、水灰比较大、集料未被水泥浆封闭起来,界面孔隙及内部尖锐的裂缝等,都会大幅度降低耐疲劳循环次数。

(6)满足抗海水、海风、酸雨、硫酸盐等腐蚀环境介质化学侵蚀性,同时要求表面有足够高防水抗渗性,这也需要低水灰比及较大胶材总量。

路面混凝土仅仅满足弯拉强度的要求,对其20~30年使用耐久性和寿命而言是远远不够的。从保证耐久性的观点而言,《施工规范》所规定的水灰比不仅满足弯拉强度要求,在更大程度上是受耐久性控制。

4)经济性

在满足上述三项技术要求的前提下,配合比应尽可能经济。各级公路混凝土路面最大水泥用量不宜大于400kg/m³;掺粉煤灰时,最大胶材总量不宜大于420kg/m³。

二、材料质量和施工配合比控制引发的病害

通过对福建省国、省道水泥混凝土路面病害的调查,发现由于路面施工不规范以及组成材料不合格问题产生的路面病害很多。

(1)施工原材料与设计不符。施工中原材料与设计要求不符主要体现在集料的含水率和水泥温度上。雨后砂石的含水率变化较大,有时一立方米的混凝土可能因为百分之几的含水率变化而多加了几十公斤的水,导致水灰比增大。研究发现,施工中水泥温度的变化对配合比影响较大,水泥温度由20℃增至100℃时,标准稠度增加了12%,进而直接增加了混凝土单位

用水量。另外，由于高温水泥还可能削弱减水剂的作用，因此，严格控制水泥到场温度对保证高质量的水泥混凝土路面非常重要。

(2)由于水泥质量引起的混凝土路面强度不足。一方面，变质的水泥会影响混凝土的强度；另一方面，变质的水泥有一部分结块，造成实际上单位水泥用量不足的事实，影响了混凝土的强度。如设计强度为5.0MPa的混凝土因水泥质量不符合要求而强度大幅降低，如图6-21和图6-22所示。

(3)碎石质量对混凝土强度影响。碎石质量不好主要表现为碎石的含泥量太大；碎石的自身强度不高，粒径又偏小；碎石的针片状含量多或碎石自身强度较高，但粒径太大等，从而引起混凝土路面强度不足。如混凝土设计强度为5.0MPa，因碎石质量不好引起强度降低，如图6-23和图6-24。

(4)水泥用量不足，降低了混凝土强度。水泥用量不足，水泥浆体明显比其它芯样的水泥浆体松散许多，如图6-25。引起水泥用量不足的原因有计量偏差和袋装误差等。

(5)混凝土配合比控制不好，砂率大，如图6-26。

图6-21 芯样浆体松散，强度仅为3.01MPa

图6-22 水泥变质，强度仅为2.74MPa

图6-23 碎石中风化且粒径小片状多，强度3.53MPa

图6-24 剥离破坏，芯样中有一碎石粒径有6cm，强度4.11MPa

图6-25 强度4.11MPa(设计强度为5.0MPa)

图6-26 强度4.49MPa(设计强度为5.0MPa)

(6)碎石级配控制不好。由于生产碎石的破碎机牙板的磨耗，筛网孔径的磨耗、安装角度、振筛的振幅与频率的变化影响粗集料的级配，粗集料级配变化大，造成混凝土强度离散大；或由于粗集料用量太少，水泥浆体多，混凝土粗集料的骨架作用差，水泥浆体承担主要的荷载，影响了混凝土的强度。如混凝土设计强度为 5.0MPa,因碎石级不好引起强度降低,如图 6-27 和图 6-28。

图 6-27　碎石级配差,粗集料太少,小粒径碎石多,强度 3.93MPa

图 6-28　碎石级配差,无中间级配,碎石含量少,强度 4.11MPa

第五节　福建省水泥混凝土路面施工质量控制技术

综合以上研究可以看到,水泥混凝土路面施工质量的好坏,很大程度上决定了水泥混凝土路面的长期性能和寿命。除了在施工期间要预防路面出现早龄期病害外,还应控制路面接缝张开量足够小、尽量提高路面的初始平整度和保证路面出现较小的固化翘曲。同时,在保证经济性和工作性的前提下,通过材料选择和配合比设计保证路面有足够的后期强度和耐久性。

通过总结研究,提出福建省水泥混凝土路面的施工质量控制技术如下。

一、一般要求

水泥宜采用散装水泥。为改善水泥混凝土的性能,延长路面使用寿命,减少养护时间,降低工程造价,宜使用各类性质稳定的外加剂。施工期间,应收集月、旬、日天气预报资料,遇到影响混凝土路面施工质量的高温、低温、降雨、风天等天气时,应暂停施工或采取必要的防范措施。

混凝土路面施工如遇下述条件之一,必须停工。

(1)现场气温高于 38℃;

(2)蒸发速率大于 $1.0kg/m^2 \cdot h$;

(3)现场降雨;

(4)风力 7 级以上的大风天气。

高温、降雨、风天等特殊气候条件下施工,应根据不同的气温及砂石料实际含水率变化,微调用水量和砂石料称量,其它配合比参数不得变更,维持施工配合比基本不变。混凝土运输车宜有遮盖混凝土的包装布,或采用罐车运输。使用混凝土运输车最远运输半径不宜超过 10km。应采用土工布等养生材料覆盖水泥混凝土路面面层和水泥稳定基层养生。

行车道与路肩宜一次成型,单幅宽度大于最大宽度时,可采取切割工艺做假纵缝。

不应采用强度高于 42.5 级的水泥,水泥用量不宜大于 $400kg/m^3$,若配合比达不到标准要

求，宜添加外加剂。

中等以上交通等级的路面混凝土应采用旋窑普通硅酸盐水泥；水泥已经掺入的混合材料和混凝土中外掺的粉煤灰总量对于中等及以上交通等级应小于20%，轻交通应小于30%；禁用粉煤灰水泥。

集料宜用锥型或反击式机械破碎。路面混凝土集料最大粒径宜为：卵石19mm、碎卵石26.5mm、碎石31.5mm，贫混凝土为31.5mm。细集料选择的优先次序为：河砂、淡化海砂、山砂、机制砂、混合砂，细度模数要求2.0～3.5，变异系数不超过0.3。

高程受限制的路面宜采用聚丙烯腈或钢纤维水泥混凝土。

外加剂应进行水泥适应性检验。外加剂对改善水泥混凝土抗塑性收缩开裂的效果依次为：减水剂、早强剂、缓凝剂。路面、桥面混凝土宜选用减水率大、坍落度损失小、可调控凝结时间的复合型减水剂。高温施工宜使用引气缓凝减水剂。处在海水、海风、氯离子、硫酸根离子环境的或冬季洒除冰盐的路面或桥面钢筋混凝土、钢纤维混凝土中宜掺阻锈剂。

二、夏季高温施工

福建省水泥混凝土路面夏季高温施工对应施工技术对策建议如下：

(1)施工现场的气温高于30℃时，混凝土路面和桥面的施工应按夏季高温施工的规定进行。

(2)禁用高早强型水泥。

(3)拌和物中宜掺粉煤灰或磨细矿渣，但不宜掺硅灰。

(4)拌和物中宜掺缓凝剂、高效缓凝剂、保塑剂或缓凝(高效)减水剂等以保证混凝土的和易性。

(5)混凝土拌和过程中，不得使用暴晒过热的砂石料。

(6)砂石料宜设遮阳篷，宜用地下水拌和。运输车上的混凝土拌和物应加遮盖，可使用防雨篷作防晒遮荫篷。

(7)施工应避开中午高温时段，可选择傍晚或夜间，施工时间宜从18时到次日5时。

(8)高温天气施工混凝土搅拌时水泥温度应小于60℃，混凝土拌和物的出料温度不宜大于35℃，并应测定原材料温度、拌和物的温度、坍落度损失率和凝结时间，必要时加测混凝土水化热。

(9)拌和料坍落度应为最适宜摊铺的坍落度值与当时气温下运输坍落度损失值两者之和。运输到现场的拌和料必须具有适宜摊铺的工作性。不同摊铺工艺的混凝土拌和料从搅拌机出料到运输、铺筑完毕的允许最长时间应符合规范的规定，不满足时应通过试验、加大缓凝剂或保塑剂的剂量。

(10)应加快施工各环节的衔接，尽量压缩搅拌、运输、摊铺、饰面等各工艺环节所耗费的时间。

(11)切缝应视混凝土强度的增长情况或按混凝土成熟度250℃·h计，宜比常温施工适当提早切缝，以防止断板。特别是在夜间降温幅度较大或降雨时，应提早切缝。

(12)应尽早加盖潮湿土工布等材料养生，一般只要路表水泥不沾手时，即可加盖。采用覆盖保湿养生时，应加强洒水，保证足够的湿度，确保混凝土不发白。

(13)养生时间应根据混凝土弯拉强度增长情况而定，一般不应小于设计弯拉强度的80%，应特别注重前7d的保湿(温)养生。一般养生天数应为14～21d，高温季不应少于14d。

(14)掺粉煤灰的混凝土路面,最短养生时间不少于28d。掺外加剂时,可根据室内试验结果适当减少。

(15)施工当天温差大于15℃时,混凝土养生应采取适当覆盖等保温措施以防裂。

三、雨季施工

福建省水泥混凝土路面雨季施工对应施工技术对策建议如下:

(1)降雨会引起水泥浆表面砂粒暴露时应停止施工。

(2)雨季施工应关注天气预报,施工前应获得明后两天的降雨信息,提前做好预防阵雨、暴雨来袭的准备工作和应急措施。

(3)雨季施工应配备长度不小于20m的防雨篷。防雨篷支架宜采用可推行的钢结构,并具有供人工饰面拉槽的足够高度。

(4)地势低洼的搅拌场、水泥仓、备件库及砂石料堆场,应按汇水面积修建排水沟或预备抽排水设施。搅拌楼的水泥和粉煤灰罐仓顶部通气口、料斗及不得遇水部位应有防潮、防水措施。砂石料堆宜覆盖防雨,堆底严防浸水,必要时应对砂石料仓、粉煤灰料斗、外加剂溶液池等作防雨覆盖。

(5)摊铺中遭遇阵雨时,应立即停止铺筑混凝土路面,并紧急使用防雨篷覆盖尚未硬化的混凝土路面,已经摊铺的水泥混合料应尽快振捣密实。

阵雨轻微冲刷过的路面,视平整度和抗滑构造破损情况,采用硬刻槽或先磨平再刻槽的方式处理。暴雨冲刷后,路面平整度严重劣化或损坏的部位,应尽早铲除重铺。

(6)降雨后开工前,应及时排除车辆内、搅拌场及砂石料堆场内的积水或淤泥。运输便道应排除积水,并进行必要的修整。摊铺前应扫除基层上的积水。

四、冬季低温施工

福建省水泥混凝土路面冬季施工对应施工技术对策建议如下:

(1)施工现场最低气温低于-3℃应停止施工。当施工现场连续5昼夜平均气温低于5℃,且夜间最低气温低于-3℃时,混凝土施工应采取防冻措施。

(2)冬季低温季节应在白天施工,时间宜为9时至16时。

(3)应选用水化总热量大的R型水泥或单位水泥用量较多的32.5级水泥,不宜掺粉煤灰。拌和料中应优选和掺加早强剂或促凝剂。

(4)出料温度不得低于10℃,摊铺混凝土温度不得低于5℃。否则,应采用地下水、热水或加热砂石料拌和混凝土,热水温度不得高于80℃,砂石料温度不宜高于50℃。

(5)在养生期间,应始终保持混凝土板最低温度不低于5℃。应加强保温保湿覆盖养生,可先用塑料薄膜保湿隔离覆盖或喷洒养生剂,再覆盖厚草帘或砂子等保温材料。可抽取地下水养生。应随时检测气温、水泥、拌和水、拌和料及路面混凝土的温度,每工班至少测定3次。

(6)冬季低温施工,覆盖保温保湿养生天数不应少于28d,拆模时间应符合规范的规定。

五、风天施工

福建省水泥混凝土路面风天施工对应施工技术对策建议如下:

(1)风天宜采用风速计在现场定量测风速,或观测自然现象,确定风级。

(2)四级及以上风天宜采取防止路面塑性收缩开裂措施。

(3)高温风天施工应监测水分蒸发速率，当遇水分蒸发速率大于0.5kg/m^2·h天气时，应采取措施防止路面塑性开裂病害。

(4)风天施工应尽快、尽早开始路面养生。

(5)为保护路面平整度，宜在混凝土呈塑性状态时喷洒足够厚度的养生剂。应控制好新拌混凝土坍落度和面层砂浆的均匀性。风天施工应按规范规定采取防止塑性收缩开裂的措施。

(6)风天施工可通过提高混凝土原材料质量防止产生塑性收缩裂缝。

①严格控制混凝土原材料中泥土含量，粗集料含泥量不应大于1%，砂的含泥量不应大于2%；

②不宜掺粉煤灰；

③宜选择较低细度的水泥；

④宜选择细度模数为2.5~3.2范围的中偏粗砂；

⑤采用32.5级水泥最大用量不宜超过375kg/m^3；

⑥不宜掺用粉煤灰；

⑦采用较低的砂率。

六、路面施工时监控与事前质量反馈新技术[82]

当前水泥混凝土性能检测的主要试验手段是，在浇筑水泥混凝土时预留一定数量的水泥混凝土试块，经一定时间的标准养护，然后做相关的力学性能和耐久性试验。这种评定方法虽然在一定程度上控制了水泥混凝土的质量，但存在以下两个明显的弊端。

(1)滞后性。预留的水泥混凝土试块经过一定时间养护后，现场浇筑的水泥混凝土结构物已经硬化成型，如果此时发现水泥混凝土性能达不到设计要求，势必影响结构物安全并导致经济上的损失。

(2)局限性。预留的水泥混凝土试块，因为成型条件和养护条件与实际施工过程存在差异，所以其后期性能并不能完全代表实际工程中水泥混凝土材料性能的发展情况。

为了保证水泥混凝土结构的性能，国内外科技工作者和工程技术人员进行了大量的研究和探索，提出了一系列有效的质量控制手段，其中代表性的技术有强度推算法、压蒸法、配合比分析法、半破损法和无损检测法。但半破损法、无损检测法主要是针对硬化后的水泥混凝土进行检测；强度推算法、压蒸法和配合比分析法试图在新拌水泥混凝土阶段控制水泥混凝土的质量，虽然控制时间相对提前了，但仍有一定的滞后性，而且不能反映水泥混凝土结构物在自然条件下性能发展的真实情况。因此，有必要采取水泥混凝土材料事前反馈质量控制的新技术，通过控制新拌水泥混凝土的初始性能，监控水泥混凝土的硬化过程，预测水泥混凝土的后期性能，及时反馈信息，采取措施，达到控制水泥混凝土质量的目的。

随着现代检测技术的发展，在现场控制新拌水泥混凝土的质量，并监控水泥混凝土的硬化过程，预测水泥混凝土的后期性能，使一种以预控为主的水泥混凝土质量控制体系已经成为可能。

图6-29为水泥混凝土材料事前反馈质量控制系统的基本结构示意图。

该系统通过采取一定的技术手段获得新拌水泥混凝土的水灰比、单位水泥用量、坍落度、等效龄期等若干初始性能指标，利用这些初始性能与长期性能(如强度等)之间的相关性，预测水泥混凝土材料或结构在某一特定时间的性能，通过反馈的检测结果，适时调整水泥混凝土材料的组成和工艺措施，以便使水泥混凝土材料和结构的性能在规定的龄期达到设计要求。

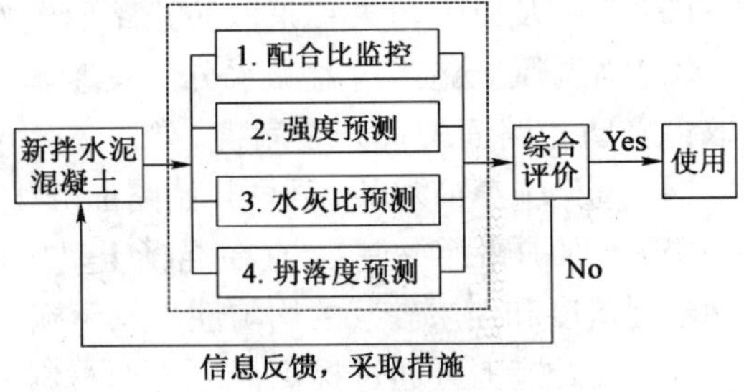

图 6-29　水泥混凝土材料质量控制系统示意图[82]

事前反馈质量控制技术采用的主要仪器设备有：

(1)水泥混凝土成分分析仪(Water - checker)，见图 6-30；

(2)新拌水泥混凝土快速测定仪(Freshconcretetester)，见图 6-31；

(3)水泥混凝土成熟度测定仪(Maturitymeter)。

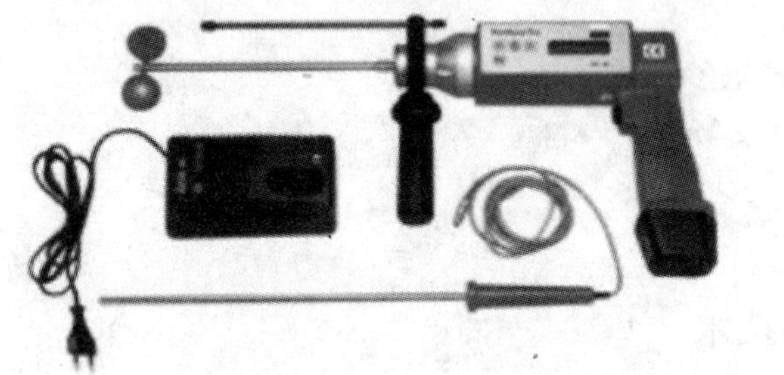

图 6-30　新拌混凝土测试仪

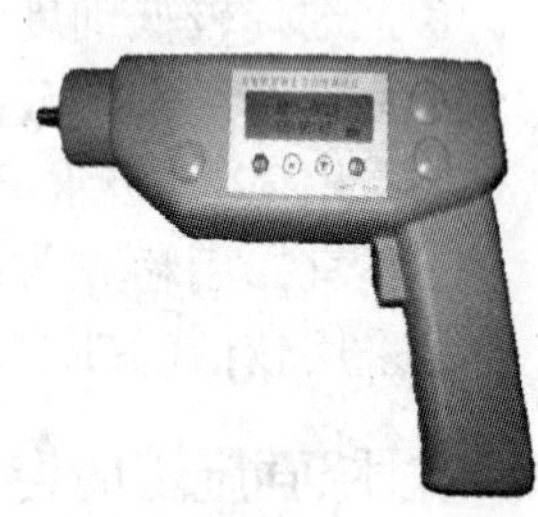

图 6-31　HPC-001S 高性能混凝土综合性能测试仪

关于混凝土 28d 强度预估方法问题，绍耳(A. Saul)等人认为，可以根据水泥混凝土成熟度规则来预测水泥混凝土的强度。以下首先对混凝土成熟度的概念予以简要介绍。

混凝土拌和料经振捣成型以后，在养护之下逐渐硬化，其强度的增长既取决于它的内在因素又决定于外部条件。组成原材料的品质、比例是它的内在因素，而养护温度与硬化时间，则是它的外部条件。当某一种混凝土的原材料、组成比例为已知时，其强度的增长主要由温度与时间决定。因此，早在 1951 年，英国学者绍耳就把二者的乘积称为成熟度(度时积)。他认为：一定配合比的混凝土，不管温度与时间如何组成，只要成熟度相等，其强度大致相同。因此，对于一种已知的混凝土而言，可以根据它的养护历程——养护温度与硬化时间来估算混凝土已达到的强度。

成熟度规则在工程实践中有重要意义，因为混凝土工程的施工和后续工序的安排，往往受混凝土强度发展的制约，尤其是在冬季施工时，施工人员需要及时了解混凝土强度的发展情况。例如当采用蓄热养护工艺时，混凝土冷却到 0℃ 前是否已具有足够的早期抗冻能力；当采用人工加热养护时，在停止加热前混凝土是否已达到稳定的强度；当采用综合养护时，混凝土的预养时间是否足够等。施工现场留置同条件试件做抗压强度试验，固然可以解决一部分问题，但由于施工的变化等原因所做的试件很难与结构保持完全相同的强度，如果采样不当时，其代表性就较差。又由于模板未拆，也不能使用任何非破损方法进行测试。相比之下，运用成熟度规则来估算强度是一种方便有效的方法。

经过国内外大量学者的长期研究和工程实践证明了绍耳成熟度概念的正确性。Geert DSchutter等人通过化学热力学、数学模型的方法证明了水泥水化程度与硅酸盐水泥成熟度的概念等价，水泥水化程度是最基本的方法，但对于硅酸盐水泥来说，水泥成熟度和水泥水化程度预测混凝土强度是等效的，为成熟度概念提供了理论依据。

从20世纪50年代初期以来，先后发表了许多有关温度与时间关系的不同的混凝土成熟度的公式。1953年，SG、Bergstrom与Ngkanen按照绍耳等人的成熟度概念，对一系列抗压强试验的结果进行了归纳之后得出：

$$M = \sum(t_i + 10)\alpha_t$$

式中：M——成熟度（℃·h）；

t_i——某一时段的养护温度（℃）；

α_t——温度为t时的持续养护时间（h）。

基于以上概念，采用水泥混凝土成熟度测定仪对现浇水泥混凝土水化程度进行监控，了解水泥混凝土材料在实际条件下成熟度的发展情况，同时预留标准抗压试块，同条件养护，建立等效龄期—强度曲线，利用回归曲线，通过抗压试验获得水泥混凝土早期（3d或7d）的抗压强度，即可预测水泥混凝土28d的抗压强度。

综合以上，事前反馈质量控制技术综合利用水泥混凝土成分分析仪、水泥混凝土快速测定仪和成熟度测定仪的检测结果（目前用来监测现场混凝土的温度的设备比较廉价），不仅可以及时了解施工水泥混凝土的水灰比、单位水泥用量、坍落度等情况，还可以在较短时间内预测新拌水泥混凝土的28d抗压强度，帮助试验室技术人员了解自然条件下水泥混凝土结构的强度发展情况，通过对指挥部中心试验室反馈信息，向施工单位提供改进方案，有效地对水泥混凝土的质量进行了预控，对于进一步提高路面性能具有重要的意义。

第七章　外加剂和纤维混凝土在水泥混凝土路面中的应用

第一节　外加剂在水泥混凝土工程中的应用

一、混凝土外加剂的历史和发展[124~126]

混凝土外加剂是一种在混凝土搅拌之前或拌制过程中加入的、用以改善新拌和硬化混凝土性能的材料。外加剂作为产品在混凝土中应用的历史大约有70多年。但早在公元前，人们就曾经在石灰砂浆中掺入猪油以改善其塑性。古罗马时代曾经在火山灰等凝胶材料中加入牛血、牛油、牛乳来改善使用性能，这是人类最早使用的外加剂。而我国古代有史料记载在秦始皇修建万里长城时，也曾以黏土、石灰等作为凝胶材料，糯米汁、猪血、豆腐汁等用以增加其黏力。可查证的资料也记载有1885年欧洲人已经知道在混凝土中掺入硬化调节剂如石灰、石膏。而19世纪末使用氯化钙曾风靡一时，至今也还在使用。到1895年已经用憎水剂和塑化剂掺入铺设道路的混凝土中，有效地改善了混凝土的耐久性。

正式的外加剂工业产品始见于1910年。30年代在美国开发北美洲时，混凝土路面由于严寒气候的除冰而很快受到破坏，为提高路面混凝土质量而使用了“文沙树脂”来提高混凝土的耐久性。1935年美国研究制造成功以纸浆废液中木质磺酸盐为主要成分的“普浊里”减水剂(Pozzolitn)，1937年美国颁布了历史上第一个减水剂的专利。1954年制定了第一批混凝土外加剂检验标准。

20世纪60年代以后是混凝土外加剂发展最具历史意义的时期。当时由于要求混凝土具有更高的强度和更大的流动度，而普通减水剂如木质磺酸盐及文沙树脂等引气剂已不能满足要求。1962年日本花王石碱公司的服部健一首先研制成功了萘系减水剂，即麦地高效减水剂。1963年，前联邦德国研制成功三聚氰胺磺酸盐甲醛缩聚物，同时出现的还有多环芳烃磺酸盐甲醛缩合物。由于这3种外加剂对水泥有很强的分散能力，减水率高达20%~30%，而不同于普通的塑化剂(减水剂)，因而称为高效减水剂或超塑化剂。高效减水剂给混凝土带来了变革性的变化，促进了高强混凝土、流态混凝土和集中搅拌的商品混凝土的发展，已广泛用于制备自流平砂浆和混凝土、水下浇灌混凝土、宏观无缺陷混凝土和高性能混凝土等。

自从高效减水剂问世，使混凝土技术得到了飞速的发展，新的施工工艺和工法不断出现，大大地扩展了混凝土的使用范围。19世纪法国出现钢筋混凝土，实现了混凝土技术的第一次飞跃。1928年法国E. Freyssint发明的预应力混凝土技术，实现了混凝土技术的第二次飞跃。这第三次飞跃就是各种高性能减水剂的问世。

为满足混凝土多种性能的要求，国外还大力发展兼有多种性能的复合多功能外加剂以及

特殊性能的外加剂。复合减水剂国外应用量最大的当数引气减水剂(AE 剂),它不仅可以改善工艺、节省水泥,同时可以提高混凝土的耐久性。如日本应用最广,几乎 100% 混凝土中都要加入引气剂。

膨胀剂是一类掺量较大的外加剂。在 20 世纪 60 年代中期首先由日本开发应用,日本的河野俊夫研制成功了石灰系膨胀剂。日本首创的混凝土膨胀剂,给膨胀—自应力混凝土的广泛应用带来了生机。膨胀剂使用灵活、方便,与用膨胀水泥相比,成本大大下降。近年来美国为解决大体积混凝土冷缩裂缝问题,在普通水泥中掺入 MgO,它产生的膨胀率能符合大体积混凝土补偿冷缩的要求。欧洲、日本的一些专利还提出用铁屑和催氧剂等掺入普通混凝土中,通过 Fe_2O_3 水化生成 $Fe(OH)_3$,可使混凝土体积产生膨胀,这种膨胀只适于在浇筑机械底座和地脚螺栓时应用。前苏联的研究成果则是利用含铝矿渣、含铝酸钙的工业废渣、硫酸盐熟料和煅烧明矾石等经磨细混合成为明矾石系膨胀剂。

水下混凝土外加剂是一类近年发展较快的外加剂。由于在水下浇筑混凝土,容易引起混凝土离析,特别是水泥的溢出并被水稀释,使可靠性差并且会污染水质。而水下不流散外加剂的发展即克服了这一问题。日本研制的以纤维素乙醚、丙烯酸等高分子材料为主要成分的水下混凝土施工外加剂,在进行水中预应力混凝土构件的施工,其流动性、强度不会降低,混凝土不离析,因而不污染水质;没有水泥浮浆,不会生成浮浆皮,施工缝易处理;混凝土流动性很高,不振动也可以施工。掺该外加剂后,混凝土可以方便地用于桥梁下部工程的施工和维护;海底储油设施,海上平台等各种海洋构筑物的锚固工程;海岸的岸壁、栈桥、防波堤、造船平台等的施工和维修;河湖的护岸、水道、水利工程、河上堰等的施工、维修,地下连续施工灌注桩等水中混凝土工程。另外这种混凝土因其水泥浮浆少及流动性好,适合用于先拱后墙法施工及形状复杂、捣固困难的混凝土构件。

随着混凝土中特殊性能要求而发展起来的速凝剂、缓凝剂、引气剂(发气剂)、阻锈剂、防水剂、泵送剂、着色剂、脱模剂、养护剂、水化抑制剂等品种日益增加。目前国外总的外加剂品种在 500 种左右。正是由于外加剂的这种作用,引起了各国尤其是发达国家和资源相对短缺的国家普遍重视,更把外加剂作为一种必不可少的保证技术经济效益的手段。混凝土外加剂使用最普遍的国家有日本、澳大利亚、挪威、美国。这些国家 80% 以上的混凝土中应用外加剂,例如日本、澳大利亚已达 100%。

伴随着高强度、高流动性混凝土的技术发展,混凝土外加剂有了很快地发展。最初发展起来的是萘系、密胺系高效减水剂,近年来聚羧酸系减水剂的优越性能已得到国际上广泛的认同和普遍使用。在混凝土中掺入高效减水剂后,混凝土许多性能如微观结构、孔隙率、吸附性、硬化速度、强度等都将发生改变,水泥矿物水化和水泥本身的一些性能也会受到影响。新型高性能减水剂是目前国内外高性能混凝土技术发展的一个重要方面。

我国使用混凝土外加剂是在 20 世纪 50 年代,由前苏联专家将松香皂化物引气剂引入国内,在天津塘沽新洪、武汉长江大桥及佛子岭水库应用,取得了一定的效果。70 年代中期至 80 年代中期,国际上混凝土技术因使用减水剂而进入第三次飞跃时期,我国出现了一个大量研究生产外加剂,特别是减水剂的高潮。20 世纪 90 年代至今,混凝土外加剂走向高科技领域,随着 90 年代出现的高性能混凝土(HPC),对外加剂提出了更高要求。目前国内对高性能混凝土的研究方兴未艾,高性能的外加剂呼之欲出。聚羧酸系高性能减水剂是继以木钙为代表的第一代普通减水剂和以萘系为主要代表的第二代高效减水剂之后发展起来的第三代高性能减水剂,具有掺量低、减水率高、混凝土拌和料坍落度保持性能优异、增强效果显著、低收缩、低含碱量、引气量适中、环保性能好等一系列优点。目前,日本、美国和欧洲很多国家都大力推广使用聚羧酸系减水剂,其用量甚至已超过萘系高效减水剂,成为高效减水剂的主流产品。近年来,随着我国基本建设的蓬勃发展,萘系等传统高效减水剂的技术性能已不能满足工程需要,我国于近年研制成功聚羧酸系高性能减水剂,并应用于许多重大工程中,受到混凝土工程界的广泛重视。

二、混凝土外加剂的主要品种及性能指标[124,125]

外加剂可由材料、作用、效果或使用目的为主来区分;也可由材料的组成、化学作用或物理化学作用为主来区分。我国外加剂按功能可分为6大类,主要有10余个品种,见表7-1[124,125]。

我国混凝土外加剂品种 表7-1

序号	按外加剂功能分类	品种
1	改善新拌混凝土流变特性	普通减水剂,高效减水剂、早强减水剂,缓凝减水剂,引气减水剂
2	调节混凝土凝结、硬化性能	缓凝剂、早强剂、速凝剂等
3	调节混凝土含气量	引气剂,消泡剂
4	改善混凝土耐久性	引气剂、阻锈剂、抗冻剂、抗渗剂
5	提供混凝土特殊性能	膨胀剂,防水剂,养护剂,碱—集料反应抑制剂
6	其它功能	砂浆外加剂,矿渣水泥改性剂、混凝土表面缓凝剂、混凝土界面处理剂

国外主要混凝土外加剂的种类及应用范围见表7-2[124,125]。

国外混凝土外加剂的种类及应用范围 表7-2

种类及代号	主要成分	性能特点	应用领域
塑化剂(BV)	木质素磺酸盐 亚硫酸盐纸浆废液之衍生物	减水、改善和易性	现浇混凝土 预制混凝土
流化剂(FM)即超塑化剂	磺化三聚氰胺甲醛缩合物 磺化萘—甲醛缩合物 改性木质素磺酸盐	减水显著,和易性显著提高,副作用小	流态混凝土,早、高强流态混凝土
密实剂(DM)	硬脂酸盐,油酸盐硅酮、硅烷	憎水,缩小孔隙,隔断毛细孔道	防水要求高的工程
引气剂(LP)	松香或其钠盐,某些洗涤剂某些石油衍生物	引入小气泡以提高抗冻性,改善和易性	抗冻性要求高的工程
促硬剂(BE)	三乙醇胺,氮化物,草酸盐,铝酸盐	提前脱模、起吊与承载	现浇混凝土 预制混凝土
防冻剂(FS)		新浇混凝土早期防冻	冬期施工
喷射助剂(SH)	铝酸钾,铝酸钠,KOH,碱的氟化物	速凝、早强、高强与岩石黏结好	喷射混凝土(隧道衬里,地下矿井岩石加固等)
缓凝剂(VZ)	磷酸盐、硼酸盐、木质磺酸盐及其衍生物、柠檬酸	延缓和易性保持时间	大面积施工大尺寸预制件
加气剂(GB)	AI、Mg、Zn、H_2O_2	产生小气泡	加气混凝土

续上表

种类及代号		主要成分	性能特点	应用领域
泡沫剂(SB)		蛋白质、松香皂、某些洗涤剂	产生稳定泡沫	泡沫混凝土
空心微珠(MHK)		包裹空气的塑料小球	提高抗冻性	抗冻性要求高的混凝土
稳定剂(ST)		多电解质	防止离析增强黏度	均匀性要求高的混凝土
泵送助剂(PH)		LP、BV、ST 剂	塑化，引入小气泡，增强黏度	泵送混凝土
灌注助剂(EH)		BV、LP、VZ、CB、ST、某些膨胀剂	塑化、减水，膨胀	预应力构筑物或预制件
消泡剂(EL)		磷酸三丁酯，酞酸二丁酯	消泡	无气泡的混凝土
碱反应阻止剂(AH)		锂盐、锆盐、钡盐	抑制碱集料反应	使用对碱敏感的集料时用
防蚀剂	混凝土防蚀剂(KSB)	氟硅酸盐	减少 $Ca(OH)_2$ 阻塞毛细孔	管道，液体贮罐
	钢筋防锈剂(KSS)	氮化钠苯甲酸钠	钝化钢筋	防锈蚀

我国《公路工程混凝土外加剂》(JT/T 523—2004)及交通部2006年发布的中华人民共和国行业标准《公路工程水泥混凝土外加剂与掺合料应用技术指南》[124,125]列出了减水剂、引气剂、缓凝剂及早强剂等常用外加剂的品种和参考掺量见表7-3，适用范围见表7-4。

常用外加剂的品种及参考掺量　　表7-3

外加剂品种		主要成分及参考掺量
减水剂	普通减水剂	木质素磺酸盐类(0.15% ~0.3%)：木质素磺酸钠、木质素磺酸镁、木质素磺酸钙及丹宁
		糖蜜类(0.1% ~0.3%)：糖蜜、糖钙、糖钠
	高效减水剂	多环芳香族磺酸盐类(0.3% ~1.5%)：萘和萘的同系磺化物与甲醛缩合物盐类、氨基磺酸盐
		水溶性树脂磺酸盐类(0.2% ~1.5%)：磺化三聚氰胺树脂、磺化古码隆树脂
		脂肪族类(0.2% ~1.2%)：聚羧酸盐类、聚丙烯酸盐类、脂肪族羟甲基磺酸盐高缩聚物
		其它(0.3% ~1.5%)：改性木质素磺酸钙、改性丹宁，改性栲胶
	复合减水剂	普通减水剂和高效减水剂的复配产品
引气剂	引气剂	松香树脂类(0.003% ~0.015%)：松香热聚物，文松树脂，松脂皂类
		烷基和烷基芳烃磺酸盐类(0.005% ~0.02%)：十二烷基磺酸盐、烷基苯磺酸盐、烷基苯酚聚氧乙烯醚
		脂肪醇磺酸盐类(0.005% ~0.02%)：脂肪醇聚氧乙烯醚，脂肪醇聚氧乙烯醚磺酸钠，脂肪醇硫酸钠
		皂甙类(0.1% ~0.25%)：皂角素，三萜皂甙
		其它(0.2% ~0.4%)：甜菜碱、蛋白质盐、石油磺酸盐
	引气型外加剂	由各类引气剂与普通减水剂和高效减水剂复配制得的引气型减水剂和引气型高效减水剂
		由引气剂、缓凝剂和高效减水剂复配制得的引气缓凝高效减水剂
		由引气剂与早强剂、防冻剂、高效减水剂复配制得的引气早强型高效减水剂，引气型防冻高效减水剂

续上表

<table>
<tr><th colspan="2">外加剂品种</th><th>主要成分及参考掺量</th></tr>
<tr><td rowspan="6">缓凝剂</td><td rowspan="5">缓凝剂、高温缓凝剂,缓凝型减水剂</td><td>糖类缓凝剂:葡萄糖、糖蜜、蔗糖、糖钙、糖钠、糖镁等</td></tr>
<tr><td>羟基羧酸类高温缓凝剂:酒石酸、柠檬酸、乳酸、酒石酸钾钠、水杨酸、醋酸等</td></tr>
<tr><td>无机盐类高温缓凝剂:硼酸盐、磷酸盐、氟硅酸盐、亚硫酸钠、硫酸亚铁、锌盐等</td></tr>
<tr><td>木质素磺酸盐类缓凝减水剂:木质素磺酸钙、木质素磺酸钠、木质素磺酸镁等</td></tr>
<tr><td>其它:多元醇、胺盐及其衍生物、纤维素、纤维素醚等缓凝剂</td></tr>
<tr><td colspan="2">采用糖类、羟基羧酸类缓凝剂,与减水剂、高效减水剂复配制成的复合缓凝缓凝型减水剂、缓凝型高效减水剂</td></tr>
<tr><td rowspan="4">早强剂</td><td rowspan="3">早强剂</td><td>强电解质无机盐类:各种硫酸盐及硫酸复盐、硝酸盐及亚硝酸盐,碳酸盐、硅酸盐、氯盐等</td></tr>
<tr><td>水溶性有机物:三乙醇胺、甲酸盐、乙酸盐、丙酸盐等</td></tr>
<tr><td>其它:有机化合物、无机盐复合物等</td></tr>
<tr><td colspan="2">采用各类早强剂与普通减水剂、高效减水剂复配制得的早强型减水剂和早强型高效减水剂</td></tr>
</table>

常用外加剂的品种及适用范围 表 7-4

<table>
<tr><th colspan="2">品种</th><th>适用范围</th></tr>
<tr><td rowspan="3">减水剂</td><td>普通减水剂</td><td rowspan="3">(1)考虑到公路水泥混凝土本身的特点,结合《混凝土外加剂应用技术规范》(GB 50119—2003),由于普通减水剂的化合物均为不耐高温的有机物,在蒸养高温的条件下会分解焦化或分解失效,对强度、耐久性等性能产生不利影响。因此规定,普通减水剂不得用于蒸养水泥混凝土构件,可用于日最低气温在5℃以上时施工的水泥混凝土构件。
(2)高效减水剂宜用于日最低气温在0℃以上时施工的水泥混凝土构件,适用于制备大流动性水泥混凝土,高强水泥混凝土、高弯拉强度水泥混凝土、高性能水泥混凝土及蒸养水泥混凝土构件</td></tr>
<tr><td>高效减水剂</td></tr>
<tr><td>复合减水剂</td></tr>
<tr><td rowspan="2">引气剂</td><td>引气剂</td><td rowspan="2">(1)在有抗冰冻、抗盐冻、防渗、防泌水要求的素水泥混凝土、钢筋混凝土结构中必须使用引气型外加剂。
(2)对于有饰面要求的公路工程水泥混凝土,不宜使用与早强剂、防冻剂复配的引气型外加剂,原因是早强剂,防冻剂对清水混凝土表面的色泽有影响。
(3)在严寒和寒冷地区,有抗冰(盐)冻要求且强度要求较高的预应力混凝土、钢筋混凝土的结构和构件中宜选用引气高效减水剂。
(4)预应力结构或构件使用引气剂或引气型外加剂时,一般引气剂应考虑弹性模量的下降(折减系数约为0.9~0.95)。当使用高品质的引气剂使弹性模量与抗压强度不降低时,可不予考虑</td></tr>
<tr><td>引气型外加剂</td></tr>
<tr><td rowspan="2">缓凝剂</td><td>缓凝剂、高温缓凝剂、缓凝型减水剂</td><td rowspan="2">(1)缓凝剂、高温缓凝剂、缓凝型减水剂、缓凝型(引气)高效减水剂,于公路水泥混凝土工程在炎热气候条件下使用,当需要较长时间或较长距离运输时,是减少和控制坍落度损失的措施;可用于大体积水泥混凝土中缓解水化热、减少施工缝的水泥混凝土;可用于连续浇筑避免出现冷缝的水泥混凝土结构、大跨水泥混凝土桥梁构件;也可用于流态(免振)水泥混凝土、泵送水泥混凝土、预拌商品水泥混凝土、预填骨料水泥混凝土、滑模水泥混凝土及其它需要延缓凝结时间的水泥混凝土。
(2)缓凝型外加剂不宜用于日最低气温5℃(日平均气温10℃)以下,有早强要求的公路工程水泥混凝土;不宜单独用于公路工程水泥混凝土、钢筋混凝土、预应力钢筋混凝土及蒸养水泥混凝土构件。
(3)羟基羧酸类缓凝剂不宜单独用于公路工程水泥用量很低、水灰比较大的贫水泥混凝土</td></tr>
<tr><td>采用糖类、羟基羧酸类缓凝剂与减水剂、高效减水剂复合配制成的复合缓凝型减水剂、缓凝型高效减水剂</td></tr>
</table>

续上表

品 种		适 用 范 围
早强剂	采用各类早强剂与普通减水剂、高效减水剂复配制得的早强型减水剂和早强型高效减水剂	(1)早强剂、早强型减水剂和早强型高效减水剂(通称为早强型外加剂)主要用于公路工程常温施工时有快通早强要求和低温施工的水泥混凝土与钢筋混凝土结构、加快生产效率和模板周转的蒸养水泥混凝土构件、需要提前张拉和放张的预应力混凝土结构和构件。 (2)氯盐类早强型减水剂不得用于下列公路工程水泥混凝土结构:预应力钢筋混凝土结构和构件,相对湿度大于80%环境中使用的露天、水淋、水冲刷、水位变动区及暴露在海水中、处于海风环境范围的钢筋混凝土结构和构件,大体积和薄壁钢筋混凝土结构和构件;直接接触酸、碱或其它腐蚀性介质的水泥混凝土和钢筋混凝土结构;有装饰要求的彩色水泥混凝土或有金属装饰表面的水泥混凝土结构;桥梁上部主梁钢筋混凝土结构,承受中、重、超重动载桥梁下部钢筋混凝土结构,集料有碱活性的公路钢筋混凝土结构。 (3)含有强电解质无机盐类的早强型减水剂不得用于下列公路工程水泥混凝土结构中:有照明和排风设施的隧道钢筋混凝土衬砌;埋置照明线路的桥梁钢筋混凝土结构,使用直流电源以及距直流电源1m以内的钢筋混凝土结构;有镀锌钢材或铝铁相接触部位的结构,以及有外露钢筋预埋铁件而无防护措施的结构;海水、卤水及地下水含有酸、碱腐蚀介质中桥墩钢筋混凝土结构。 (4)含钾、钠离子的早强剂及其复合早强剂不得用于含有碱活性集料的公路工程水泥混凝土结构。 (5)含乙醇胺类的早强型减水剂不宜用于蒸汽养生或干热养生水泥混凝土构件

各类外加剂都有各自特殊功能,综合起来,外加剂可以在以下方面发挥作用[124,125]:

(1)能改善施工条件,减轻体力劳动,并有利于机械化施工,对保证及提高工程质量有积极的作用,能使现场条件下完成过去难以完成的高质量的工程。

(2)能减少养护时间,或预制厂缩短蒸养时间,可以提早拆模加速模板周转,可提早预应力钢筋混凝土钢筋放张、剪筋,以加快施工进度。

(3)能提高或改善混凝土质量。许多外加剂可以提高混凝土的强度,增加耐久性、密实性,增强抗冻性、抗渗性,改善干燥收缩及流变性能。

(4)在采取一定措施的条件下,可适量地节约水泥而不影响混凝土的质量。

(5)节约能源。节约水泥即节约了能源,使用1t奈系减水剂,可节约水泥45t,可净节约能量226.5×10^6 kJ,折合标准煤8.7t。而增加和易性使捣固、抹平工序易于进行,减少养护和蒸养时间,也节省了能源。因此,外加剂对能源的节约具有相当大的作用。

各类外加剂节约水泥情况见表7-5。

外加剂节约水泥情况

表7-5

外加剂类别		外加剂示例	节约水泥(%)
减水剂	萘磺酸盐	NNO、MF、UNF、FDN、NF	10~20
	木质素	木钙、木钠、碱木素	5~10
	糖	糖蜜、TM	5~12
	树脂	密胺	15~25
引气剂	松香	松脂皂、松香热聚物	5~8
	表面活性剂	烷基苯磺酸盐、平平加	5~8
早强剂	无机盐	硫酸、氯盐	—
	防冻剂	氨、亚硝酸盐	5~10
	复合剂	减水早强剂	10~15

美国、英国、日本等在20世纪30年代初开始在公路、隧道、地下工程中使用外加剂。我国在20世纪80年代,随着改革开放、经济发展,外加剂的生产和应用发展迅速。当今,水泥混

凝土外加剂已成为水泥混凝土的第五组分,其应用被视为水泥混凝土技术发展史上的第三次重大技术进步。混凝土质量的优劣直接影响着工程质量,各种外加剂的研制和应用对混凝土技术的发展做出了重大贡献,使得混凝土在施工性、适用性、强度、体积稳定性、耐久性、经济性等方面得到了极大的改进。

国际上用统计外加剂与掺合料在混凝土中的使用比例,来衡量一个国家混凝土技术水平的高低。发达国家中,有75%～90%的混凝土都使用了外加剂,但在我国公路工程中使用还不到35%。

随着我国公路基础设施建设的加快,对应用于公路工程中的水泥混凝土提出了更高的要求。为适应这一要求,混凝土外加剂已成为公路工程混凝土的重要组分之一,用于改善混凝土拌和料的工作性能,提高混凝土的物理力学性能和耐久性,保障工程质量,节约水泥、降低成本。但在外加剂被广泛应用的同时,由于使用不当而引起的病害严重影响了公路工程的建设和质量。混凝土外加剂与水泥及矿物掺合料之间有时存在不相适应的情况,这在一定程度上影响着外加剂的应用效果以及混凝土的性能,再加上外加剂产品品种繁多、性能各异,不同地区、不同工程所采用的材料千差万别,从而使外加剂应用不当导致的混凝土路面质量事故时有发生。因此,有必要对目前福建地区公路系统外加剂的应用情况展开研究,摸清各种外加剂对水泥混凝土的技术性能的影响,以及各种外加剂与不同水泥品种之间的适应性情况,从而正确地选择水泥、外加剂的品种,确定外加剂的合理掺量,并对混凝土配合比进行优化,以达到节省水泥、提高强度、改善混凝土的性能和施工操作条件的目。

三、外加剂在水泥混凝土路面工程中的应用研究

福建省公路局和福州大学合作,针对外加剂在水泥混凝土路面工程中的应用进行了研究。主要研究内容为:

(1)选择有代表性的常用水泥品种,对不同厂家、不同品种外加剂与水泥适应性问题进行研究,提出外加剂与水泥适应性的改善措施。

(2)针对公路工程水泥混凝土对抗折强度的要求,主要以外加剂品种、掺量和水泥品种为主要因素,以水泥混凝土抗折强度为目标,进行大量试验,对不同外加剂品种、掺量进行优选,以降低水泥用量,提出对于不同外加剂品种的外加剂最适宜掺量、水泥用量,以达到节省水泥、提高强度、缩短工期、改善混凝土的性质和施工操作条件等多种技术经济效益。

(3)进行试点工程应用,总结工程应用经验,形成外加剂在水泥混凝土路面应用中达到混凝土性能好、施工方便和经济性强的配合比设计方法。

通过以上研究,得到如下研究结论:

(1)混凝土外加剂已成为公路混凝土的重要组分之一,其中作为主要外加剂品种的高效减水剂、抗折剂,它能改善混凝土拌和料的工作性能,提高混凝土的物理力学性能和耐久性,保障工程质量,节约水泥、降低成本。

(2)掺入高效减水剂的混凝土配合比试验表明,超力、科之杰、创慧、宏基、闽荔5种高效减水剂均有较好的使用效果。这表现在:上述减水剂在满足混凝土工作度的要求下掺量低,分散作用强,减水效果显著,同时混凝土拌和料泌水、离析现象大大减少;在保持混凝土流动性及水灰比不变的条件下,在减少用水量的同时,相应减少了水泥用量,提高了经济效益;较低的水灰比,使混凝土强度大大提高,满足了高等级路面混凝土的设计强度要求;能显著改善硬化混

凝土的孔结构,提高混凝土的密实度,从而提高混凝土的耐久性。力学性能测试表明,优化的配合比能使混凝土7d就达到设计强度要求,而后期强度还能持续增长。

(3)掺入抗折剂的混凝土配合比试验表明,科之杰、创慧、宏基、闽荔4种抗折剂均有较好的使用效果。这表现在:掺入上述抗折剂后的混凝土,在减少水泥用量的同时,能显著提高混凝土的抗弯拉强度,尤其是早期抗弯拉强度得到发展,混凝土的韧性也得到提高,同时后期强度仍能继续增长,为设计高等级混凝土路面、尽早开放交通提供可能。

掺上述抗折剂的混凝土配合比试验结果表明,影响混凝土抗弯拉强度的因素较为复杂,首先混凝土28d抗弯拉强度与单位水泥用量不成正比,在合适的配合比条件下,水泥用量为325kg/m^{3}的混凝土,其抗弯拉强度可超过水泥用量365kg/m^{3}的混凝土;其次,抗折剂掺量也并非越大对混凝土抗弯强度提高的作用就越大,掺量对混凝土抗弯拉强度的影响与抗折剂的品种有关,有些抗折剂的掺量与强度没有明显的正比关系;而有些抗折剂如宏基抗折剂随着掺量的增大,对混凝土抗弯拉强度的提高一般就越大。因此,要获得抗弯拉强度高、成本经济的最优化的混凝土配合比,需从抗折剂的品种、掺量、水泥用量等方面综合考虑,通过试配获得。

(4)水泥和高效减水剂、抗折剂之间均存在着适应性问题,对于同一种水泥,外加剂品牌不同,对混凝土的减水效果、抗弯拉强度的提高幅度不同。

(5)同一品牌的外加剂,不同水泥品种,减水、增强的效果也差别很大。同时,使用不同水泥的混凝土均存在着外加剂适宜掺量的问题,而并非固定值,必须通过试验加以确定。

(6)水泥净浆试验结果不能完全反映混凝土中外加剂对水泥的适应性情况,外加剂与水泥的适应性最终必须依据混凝土的试验结果。

(7)水泥混凝土路面工程选用外加剂时,首先应做适应性试验,了解原材料的技术特性,尽量将相互适应性好的外加剂与水泥配合使用,确定出最优化的配合比,以提高工程质量、节约材料和降低成本。

(8)经济效益分析表明,水泥混凝土路面工程中使用高效减水剂、道路抗折剂等外加剂,不仅能显著改善混凝土各项性能,且具有很好的经济效益。

四、外加剂应用的注意事项

根据研究成果,提出外加剂在水泥混凝土路面工程中应用的注意事项如下:

1.外加剂的掺量

在确定外加剂掺量时,应根据实际工程的要求,所用原材料及施工工艺具体条件,通过试验来确定。

(1)各种外加剂都有推荐的剂量范围,例如:引气剂0.6%~1.2%,木质素磺酸钙减水剂0.1%~0.3%、高效能减水剂0.3%~1.0%。试验表明,其合理掺量并不是定值,而随水泥品种(矿物成分、含碱量)和细度、混合材料品种及掺量、硬化温度等因素的不同而变化。例如,萘磺酸盐系减水剂适用于硅酸盐水泥,而密胺树脂系减水剂更适合于铝酸盐和硫铝酸盐水泥。C_2A含量低和细度小的硅酸盐水泥,其合理掺量较少。

(2)掺入混合材料(尤其是粉煤灰)的水泥,在外加剂加入时,其引气量及减水率低于不掺混合材料的硅酸盐水泥。低温硬化或蒸汽养护时,其合理掺量要低于常温硬化时的掺量,它不能适用于实际施工的一切条件。

(3)加强掺外加剂混凝土配合比选定工作。首先认真做好普通混凝土的基准配合比，然后在此基础上，确定外加剂最适应的掺量，通过 28d 强度来确定最佳配合比。

(4)在施工中保证掺量准确。为使外加剂掺量准确，在施工中应采取一些简单可行的措施，对于非搅拌站，当采用干粉法时，根据每盘搅拌数量，外加剂用一个固定容器来掺加，或者采用将每盘外加剂掺加数量提前称量准确，装入一个个小塑料袋中，等施工时一袋袋准确加入，从而保证每盘混凝土中外加剂掺量的准确性，避免量不准确而产生副作用。

(5)保证掺加均匀。为保证外加剂在混凝土拌和料中的均匀分布，也应采取一些措施。当采用干粉法时，首先尽可能地撒在拌和料上，而不要将其集中在某一个部位。第二，适当延长搅拌时间，一般延长 30s，但总搅拌时间不超过 3min。对于易溶入水的外加剂，将其配制成一定浓度的溶液，然后通过搅拌机自动计量与水一起加入搅拌机，这样无需延长搅拌时间，外加剂就能很均匀地分散到拌和物中。

(6) 设专人负责。为保证掺加质量，在使用外加剂时，每次都派专人负责，在操作之前，首先对这些工人专门培训，认真交代掺加办法，以确保掺量准确。

2. 外加剂的质量

除关注某些厂家不注意原材料质量控制，粗制滥造，以假乱真，提供伪劣产品外，对质量较好的产品也应注意某些问题，如应详细了解产品实际性能，注意生产厂家所提供的技术资料和应用说明。目前我国减水剂牌号众多，诸多厂家未明显标示其产品品种，而且质量不一，因此，在工程应用前，应按照质量标准对选择好的减水剂进行试配混凝土性能检验。为了确定掺量，对液态减水剂应测定溶液密度；对粉剂减水剂应测定固体物含量。在粉剂产品中，有些由于烘干不彻底或包装不符合要求而受潮，致使产品中的固体含量大都在 75% ~ 80% 左右，因此在这种情况下切勿将固体物质以 100% 用作计算掺量的依据。

外加剂产品的储存期不宜超过半年，不得使用超过储存期限或在储存期内变质、结硬、污染和混杂的外加剂。各种外加剂应分类储存在专用仓库内，并设明显标志，保证外加剂在工地妥善保管，以避免外加剂结块、失效、用混或用错。

3. 外加剂与水泥的适应性

在外加剂使用之前，首先应鉴定外加剂对所用水泥的适应性，避免因外加剂加入而使混凝土产生速凝现象，造成质量事故。适应性通过水泥净浆扩散度试验确定。适应性好的减水剂扩散度大，反之就小。在施工过程中，更换外加剂或水泥品种或使用不同生产厂家的水泥时，首先应做外加剂、水泥适应性试验，避免事故发生。

4. 采用适宜的掺加方法

在混凝土搅拌过程中，外加剂的掺加方法对外加剂的使用效果影响较大。如减水剂掺加方法大体分为先掺法(在拌和水之前掺入)、同掺法(与拌和水同时掺入)、滞水法(在搅拌过程中减水剂滞后于水 2 ~ 3min 加入)、后掺法(在拌和后经过一定的时间才按 1 次或几次加入到具有一定含量的混凝土拌和物中，再经 2 次或多次搅拌)。不同的掺加方法将会带来不同的使用效果。不同品种的减水剂，由于作用机理不同，其掺加方法也不一样。影响减水剂掺加方法的因素主要有水泥品种、减水剂品种、减水剂掺量、掺加时间及复合的其它外加剂等。

可溶解的外加剂应提前 1d 配制成均匀一致的溶液。不同剂种的外加剂复合使用时，应检验其可共溶性，满足要求后，方可使用。减水剂与其它外加剂共同配制在一种溶液内时，如发

现产生絮凝或沉淀等不相溶现象时，不得复配在同一溶液中使用，应更换为可共溶的外加剂或分别配制溶液分别加入。使用粉剂掺加的外加剂可通过水泥称量口准确称量加入或准确称量后先与砂石料混拌均匀再拌和，其搅拌时间应比液体外加剂延长 10～30s。

5. 注意调整混凝土的配合比

使用外加剂的混凝土配合比，应对砂率、水泥用量、水灰比等作适当调整。

(1)砂率。砂率对混凝土的和易性影响很大。由于掺入减水剂后和易性能获得较大改善，因此砂率可适当降低，其降低幅度约为 1%～4%；若砂率偏高，则降低幅度可增大，过高的砂率不仅影响混凝土强度，也给成型操作带来一定的困难。具体配比均应由试配结果来确定。

(2)水泥用量。混凝土中掺用减水剂均有不同程度节约水泥的效果，使用普通减水剂可节约 5%～10%，高效减水即可节约 10%～15%。用高强度水泥配制混凝土，掺减水剂可节约更多的水泥。

(3)水灰比。掺减水剂混凝土的水灰比应根据所掺减水剂品种的减水率确定。原来水灰比大者减水率也较水灰比小者高。在节约水泥后为保持坍落度相同，其水灰比应与未掺减水剂时相同或增加约 0.01～0.03。

6. 拌和要求

大、中型公路结构工程掺各种外加剂和掺合料的水泥混凝土应采用有计算机自动控制的强制式搅拌楼搅拌。对于水泥混凝土用量较少的小型公路工程，允许使用具备所有原材料称量装置的搅拌机搅拌，但应延长搅拌时间 10～30s；严禁使用手工拌和掺外加剂的水泥混凝土。

大量的工程实践反复证明：掺外加剂与掺合料的水泥混凝土，若没有搅拌机(楼)进行拌和，手工是无论如何也不可能将掺量极少或较少的外加剂与掺合料在拌和料中拌和均匀的。因此，国内外的规范均规定必须是机械搅拌。实践还表明：手工是拌和不出强度等级大于 C30 以上水泥混凝土的。所以即使是不掺外加剂与掺合料的 C25 以上的水泥混凝土均应严禁手工拌和生产。因此，无论水泥混凝土量多寡，均应准确称量，机械拌和，以保障结构工程的水泥混凝土拌和质量、匀质性和稳定性。

第二节　纤维混凝土路面应用技术

一、纤维混凝土[27,128～133]

纤维混凝土，又称为纤维增强混凝土，是在混凝土基材中掺加一定比例的各种高性能纤维材料而组成的一种复合材料。它实际上是将具有高抗拉强度、高极限延伸率、高抗碱性等良好性能的细短纤维均匀地分散在混凝土基体中，而形成的一种新型复合材料。

目前，国际上基本一致的认识是纤维混凝土是改善混凝土性能的有效方法。纤维混凝土中常用的纤维按其材料性质可分为三类：金属纤维(如钢纤维)、无机纤维(主要有石棉等天然矿物纤维和抗碱玻璃纤维、抗碱矿棉、碳纤维等人造矿物纤维)和有机纤维(主要有聚丙烯、尼龙、聚乙烯、芳族聚酰亚胺等合成纤维和西沙尔麻等天然植物纤维)；按其弹性模量分，可分为高弹性模量纤维(如钢纤维、碳纤维)和低弹性模量纤维(如聚丙烯、聚丙烯腈)。国内外大量研究表明,与普通混凝土相比,各种纤维混凝土均具有较高的抗拉和抗弯极限强度,而尤以韧性提高的幅度为大。从已有的理论研究和工程应用看,各种单一纤维混凝土都有各自的优点,对改善混凝土的性能都有各自独特的作用,但同时也有不足之处。对于高弹性模量纤维混凝土,其增强、增韧等效果都好,但是价格较为昂贵;低弹性模量纤维价格便宜,增韧效果好,但是增强效果相对较差。

纤维混凝土是近年来在国际和国内迅速发展的新型复合材料。美国混凝土协会(ACI)的544委员会将纤维增强水泥基复合材料称为"纤维增强混凝土"(Fiber reinforced concrete,简称纤维混凝土),并对它下了这样一个定义[128]:"纤维增强混凝土系含有细集料或粗、细集料的水硬性水泥与非连续的分散纤维组成的混凝土,连续的网片、织物与长棒不属于分散纤维类的增强材"。我国学者则考虑了以净浆为基材的情况,以及用长纤维、网格布和纤化薄膜等为纤维增强材料,补充定义纤维混凝土为[129]:"纤维增强水泥基复合材料是以水泥净浆、砂浆或混凝土做基材,以非连续的短纤维或连续的长纤维做增强材组合成的复合材料。当所用水泥基材为水泥净浆或砂浆时,称之为纤维增强水泥(Fiber reinforced cement);当所用之水泥基材为混凝土时,则称之为纤维增强混凝土(Fiber reinforced concrete)"。

纤维混凝土有着各种各样的分类方法,目前人们通常习惯采用的是按掺入的纤维成分的种类来分,主要有金属纤维(如钢纤维和不锈钢纤维)混凝土、无机纤维(主要有石棉等天然矿物纤维和抗碱玻璃纤维、抗碱矿棉、碳纤维等人造矿物纤维)混凝土和有机纤维(主要有聚丙烯、聚丙烯腈、尼龙、聚乙烯、芳族聚酰亚胺等合成纤维和西沙尔麻等天然植物纤维)混凝土。另外还可以按照纤维的弹性模量来分,以纤维的弹性模量是否高于基体材料的弹性模量,可以分为高弹性模量纤维(钢纤维,碳纤维等)混凝土和低弹性模量纤维(聚丙烯纤维,维纶纤维,腈纶纤维等)混凝土。

二、钢纤维混凝土路面[27,128~135]

目前在路面工程中应用的金属纤维主要是钢纤维。钢纤维混凝土最早出现于20世纪初,1907年原苏联专家B. II. Hekpocab开始用金属纤维增强混凝土。1910年,美国H. F. Porter即发表了有关短纤维增强混凝土的研究报告,建议把短纤维均匀地分散在混凝土中用以强化基体材料。随着理论研究的深入,1963年Romualdi和Baston[130,131]等发表了一系列关于钢纤维混凝土裂纹开展的机理,提出了纤维间距理论,从而开始了这种新型复合材料的实用化开发研究阶段。20世纪70年代初,美国研制成功了熔钢抽丝法,得以廉价制造钢纤维,为钢纤维混凝土的实际应用创造了有利条件。迄今为止,钢纤维混凝土路面是钢纤维混凝土应用最广、发展最迅速的工程领域之一。从1972年美国在密执安州修筑了四车道、长度为334m的钢纤维混凝土试验路段开始,至今国外已经修建了大量的钢纤维混凝土路面。

我国研究和应用钢纤维混凝土始于20世纪70年代,近十多年来,发展异常迅速,应用日益广泛。1991年,经中国土木工程学会批准成立了纤维混凝土委员会,这标志着我国纤维技术发展进入了一个新的阶段;1992年,经中国工程建设标准化协会批准,编写了《钢纤维混凝土结构设计与施工规程》[132];在现行的《公路水泥混凝土路面设计规范》[27]中,也制定了钢纤维混凝土路面及旧混凝土路面加铺层的设计规范,这说明我国钢纤维混凝土的研究已从试验阶段发展到推广应用阶段。在赵国藩院士等出版的《钢纤维混凝土结构》[133]中,对钢纤维混凝土的组成材料、工艺特性、基本性能、结构强度计算、抗剪承载力计算、复杂应力钢纤维混凝

土的性能计算和正常使用极限状态计算方法以及应用施工内容等都作了较为完整的阐述。易成等[134]对局部钢纤维混凝土进行了疲劳断裂性能的研究，建立了局部钢纤维混凝土的疲劳损伤模型；武汉理工大学则对层布式钢纤维混凝土路面进行了力学性能试验，并对其进行有限元数值分析，研究了层布式路面的应力分布情况[135]。由于钢纤维混凝土能显著提高混凝土的抗折强度、抗压强度、抗振动能力和抗裂能力，使得它在道路与桥梁工程中的应用得到工程界的普遍认可。掺加钢纤维可以明显提高混凝土的抗折强度或减薄路面的厚度，这些改善可以起到提高抗疲劳荷载能力、延长混凝土路面温度缝间距、减少混凝土用量、降低工程造价、降低路面厚度等效果。在我国的大庆、太原、广州等地，在车流较大的公路路段或桥面，都已经开始采用钢纤维混凝土路面。此外，国内外也有不少钢纤维混凝土在高等级公路中成功应用的实例。

三、有机纤维混凝土路面

有机纤维混凝土是近十几年来的后起之秀。随着化学工业技术的进步，各种性能优良的合成纤维不断出现，不断为改善混凝土性能提供更新的复合纤维。目前，各种有机纤维在改善混凝土性能方面已开始发挥重要作用。

有机纤维过去研究和工程应用较多的主要是聚丙烯纤维。对聚丙烯纤维混凝土在基本物理、力学性能方面的研究表明，与基准混凝土相比，随着聚丙烯纤维体积率的增加，虽然对混凝土的抗压强度增强效果不大，但对抗折强度则有一定的提高，尤其对韧性、耐磨性、抗冲击性提高效果更是明显。国内学者通过研究已提出了聚丙烯纤维混凝土的裂纹发展规律，并定性分析了其增韧机理[136]。在疲劳性能研究方面，陈拴发[137]通过聚丙烯纤维混凝土弯曲疲劳性能试验，发现在掺入纤维后，混凝土的疲劳寿命明显增长，并提出了聚丙烯纤维混凝土的疲劳方程。

通过对耐久性方面的研究发现，掺入了聚丙烯纤维的混凝土的抗渗能力比素混凝土将有大幅的提高[138]，抗渗性能的提高为改善其耐久性奠定了基础。从实验结果发现，聚丙烯纤维加入后，混凝土的抗腐蚀性能力也有较明显的改善，失重率也有所减小。此外，对抗冻性有一定的影响。

由于聚丙烯纤维混凝土的上述优点，目前已被较多地应用于路面工程中，并取得了良好的效果。例如，广州东环高速公路就应用聚丙烯纤维混凝土成功地解决了收费站无磁路面对抗裂、抗冲击、耐磨的要求。该路段由于下面埋设自动测试磁性感应线圈，不能铺设钢筋网，不能采用钢纤维，同时路面厚度受到限制，因此，采用了在每立方米 C50 混凝土中掺加 0.9kg 聚丙烯纤维、路面厚度 33cm 的方案。在解决工程难题的同时，还因省去一层钢丝网而减少了材料和施工成本。收费站自建成投入使用至今，广州高速公路繁忙的车流并未对路面造成明显的损坏，使用效果良好。此外，在重庆、厦门、武汉等地，聚丙烯纤维混凝土也被大量应用于路面工程。

四、公路路面结构纤维材料优选[27,128~133]

目前在路面结构层中常用的高性能纤维材料，主要为钢纤维、聚丙烯纤维和聚丙烯腈纤维等。

1. 钢纤维与聚丙烯腈纤维对比

在水泥混凝土路面上使用钢纤维或聚丙烯腈纤维，两者在抗裂机理及使用性能上有明显的区别，具体如下：

1)抗裂机理上的区别

钢纤维的阻裂效应体现在阻止硬化混凝土破坏时的裂缝扩展上,是通过使硬化混凝土在裂后仍保持一定的抗拉强度实现的,阻裂效应作用的结果是提高了硬化混凝土的变形能力,使混凝土基材在破坏后仍保持一定的延性(假延性),因此,钢纤维的阻裂能力和纤维弹性模量、界面黏结强度和自身的抗拉强度有关。聚丙烯腈纤维的阻裂效应则主要体现在消除或减轻了早期混凝土中原生裂隙的发生和发展,简单地可以理解为,是通过聚丙烯腈纤维提高了早期混凝土抗拉强度实现的。进一步的分析结果是,聚丙烯腈纤维钝化了原生裂隙尖端的应力集中,使介质内的应力场更加均匀和连续。由于早期混凝土自身的抗拉强度很低,因此,聚丙烯腈纤维的阻裂能力随纤维的细度的增大,混凝土中纤维间距的减小而增强。对于路面混凝土,钢纤维在混凝土裂后方能发挥的阻裂效应并无实际的意义,而混凝土在早期易发生塑性开裂的性能缺陷,却可通过掺入聚丙烯腈纤维加以解决或改善。

简而言之,聚丙烯腈纤维的阻裂效应体现在消除或减轻了早期混凝土中原生裂隙的发生和发展,钢纤维的阻裂效应体现在阻止硬化混凝土破坏时裂缝的扩展上。而在水泥混凝土塑性阶段,其本身的抗拉强度几乎为零,钢纤维很难发挥其阻裂作用。

2)使用性能上的区别

聚丙烯腈纤维与钢纤维相比,两者在使用性能上还有以下区别:

(1)钢纤维密度为7.8g/cm^3,每立方混凝土掺加的钢纤维体积比通常为0.5% ~2%,每立方混凝土重量增加了50~160kg,大大增加了结构的附加荷载;而聚丙烯腈纤维的密度约为1.18 g/cm^3,掺量通常为每立方混凝土0.5~1.0kg。较大的钢纤维掺量也大大增加了工程的造价,每方混凝土的造价约提高150~500元;而每方聚丙烯腈纤维混凝土只增加40元左右,在大量推广应用之后,聚丙烯腈纤维材料价格还可望进一步降低。

(2)钢纤维还存在分散性问题,混凝土拌和时很容易出现结团和分散不均匀现象。混凝土中出现的不均匀现象会对混凝土的各方面性能都有很大的影响,如有此问题存在,不如不掺。而聚丙烯腈纤维由于其分子结构中所含的亲水性的基团及特殊的表面处理,使得它在混凝土中的分散性非常好,可显著地提高混凝土韧性、抗冲击性及耐久性能。

(3)钢纤维因其弹性模量较大,不容易在混凝土中做到三维分布,露在面层的钢纤维容易扎破汽车轮胎,而且在潮湿的环境下很容易生锈,既影响路面美观,又影响使用性能。聚丙烯腈纤维在混凝土中的作用是通过物理作用实现的,与混凝土中的集料、外加剂、掺合料和水泥都不会有任何冲突,对搅拌设备、搅拌及施工工艺也无特别要求,只需适当延长搅拌时间即可,无论是在混凝土搅拌站还是施工现场搅拌都特别简便。

2.聚丙烯纤维与聚丙烯腈纤维对比

目前,在路面上使用较多的有机合成纤维主要有聚丙烯腈纤维和聚丙烯纤维。聚丙烯纤维是以聚丙烯为原料、采用特殊工艺生产的聚丙烯纤维;聚丙烯腈纤维是以聚丙烯腈为原料、采用独特工艺生产的高强中等弹性模量的聚丙烯腈纤维。表7-6列出了两种纤维的主要性能的比较。

从表7-6中可见,与聚丙烯纤维相比,聚丙烯腈纤维具有以下一些显著优点:

(1)聚丙烯腈纤维的弹性模量约为17GPa,聚丙烯纤维约为3.5GPa,前者的弹模是后者的4.5倍。高弹模的纤维不但对于早期抗裂有良好效果,而且对提高硬化混凝土的抗裂性能、变形能力和能量吸收都很有益处。

聚丙烯腈纤维与聚丙烯纤维的物理性能的比较　　表 7-6

性能及参数	聚丙烯腈纤维(PAN)	聚丙烯纤维(PP)
长度(mm)	6、9、12	19
纤度(dtex)/直径(μm)	1.5/15	16.7/48
密度(g/cm^3)	1.18	0.91
抗拉强度(MPa)	910	260 ~ 350
弹性模量(MPa)	17 100	3 500
含水率(%)	<2	0.1
延伸率(%)	14 ~ 20	8 ~ 10
受热反应及燃烧状态	软化点:190 ~ 240℃; 熔点不明显	软化点:140 ~ 160℃; 熔点:165 ~ 173℃
每公斤纤维根数	8.76 亿	700 万 ~ 3 000 万
耐光性及耐候性	最好	差

(2)聚丙烯腈纤维的抗拉强度为910MPa,聚丙烯纤维约为280 ~ 670MPa,前者的抗拉强度是后者的1.36 ~ 3.25倍。高强度的纤维对于提高混凝土的抗弯韧性、抗疲劳性能和抗冲击性能都有良好的效用。

(3)聚丙烯腈纤维的极限延伸率约为聚丙烯的1.75 ~ 32.0倍,显示出聚丙烯腈纤维具有更好的变形性能。

(4)每公斤聚丙烯腈纤维约有8.76亿根单丝纤维,同等质量的聚丙烯纤维的根数为700万 ~ 3000万;另外,聚丙烯腈纤维的直径仅为15μm,而聚丙烯纤维的直径为48μm,根据纤维平均间距理论,低掺量、低弹性模量的纤维在水泥砂浆和混凝土中的阻裂效果与纤维在混凝土中的间距有直接的关系;在低掺量前提下,纤维平均间距越小,抗塑性干缩开裂的能力越强。因此,在相同纤维体积掺量情况下,聚丙烯腈纤维的抗塑性干缩开裂的能力高于聚丙烯纤维。

从分子结构上看,聚丙烯腈和聚丙烯的分子结构分别如图 7-1。

图 7-1　聚丙烯腈和聚丙烯的分子结构图

聚丙烯腈比聚丙烯多一个极性腈基(CN),正是这个基团赋予了聚丙烯腈纤维良好的亲水性,因而聚丙烯腈纤维在水泥砂浆和混凝土中分散得更为均匀,如图 7-1 所示。

此外,聚丙烯腈纤维的腈基中的碳、氮原子间以一个 δ 键两个 π 键连接,这种结构能吸收能量较高的紫外线光的光子,并转化为热能,从而保护了主链不降解,因而具有突出的耐晒性。它是除含氟纤维外所有天然纤维和人造纤维中耐光性和耐候性最好的纤维,其耐光性好说明它具有极强的抗紫外线老化能力,加之其卓越的耐候性可以保证纤维在混凝土中长期发挥功效,保持混凝土优良的性能,这也是聚丙烯腈纤维在工程中使用时所具有的独特优势。因此,聚丙烯腈纤维比聚丙烯纤维具有更好的抗紫外线老化能力及耐候性。

3. 纤维优选结论

综合以上分析可见,聚丙烯腈纤维在提高水泥混凝土路面的抗裂性能和使用性能等方面具有明显的优势，是新一代的水泥混凝土路面抗裂增强材料，具有十分广泛的应用前景。

根据项目市场调研结果，选用深圳海川公司的路威2002—II聚丙烯腈纤维作为纤维混凝土路面的优选纤维。该纤维的主要性能指标如表7-7所列。

路威2002—II型纤维技术参数 表7-7

纤度(dtex)	1.5	长度(mm)	6、9、12
直径(μm)	12.7		
色泽	光亮、淡黄/白色	密度(g/cm^3)	1.18
延伸率(%)	20~26	强度(MPa)	500~600
弹性模量(GPa)	7~9	每公斤纤维根数(亿)	11、7.2、5.7
抗酸碱性	良好	耐候性	良好

五、聚丙烯腈纤维混凝土路面的工程应用[127]

针对以上，福建省公路局和福州大学土木工程学院合作在总结国内外相关研究成果的基础上，以现行技术规范为依据，针对聚丙烯腈纤维混凝土路面，开展了聚丙烯腈纤维基本力学性能、路面混合料配合比优化设计以及疲劳寿命等试验研究工作。在试验研究基础上，提出了聚丙烯腈纤维混凝土路面设计方法，并进行了聚丙烯腈纤维混凝土路面试设计和试验路段的施工。

通过研究得到以下结论：

(1)掺入聚丙烯腈纤维，对混凝土的轴心抗压强度、劈裂抗拉强度和抗折强度等基本力学性能均能起到一定的增强作用。其中，对混凝土抗折强度的增强效应较为显著，平均增幅可达约17.5%。

(2)试验研究发现，纤维长度对混凝土轴心抗压强度和抗折强度有较大的影响，但对混凝土的劈裂抗拉强度几乎没有影响。

(3)在低掺量情况下，聚丙烯腈纤维混凝土存在一个最佳纤维体积率，一旦超过该体积率，则纤维对混凝土强度将起到负增强效应。聚丙烯腈纤维混凝土的最佳纤维体积率与混凝土的集料等因素有关。

(4)掺入聚丙烯腈纤维，可以延长混凝土早期收缩裂缝出现的时间；而且对混凝土的早期收缩裂缝起到很好的抑制作用，从而提高了混凝土的耐久性。

(5)疲劳试验结果表明，加入聚丙烯腈纤维后，可以大幅提高混凝土的疲劳寿命，平均增幅可达普通素混凝土的约3.7倍(纤维体积率为0.1%)和5.2倍(纤维体积率为0.15%)。

(6)对疲劳试验数据的概率分析表明，聚丙烯腈纤维混凝土的疲劳寿命能很好地符合威布尔概率分布。基于威布尔概率分布，本报告分别建立了聚丙烯腈纤维混凝土的单对数疲劳方程和双对数疲劳方程，所建立的方程与试验数据较好吻合。此外，通过与素混凝土疲劳方程曲线对比分析发现，聚丙烯腈纤维混凝土的疲劳方程曲线与之相似，但截距和斜率略有不同。

(7)采用所提出的设计理论，对聚丙烯腈纤维混凝土路面进行了试设计，并与普通水泥混凝土路面、钢纤维混凝土路面以及聚丙烯混凝土路面等进行了经济效益分析比较。结果表明，在同等设计条件下，聚丙烯腈纤维混凝土路面有较明显的社会效益和经济效益，值得今后工程推广应用。

（8）公路路面结构承受车轮冲击、振动和疲劳的动载作用以及温度变化等周期性的重复作用，因此，要求路面材料具有足够的抗折强度、高耐磨性能和抗疲劳性能以及优良的耐久性。研究发现，聚丙烯腈纤维混凝土无论是静力强度还是疲劳性能都较普通水泥混凝土大为改善，因此，它无疑是一种性能优良、值得推广应用的路面建筑材料。

（9）提出可供聚丙烯腈纤维混凝土路面设计使用的计算公式如下：

聚丙烯腈纤维混凝土路面的荷载疲劳应力计算式

$$\sigma_{pr} = k_c k_f k_r \sigma_{ps} \tag{7-1}$$

式中 k_r、k_c、σ_{ps} 的取值和计算方法也与普通水泥混凝土路面相同；疲劳应力系数 k_f 根据式（7-2）确定。

$$k_f = \frac{1}{1.0765} N_e^{0.036} \tag{7-2}$$

聚丙烯腈纤维混凝土路面，不同轴轮型和轴载作用次数，按式（7-3）换算为标准轴载作用次数。

$$N_s = \sum_{i=1}^{n} \delta_i N_i \left(\frac{P_i}{100} \right)^{25.1} \tag{7-3}$$

式中：N_s——100kN 的单轴双轮组标准轴载的通行次数；

N_i——各类轴、轮型级轴载的通行次数；

P_i——单轴单轮组、单轴双轮组、双轴双轮组或三轴双轮组轴型 i 级轴载的总重力（kN）；

δ_i——与轴型相关的系数，单轴双轮组时，$\delta_i = 1$；单轴单轮组时，按式（7-4）计算；双轴双轮组时，按式（7-5）计算；三轴双轮组时，按式（7-6）计算。

$$\delta_i = 1.92 \times 10^5 P_i^{-0.67} \tag{7-4}$$

$$\delta_i = 5.64 \times 10^{-9} P_i^{-0.33} \tag{7-5}$$

$$\delta_i = 9.46 \times 10^{-14} P_i^{-0.36} \tag{7-6}$$

聚丙烯腈纤维混凝土路面的综合温度疲劳应力：

$$\sigma_{tcr} = k_{tc} \cdot \sigma_{tcm} \tag{7-7}$$

式中，综合温度疲劳应力系数 k_{tc} 按公式（7-8）计算。

$$k_{tc} = \frac{f_r}{\sigma_{tcm}} \left[0.824 \left(\frac{\sigma_{tcm}}{f_r} \right)^{1.323} - 0.036 \right] \tag{7-8}$$

为验证聚丙烯腈纤维混凝土路面的实际使用性能，分别在国道 205 线南平段和国道 316 线福州段进行了试验路建设，两地建设的试验路段长度分别为 150m 和 212m。其中，南平市试验路段左、右路幅宽度分别为 5.5m 和 4.5m，福州市试验路段左、右路幅宽度均为 5.0m。国道 205 线和国道 316 线均为重交通等级路面，设计弯拉强度 5.0MPa；设计路面面层采用 24cm 厚的聚丙烯腈纤维混凝土材料；路面施工采用三辊轴机组施工。以下简要介绍工程应用情况。

1. 南平试验路段应用情况

1）路面设计

南平试验路段安排在国道 205 线、桩号 K2129 + 200 ~ K2129 + 350 路段，试验路段总长 150m，路面左、右幅宽度分别为 5.5m 和 4.5m。路面面层采用 24cm 厚聚丙烯腈纤维混凝土路面，设计弯拉强度 5.0MPa。根据前期路面配合比优化设计的研究结果，按设计弯拉强度进行聚丙烯腈纤维混凝土配合比试设计,并分别进行7d和28d抗折强度试验。根据7d抗折强度试验结果,确定采用表7-8所列的混凝土配合比。

南平试验路段配合比设计 表7-8

<table>
<tr><td colspan="8">原 材 料 配 合 比 设 计</td></tr>
<tr><td colspan="2">原材料</td><td>水</td><td>水 泥</td><td>砂</td><td>4.75~31.5mm碎石</td><td>外加剂</td><td>聚丙烯腈纤维</td></tr>
<tr><td colspan="2">材料用量(kg/m³)</td><td>161</td><td>374</td><td>607</td><td>1 290</td><td>—</td><td>1.000</td></tr>
<tr><td colspan="2">配合比</td><td>0.430</td><td>1.000</td><td>1.623</td><td>3.449</td><td>—</td><td>0.003</td></tr>
<tr><td rowspan="2">试配强度(MPa)</td><td>7d</td><td>28d</td><td colspan="2" rowspan="2">试配坍落度(mm)</td><td rowspan="2">18</td><td rowspan="2">试配密度(kg/m³)</td><td rowspan="2">2 450</td></tr>
<tr><td>5.19</td><td>5.50</td></tr>
</table>

注:①施工时,应根据砂、石料的含水率调为现场施工配合比;
②原材料变化时,应重新进行试配且合格后使用。

表7-8所列的混凝土配合比中,水泥采用南平市公路工程普遍采用的红狮牌P.O42.5R普通硅酸盐水泥,砂、石料采用当地砂、石料,按技术规范要求进行级配;聚丙烯腈纤维选用深圳海川公司的路威2002—II纤维,其技术参数如表7-7所列。据计算,南平试验路段所需纤维总用量约为400kg。

2)路面施工

由于聚丙烯腈纤维在混凝土中的作用是通过物理作用实现的,与混凝土中的集料、外加剂、掺合料和水泥都不会有任何冲突,因此,聚丙烯腈纤维混凝土路面的施工与一般水泥混凝土路面施工工序完全相同,对搅拌设备、搅拌及施工工艺也无特别要求,只需适当延长搅拌时间即可,无论是在混凝土搅拌站还是施工现场搅拌都特别简便。

聚丙烯腈纤维混凝土路面的施工步骤如下:

备料和混合料配比设计→测量放样→基层检验和整修→支立模板和安设钢筋→拌和→运输→摊铺→振捣→表面整修→接缝施工→养生→拆模→填嵌缝料。

与普通水泥混凝土路面比较,在施工工程中需要特别注意的事项如下:

(1)混凝土拌和。将包装好的纤维按照设计掺量投入混凝土拌和料中,并准确称量其它各种原材料,水和水泥误差为1%,集料为3%。拌和时先将纤维与砂、石、水泥等同时加入强制搅拌机,先干拌30s,然后加水湿拌90s,搅拌好后采用与普通混凝土相同方式出料运输。

(2)混凝土振捣与表面整修。浇筑摊铺时,适当延长20s振捣时间,更有利于纤维的三维分布。由于掺入聚丙烯腈纤维以后形成三维网结构,混凝土的坍落度有所降低,振捣后与一般混凝土不同,出浆量相应减少,这是因为聚丙烯腈纤维阻止了水的移动性。抹平时与正常方法相同,不要为追求表面光滑而洒太多的水,也不要抹面次数过多。

(3)压纹和接缝锯割。在现场施工温度及条件相同时,压纹和接缝锯割应比普通混凝土滞后约0.5~1h,待纤维混凝土较硬化时进行,这样可以避免锯割时带出纤维。

图7-2显示在混凝土拌和料中呈均匀分布形态的纤维。

图7-2 混凝土中均匀分布的纤维

2. 福州试验路段应用情况

福州试验路段安排在国道316线、桩号K18+008～K18+220路段,试验路段总长212m,路面左、右幅宽度均为4.5m。路面面层采用24cm厚聚丙烯腈纤维混凝土路面,设计弯拉强度5.0MPa。

根据前期路面配合比优化设计的研究结果,按设计弯拉强度进行聚丙烯腈纤维混凝土配合比试设计,并分别进行7d和28d抗折强度试验。根据7d抗折强度试验结果,确定采用表7-9所列的混凝土配合比。

福州试验路段配合比设计　　表7-9

<table>
<tr><td colspan="8">原材料配合比设计</td></tr>
<tr><td colspan="2">原材料</td><td>水</td><td>水泥</td><td>砂</td><td>4.75～31.5mm碎石</td><td>抗折剂</td><td>聚丙烯腈纤维</td></tr>
<tr><td colspan="2">材料用量(kg/m³)</td><td>153</td><td>350</td><td>562</td><td>1 305</td><td>5.25</td><td>1.0</td></tr>
<tr><td colspan="2">配合比</td><td>0.437</td><td>1.000</td><td>1.606</td><td>3.729</td><td>0.015</td><td>0.003</td></tr>
<tr><td rowspan="2">试配强度(MPa)</td><td>7d</td><td>28d</td><td rowspan="2" colspan="2">试配坍落度(mm)</td><td rowspan="2">27</td><td rowspan="2">试配密度(kg/m³)</td><td rowspan="2">2 450</td></tr>
<tr><td>4.90</td><td>6.00</td></tr>
</table>

注:①施工时,应根据现场砂、石料的含水率调为现场施工配合比;
②原材料变化时,应重新进行试配且合格后使用。

表7-9所列的混凝土配合比中,水泥采用福州市公路工程普遍采用的武夷牌P.O42.5R普通硅酸盐水泥,砂、石料采用当地砂、石料,按技术规范要求进行级配;抗折剂采用厦门市思明区创慧建材厂生产的AO早强改良型抗折剂;聚丙烯腈纤维选用深圳海川公司的路威2002-II纤维,其技术参数如表7-7所列。据计算,福州试验路段所需纤维总用量约为360kg。

3. 聚丙烯腈纤维混凝土在桥面铺装层上的应用

桥面铺装层的主要作用是保护桥面板,防止桥梁主体结构遭受车辆的直接磨耗以及雨水侵蚀,并分散车轮集中荷载。桥面铺装层工程质量直接关系到桥梁能否正常使用和耐久性问题。但由于铺装层属于附属结构,在设计和施工期间常常被忽视,造成混凝土铺装层出现早期裂缝和早期破损现象。随着公路交通量日益增加,公路桥梁在重载车辆和重复冲击荷载作用下,桥面铺装层不到设计年限即造成严重损坏,水泥混凝土桥面开裂,沥青混凝土桥面则出现壅包、推移和裂缝,并影响桥梁主体结构的使用寿命和行车安全。

长期以来公路桥梁的桥面铺装层主要采用水泥混凝土或沥青混凝土混合料,由于混凝土本身是脆性材料,抗拉强度低、抗裂性能差且韧性差,掺入聚丙烯腈纤维正好能够有效地改善混凝土的缺陷,或改善沥青混凝土混合料柔性大的弱点。因此,课题组分别在省道202线永泰城关大桥和国道104线罗源五里桥桥面铺装层修复改造工程中,采用聚丙烯腈纤维混凝土替代普通水泥混凝土。经初步计算,与普通混凝土桥面铺装层相比,采用聚丙烯腈纤维混凝土,不仅桥面铺装层厚度可以减薄约4cm,而且还具有更好的耐久性和更长的使用寿命。

第八章　福建省公路水泥混凝土路面设计与养护改建技术

第一节　福建省公路水泥混凝土路面结构设计方法

一、公路水泥混凝土路面结构组合设计

水泥混凝土路面设计方案，应根据公路的使用任务、性质和要求，结合当地气候、水文、土质、材料、施工技术、实践经验以及环境保护要求等，通过技术经济分析确定。水泥混凝土路面设计应包括结构组合、材料组成、接缝构造和钢筋配置等。水泥混凝土路面结构应按规定的安全等级和目标可靠度，承受预期的荷载作用，并同所处的自然环境相适应，满足预定的使用性能要求。

1）路基

路基应稳定、密实、均质，对路面结构提供均匀的支承，重载交通路段路基顶面回弹模量宜达到40MPa以上，其它路段不应低于30MPa。

对土质良好的挖方路段，土基回弹模量和压实度可采用普通标准；对填方段和土质较差的路段，宜提高一级土基回弹模量和压实度标准。

2）垫层

遇下述情况时，需在路基上设置垫层。

（1）水文地质条件不良的土质路堑，路床土湿度较大时，宜设置排水垫层；

（2）路基可能产生不均匀沉降或不均匀变形时，可加设半刚性垫层。

垫层宽度应与路基同宽，厚度不小于150mm。

3）基层

（1）基层应具有足够的强度和刚度，以使基层在重载作用下不至于发生一次性断裂，并使基层在预定的设计标准轴载的反复作用下，不发生疲劳弯拉破坏。

（2）基层应为路面板提供一个稳定均匀的支承，减小路面板的应力和挠度，避免路面板产生过大的弯沉差，从而避免板角（板边）产生唧泥和脱空。

（3）基层应具有足够的抗水损害性能，对于降雨量大的地区，宜采用排水基层。

（4）基层集料级配设计应满足强度要求：中交通及中交通等级以上 > 3.0MPa，其它交通等级 > 2.0MPa。

（5）基层类型宜依照交通等级按表8-1选用。混凝土预制块面层应采用水泥稳定粒料基层，禁用抗冲刷能力很低的水泥稳定土、石灰稳定土、级配砾石、石灰稳定工业废渣。

适宜各交通等级的基层类型 　　表 8-1

交通等级	基层材料类型
特重交通	贫混凝土、碾压贫混凝土或多孔贫混凝土
重交通	沥青稳定碎石、水泥或沥青稳定碎石排水基层、水泥稳定粒料
中等或轻交通	水泥稳定粒料、二灰稳定粒料

(6)特重或重交通等级的二级公路，当路基为低透水性细粒土时宜采用排水基层。排水基层可选用多空隙的开级配水泥稳定碎石、沥青稳定碎石或碎石，其空隙率约为 20%。

(7)基层的宽度应比混凝土面层每侧宽不少于 300mm。路肩采用混凝土面层，基层宽度宜与路基同宽。路面基层厚度和适宜范围见表 8-2。

各类基层厚度的适宜范围 　　表 8-2

基层类型	厚度适宜的范围(mm)
贫混凝土或碾压混凝土基层①	120～200
水泥或石灰粉煤灰稳定粒料基层	150～250
沥青稳定碎石基层	80～100
级配粒料基层	150～200
多孔隙水泥稳定碎石排水基层②	120～140
沥青稳定碎石排水基层	80～100

注：①贫混凝土或碾压混凝土基层厚度调坡时可不小于 80mm；
②多孔隙水泥稳定碎石排水基层厚度不包含不透水底基层厚度。

(8)碾压混凝土基层应设置与混凝土面层相对应的接缝。贫混凝土基层应设置与混凝土面层相对应的横向缩缝。

(9)基层下未设垫层，上路床为细粒土、黏土质砂或级配不良砂(承受特重或重交通时)，或者为细粒土(承受中等交通时)，应在基层下设置底基层。底基层可采用级配粒料、水泥稳定粒料或石灰粉煤灰稳定粒料，厚度一般为 200mm。

(10)排水基层下应设置由水泥稳定粒料或者密级配粒料组成的不透水底基层，厚度一般为 200mm。底基层顶面宜铺设沥青封层或防水土工织物。

4)面层

(1)水泥混凝土面层应具有足够的强度、耐久性，表面抗滑、耐磨、平整。

(2)面层一般采用设接缝的普通混凝土；面层板的平面尺寸较大或形状不规则，路面结构下埋有地下设施，高填方、软土地基、填挖交界段的路段有可能产生不均匀沉降时，应采用设置接缝的钢筋混凝土面层。其它面层类型可根据适用条件按表 8-3 选用。

其它面层类型选择 　　表 8-3

面层类型	适用条件
聚丙烯腈纤维混凝土面层 钢纤维混凝土面层	受高程限制路段、收费站、混凝土加铺层和桥面铺装
矩形或异形混凝土预制块面层	服务区停车场、二级及二级以下公路桥头引道沉降未稳定段

(3)普通混凝土、钢筋混凝土、聚丙烯腈纤维或钢纤维混凝土面层板一般采用矩形,其纵向和横向接缝应垂直相交,纵缝两侧的横缝不得相互错位。

(4)纵向接缝的间距按路面宽度在 3.0 ~ 4.5m 范围内确定。碾压混凝土、钢纤维混凝土面层在全幅摊铺时,可不设纵向缩缝。

5)横向接缝的间距

(1)普通混凝土面层一般为 4 ~ 5m,面层板的长宽比不宜超过 1.30,平面尺寸不宜大于 $25m^2$;

(2)碾压混凝土、钢纤维或聚丙烯腈纤维混凝土面层一般为 6 ~ 10m;

(3)钢筋混凝土面层一般为 6 ~ 15m。

普通混凝土、钢筋混凝土、碾压混凝土或配筋混凝土面层所需的厚度,可参照表 8-4 并按计算确定。

水泥混凝土面层厚度的参考范围 表 8-4

交通等级	特重				重			
公路等级	高速	一级		二级	高速	一级		二级
变异水平等级	低	中	低	中	低	中	低	中
面层厚度(mm)	260	250	240		250 ~ 270	240 ~ 270	240 ~ 260	

交通等级	中等				轻	
公路等级	二级		三、四级	三、四级	三、四级	
变异水平等级	高	中	高	中	高	中
面层厚度(mm)	220 ~ 240		200 ~ 230	200 ~ 220	180 ~ 230	180 ~ 220

钢纤维混凝土面层的厚度按钢纤维掺量确定,钢纤维体积率为 0.6% ~ 1.0% 时,其厚度为普通混凝土面层厚度的 0.65 ~ 0.75 倍。特重或重交通等级时,面层最小厚度为 160mm;中等或轻交通等级时,其最小厚度为 140mm。

特重或重交通等级时,聚丙烯腈纤维混凝土路面面层最小厚度为 200mm;中等或轻交通等级时,其最小厚度为 160mm。

除混凝土预制块面层外,各种混凝土面层的厚度应满足计算要求。荷载疲劳应力和温度疲劳应力分别按《公路水泥混凝土路面设计规范》(JTG D40)附录 B.1 和 B.2 计算。面层设计厚度依计算厚度按 10mm 向上取整。

路面表面构造应采用刻槽、压槽、拉槽或拉毛等方法制作。

6)路肩

(1)路肩结构与材料宜与路面相同,并满足路面的排水要求。

(2)路肩面层应用拉杆与行车道面板联成一体。

(3)填方路段水泥混凝土路面行车道板外边缘距土路肩顶部边缘水平距离不宜小于 1.5m。

7)路面排水

(1)路面应设置双向或单向横坡,坡度为 1% ~ 2%。

(2)路面结构设置排水基层或垫层时,应在排水基层或垫层外侧边缘设置纵向集水沟和带孔集水管,并间隔 50 ~ 100m 设置横向排水管。

(3)路肩采用水泥混凝土面层时,排水基层的纵向边缘集水沟可设在路肩下或路肩外侧边缘内。

(4)带孔集水管的孔径通常采用100~150mm。横向排水管不带孔,其管径与集水管相同。集水沟的宽度通常采用300mm。集水沟的深度应能保证集水管管顶低于排水层底面,并有足够厚度的回填料使集水管不被施工机械压裂。沟内回填料宜采用与排水基层或垫层相同的透水性材料,或者不含细料的碎石或砾石粒料。回填料与沟壁间应铺设无纺反滤织物。

(5)集水沟和集水管的纵坡宜与路线纵坡相同,但不应小于0.25%。横向排水管的坡度不宜小于5%。

(6)横向排水管出口端应设端墙。端头用镀锌铁丝网或格栅罩住,出水口应进行冲刷防护。在横向排水管上方的路肩边缘处应设置标志,标明出水口位置。

(7)边沟宜采用强度不低于C20的混凝土结构,尺寸标准化,沟底应平整。

8)接缝设计与填缝材料

接缝设计与填缝材料按《公路水泥混凝土路面设计规范》(JTG D40)执行。

面层配筋设计、路面结构材料组成要求及性质参数可按《公路水泥混凝土路面设计规范》(JTG D40)执行。

二、设计依据

各级公路水泥混凝土路面结构的设计安全等级及相应的设计基准期、目标可靠指标和目标可靠度、材料性能和结构尺寸参数的变异水平应符合《公路水泥混凝土路面设计规范》(JTG D40)规定。

水泥混凝土路面结构设计以行车荷载、温度梯度、固化温度梯度综合作用产生的疲劳断裂作为设计的极限状态,其表达式采用式(8-1)。

$$\gamma_r(\sigma_{pr}+\sigma_{tcr})\leqslant f_r \tag{8-1}$$

式中:γ_r——可靠度系数,依据所选目标可靠度及变异水平等级按《公路水泥混凝土路面设计规范》(JTG D40)确定;

σ_{pr}——行车荷载疲劳应力(MPa),计算方法见《公路水泥混凝土路面设计规范》(JTG D40);

σ_{tcr}——综合温度梯度疲劳应力(MPa),计算方法见《公路水泥混凝土路面设计规范》(JTG D40),综合温度梯度为最大温度梯度标准值与对应施工季节固化温度梯度之和;

f_r——水泥混凝土弯拉强度标准值(MPa)。

水泥混凝土路面所承受的轴载作用,按设计基准期内设计车道所承受的标准轴载累计作用次数分为4级,分级范围如表8-5。

交通分级 表8-5

交通等级	特重	重	中等	轻
设计车道标准轴载累计作用次数 N_e(10^4)	>2 000	100~2 000	3~100	<3

水泥混凝土路面结构设计以100kN的单轴双轮组荷载作为标准轴载。不同轴、轮型和轴载的作用次数,按《公路水泥混凝土路面设计规范》(JTG D40)换算成标准轴载的作用次数。

水泥混凝土的强度以28d龄期的弯拉强度进行控制。各交通等级要求的混凝土弯拉强度标准值应满足表8-6的要求。对于旧路改造需要提前开放交通的,可以通过采用掺加外加剂的方法使混凝土在预定的时间达到表8-6要求。

混凝土弯拉强度标准值(单位:MPa) 表8-6

交通等级 / 混凝土类型	特　重	重	中　等	轻
水泥混凝土	5.0	5.0	4.5	4.0
聚丙烯腈纤维混凝土	5.0	5.0	4.5	4.0
钢纤维混凝土	6.0	6.0	5.5	5.0

水泥混凝土面层的最大温度梯度标准值 T_g,可按表8-7选用。

最大温度梯度标准值 T_g(单位:℃/m) 表8-7

地　区	福州、莆田、泉州、厦门、漳州	龙岩、三明、南平、宁德
最大温度梯度	110	90

面层的最大固化温度梯度标准值 T_c,可按照路面施工季节按表8-8选用。

最大固化温度梯度标准值 T_c(单位:℃/m) 表8-8

施工季节	夏　季	春、秋季	冬　季
最大固化温度温度梯度	32	16	0

三、重载交通水泥混凝土路面结构设计

对于按《公路水泥混凝土路面设计规范》(JTG D40)计算得到路面交通为重载交通的路段,还宜按如下重载交通水泥混凝土路面设计方法进行验算。

重载交通水泥混凝土路面设计除验算纵缝边缘中部受力外,还应验算横缝边缘受力(图8-1)。

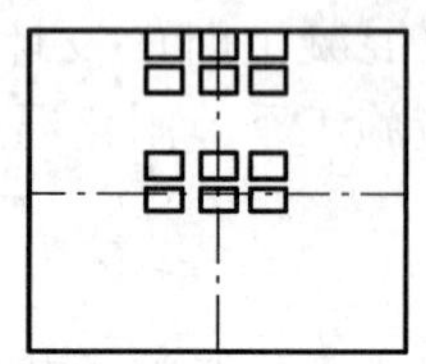 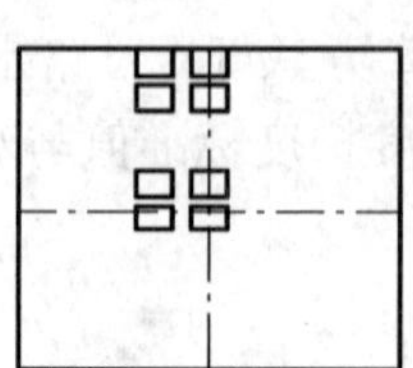 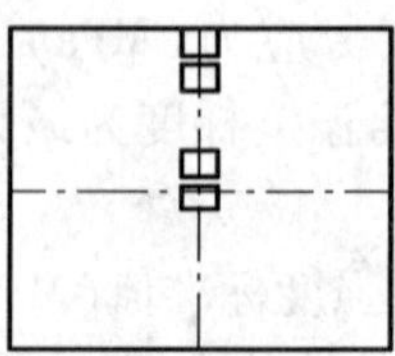 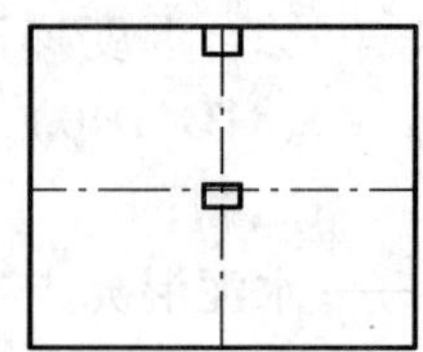

图8-1　纵缝中部疲劳验算时各轴型加载位置

1)纵缝边缘中部的荷载应力公式和轴载换算公式

荷载应力按式(8-2)计算:

$$\sigma_p = Ar^m P^n / h^t \tag{8-2}$$

式中:P——轴载(kN);

r——混凝土面板的相对刚度半径(m);

h——水泥混凝土面板厚度(m);

A、m、n、t——与轴型有关的回归系数,见表8-9。

纵缝边缘中部荷载应力回归系数 A、m、n 和 t 值 表8-9

轴 型	A	m	n	t
单轴单轮	0.000 607	0.943 5	0.836 39	3.004 70
单轴双轮	0.000 315	0.925 5	0.973 52	2.844 64
双轴双轮	0.000 145	1.000 7	0.970 02	2.845 60
三轴双轮	0.000 083 1	0.983 6	0.979 95	2.847 31

轴载换算系数:

$$L_e = \delta_i\left(\frac{P_i}{P_s}\right)^{\frac{n}{0.0566}} \tag{8-3}$$

式中:P_i——单轴单轮组、单轴双轮组、双轴双轮组或三轴双轮组轴型 i 级轴载的总重力(kN);

P_s——检验的标准轴载(kN);

n——查表8-10;

δ_i——与轴型相关的系数,根据选取不同标准轴型计算如下:

当标准轴载为100kN单轴双轮组时

$\delta_i = 1$ 单轴双轮

$\delta_i = 1.01 \times 10^5 P_i^{-2.42} h^{-2.83}$ 单轴单轮

$\delta_i = 8.28 \times 10^{-7} P_i^{-0.06} h^{-0.02}$ 双轴双轮

$\delta_i = 4.74 \times 10^{-11} P_i^{0.11} h^{-0.05}$ 三轴双轮

式中:h——水泥混凝土面板厚度(m)。

当标准轴载为200kN双轴双轮组时

$\delta_i = 1$ 双轴双轮

$\delta_i = 1.21 \times 10^{11} P_i^{-2.64} h^{-2.81}$ 单轴单轮

$\delta_i = 1.21 \times 10^6 P_i^{0.07} h^{0.02}$ 单轴双轮

$\delta_i = 5.72 \times 10^{-5} P_i^{0.20} h^{-0.03}$ 三轴双轮

当标准轴载为300kN三轴双轮组时

$\delta_i = 1$ 三轴双轮

$\delta_i = 2.12 \times 10^{15} P_i^{-2.84} h^{-2.78}$ 单轴单轮

$\delta_i = 2.11 \times 10^{10} P_i^{-0.13} h^{0.05}$ 单轴双轮

$\delta_i = 1.75 \times 10^4 P_i^{-0.20} h^{0.03}$ 双轴双轮

2)横缝边缘的荷载应力公式和轴载换算公式

水泥混凝土路面结构在四种轴型作用于横缝边缘中部时板底的最大拉应力位置如图 8-2 所示。

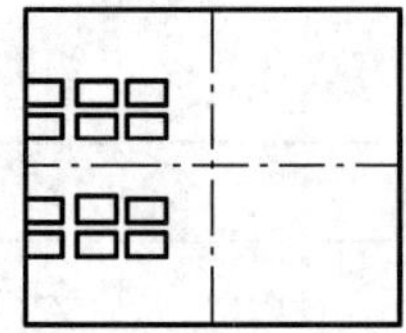
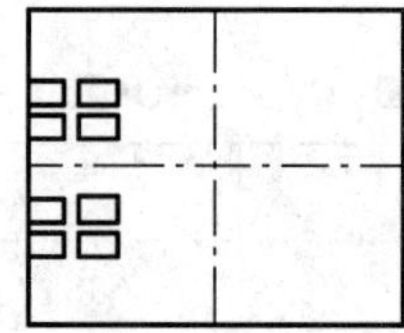
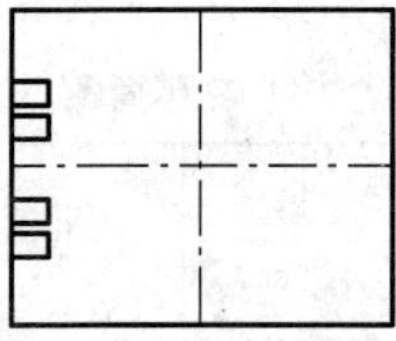
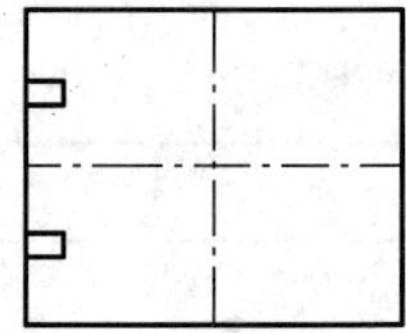

图 8-2　横缝边缘疲劳验算时各轴型加载位置

轴载换算系数计算公式按式(8-3)计算,其中 n 查表 8-10。

横缝边缘中部荷载应力回归系数 A、m、n 和 t 值　　表 8-10

轴　型	A	m	n	t
单轴单轮	0.001 19	0.738 3	0.692 136	2.774 993
单轴双轮	0.000 386	0.810 7	0.908 904	2.640 398
双轴双轮	0.000 209	0.901 6	0.915 064	2.707 976
三轴双轮	0.000 131	0.940 7	0.932 176	2.738 132

当标准轴载为 100kN 单轴双轮组时

$\delta_i = 1$　　单轴双轮

$\delta_i = 5.79 \times 10^{8} P_i^{-3.83} h^{-2.38}$　　单轴单轮

$\delta_i = 1.37 \times 10^{-5} P_i^{0.11} h^{-1.19}$　　双轴双轮

$\delta_i = 3.06 \times 10^{-9} P_i^{0.41} h^{-1.73}$　　三轴双轮

当标准轴载为 200kN 双轴双轮组时

$\delta_i = 1$　　双轴双轮

$\delta_i = 4.23 \times 10^{13} P_i^{-4.41} h^{-1.18}$　　单轴单轮

$\delta_i = 7.30 \times 10^{4} P_i^{-0.12} h^{1.19}$　　单轴双轮

$\delta_i = 2.23 \times 10^{-4} P_i^{0.34} h^{-0.53}$　　三轴双轮

当标准轴载为 300kN 三轴双轮组时

$\delta_i = 1$　　三轴双轮

$\delta_i = 1.89 \times 10^{17} P_i^{-4.74} h^{-0.65}$　　单轴单轮

$\delta_i = 3.27 \times 10^{8} P_i^{-0.46} h^{1.73}$　　单轴双轮

$\delta_i = 4.48 \times 10^{3} P_i^{-0.34} h^{0.53}$　　双轴双轮

3)结构组合设计

由于重载交通的影响,进行水泥混凝土路面结构设计时,首先考虑结构组合设计,包括各结构层和结构措施的设计。

4)控制疲劳破坏

当公路交通属于重载交通时,设计除了验算纵缝边缘中部疲劳外,还需验算横缝边缘疲劳。

5)最大限载标准

为了防止特重轴载车辆数次甚至一次破坏作用,对于重载交通水泥混凝土路面建议检验最大限载标准,即:

$$\gamma_r(\sigma_{pmax}+\sigma_{rmax})\leqslant f_r \tag{8-4}$$

式中:σ_{pmax}——特重车辆荷载在临界荷位处产生的荷载应力(MPa);

σ_{rmax}——在临界荷位处可能产生的最大温度应力(MPa)。

四、聚丙烯腈纤维混凝土路面结构设计方法

聚丙烯腈纤维混凝土路面的荷载疲劳应力计算式

$$\sigma_{pr}=k_c k_f k_r \sigma_{ps} \tag{8-5}$$

式中k_r、k_c、σ_{ps}的取值和计算方法也与普通水泥混凝土路面相同;疲劳应力系数k_f根据式(8-6)确定。

$$k_f=\frac{1}{1.0765}N_e^{0.036} \tag{8-6}$$

聚丙烯腈纤维混凝土路面,不同轴轮型和轴载作用次数,按式(8-7)换算为标准轴载作用次数。

$$N_s=\sum_{i=1}^{n}\delta_i N_i\left(\frac{P_i}{100}\right)^{25.1} \tag{8-7}$$

式中:N_s——100kN 的单轴双轮组标准轴载的通行次数;

N_i——各类轴、轮型级轴载的通行次数;

Pi——单轴单轮组、单轴双轮组、双轴双轮组或三轴双轮组轴型i级轴载的总重力(kN);

δ_i——与轴型相关的系数,单轴双轮组时,$\delta_i=1$;单轴单轮组时,按式(8-8)计算;双轴双轮组时,按式(8-9)计算;三轴双轮组时,按式(8-10)计算。

$$\delta_i=1.92\times10^{-5}P_i^{-0.67} \tag{8-8}$$

$$\delta_i=5.64\times10^{-9}P_i^{-0.33} \tag{8-9}$$

$$\delta_i=9.46\times10^{-14}P_i^{-0.36} \tag{8-10}$$

聚丙烯腈纤维混凝土路面的综合温度疲劳应力:

$$\sigma_{tcr}=k_{tc}\cdot\sigma_{tcm} \tag{8-11}$$

式中,综合温度疲劳应力系数k_{tc}按公式(8-12)计算。

$$k_{tc}=\frac{f_r}{\sigma_{tcm}}\left[0.824\left(\frac{\sigma_{tcm}}{f_r}\right)^{1.323}-0.036\right] \tag{8-12}$$

五、福建省公路水泥混凝土路面推荐典型结构

1.新建路面典型结构

推荐混凝土路面典型结构列于表8-11~表8-14。

轻交通等级路面典型结构 表 8-11

设计车道标准轴载累计作用次数 N_e(10^4)	<3	
面层	180~230mm 水泥混凝土面板	180~230mm 水泥混凝土面板
基层	120mm 贫混凝土、碾压混凝土基层	150~170mm 水泥稳定粒料类基层
路基	$E>30$MPa	$E>30$MPa

中等交通等级路面典型结构 表 8-12

设计车道标准轴载累计作用次数 N_e(10^4)	3~100	
面层	220~240mm 水泥混凝土面板	220~240mm 水泥混凝土面板
基层	120mm 贫混凝土、碾压混凝土基层	150~170mm 水泥稳定粒料类基层
路基	$E>30$MPa	$E>30$MPa

重交通等级路面典型结构 表 8-13

设计车道标准轴载累计作用次数 N_e(10^4)	100~500	500~1 000	1 000~2 000
面层	240~250mm 水泥混凝土面板	240~260mm 水泥混凝土面板	250~260mm 水泥混凝土面板
基层	120~140mm 贫混凝土、碾压混凝土或 160~180mm 水泥稳定粒料类基层	120~140mm 贫混凝土、碾压混凝土或 160~180mm 水泥稳定粒料类基层	120~140mm 贫混凝土、碾压混凝土或 160~180mm 水泥稳定粒料类基层
垫层	150~300mm 碎石或砾石垫层	150~300mm 碎石或砾石垫层	150~300mm 碎石或砾石垫层
路基	$E>30$MPa	$E>30$MPa	$E>30$MPa

特重等级交通路面典型结构 表 8-14

设计车道标准轴载累计作用次数 N_e(10^4)	>2 000
面层	250~280mm 水泥混凝土面板
基层	140mm 贫混凝土、碾压混凝土基层
垫层	150~300mm 碎石或砾石
路基	$E>40$MPa

注:①贫混凝土、碾压混凝土基层,弯拉强度应大于 2MPa;
②基层弯拉强度大于 3MPa,需设置与面层对应的纵横缝;
③弯拉强度达到大于 2~3MPa,需设置与面层对应的横缝;
④垫层厚度的选取,依照路基强度确定,路基强度高选用低值,路基强度低选用高值。

2. 改建路面典型结构

加铺改建混凝土路面典型结构见表 8-15。

加铺改建路面典型结构　　表 8-15

设计车道标准轴载累计作用次数 N_e(10^4)	<100	100～2 000	2 000
面层	水泥混凝土面层 200mm	水泥混凝土面层 220mm	水泥混凝土面层 240mm
基层	150mm 水泥稳定基层	150mm 水泥稳定基层	150mm 水泥稳定基层
路基	冲击压实破碎旧水泥混凝土路面	冲击压实破碎旧水泥混凝土路面	冲击压实破碎旧水泥混凝土路面

注:以上水泥混凝土面板的材料和强度要求见《公路水泥混凝土路面设计规范》(JTG D40)规定。

六、水泥混凝土路面厚度计算示例

1. 普通水泥混凝土路面设计计算示例

1)设计条件

福建省某地二级公路拟建普通水泥混凝土路面,设计标准为四车道,路基宽 25.5m,行车道宽 15m,设置中间带。经调查和预测,使用初期公路设计车道的交通组成如下:解放 CA50 为 500 辆/d,东风 EQ140 为 2 000 辆/d,黄河 JN360 为 500 辆/d,交通 SH361 为 500 辆/d,太脱拉 138 为 138 辆/d。交通量年平均增长率为 5%。

2)设计步骤

(1)判断交通等级

由于本设计路面为二级公路,安全等级为三级,所以设计年限取为 20 年,轮迹横向分布系数取为 0.36。根据《公路水泥混凝土路面设计规范》(JTG D40)(以下简称设计规范)计算使用初期设计车道内标准轴载作用次数:

$$N_s = \sum_{i=1}^{n} \delta_i N_i \left(\frac{P_i}{100}\right)^{16} = 1\,051(次/d)$$

则设计年限内设计车道上标准轴载累计作用次数:

$$N_e = \frac{N_5[(1+\gamma)^t - 1] \times 365}{\gamma} \cdot \eta = \frac{1\,051 \times [(1+0.05)^{20} - 1] \times 365}{0.05} \times 0.36 = 4\,565\,733(次)$$

本设计路面属于重交通等级路面,按本规范提供的轴载换算公式重新计算设计车道上标准轴载累计作用次数。

(2)拟定路面结构

查国家现行设计规范表 3.0.1,相应于安全等级三级的变异水平等级为中级。根据二级公路、重交通等级和中级变异水平系数,查现行设计规范表 4.4.6,考虑福建省的最大温度梯度最高可达 110℃/m,夏季施工的固化温度梯度为 32℃/m,春秋季施工的固化温度梯度为 16℃/m,初拟普通混凝土面层厚度为 26cm,基层选用水泥稳定粒料(水泥用量 5%),厚 0.18m;垫层为 0.15m 低剂量无机结合料稳定土;普通混凝土板的平面尺寸为宽 4.5m、长 5.0m。纵缝为设拉杆平缝,横缝为不设传力杆的假缝。

(3)确定面板的设计弯拉强度和弹性模量

查国家现行设计规范表 3.0.6,取普通混凝土面层的弯拉强度标准值为 5.0MPa;相应弯拉弹性模量取为 3.1GPa。

(4)确定基层顶面的当量回弹模量

查现行设计规范,路基回弹模量取 30MPa,低剂量无机结合料稳定土垫层回弹模量取 600MPa,水泥稳定粒料基层回弹模量取 1 300MPa,计算基层顶面当量回弹模量过程如下:

$$E_x = \frac{h_1^2 E_1 + h_2^2 E_2}{h_1^2 + h_2^2} = \frac{1\,300 \times 0.18^2 + 600 \times 0.15^2}{0.18^2 + 0.15^2} = 1\,013(\text{MPa})$$

$$D_x = \frac{E_1 h_1^3}{12} + \frac{E_2 h_2^3}{12} + \frac{(h_1 + h_2)^2}{4}\left(\frac{1}{E_1 h_1} + \frac{1}{E_2 h_2}\right)^{-1}$$

$$= \frac{1\,300 \times 0.18^3}{12} + \frac{600 \times 0.15^3}{12} + \frac{(0.18 + 0.15)^2}{4}\left(\frac{1}{1\,300 \times 0.18} + \frac{1}{600 \times 0.15}\right)^{-1}$$

$$= 2.57(\text{MN} \cdot \text{m})$$

$$h_x = \sqrt[3]{12 D_x / E_x} = \sqrt[3]{12 \times 2.57 / 1\,013} = 0.312(\text{m})$$

$$a = 6.22\left[1 - 1.51\left(\frac{E_x}{E_0}\right)^{-0.45}\right] = 6.22 \times \left[1 - 1.51 \times \left(\frac{1\,013}{30}\right)^{-0.45}\right] = 4.293$$

$$E_t = a h_x^b E_0 \left(\frac{E_x}{E_0}\right)^{1/3} = 4.293 \times 0.312^{0.792} \times 30 \times \left(\frac{1\,013}{30}\right)^{1/3} = 165(\text{MPa})$$

(5)计算荷载疲劳应力

参考现行规范,普通混凝土面层的相对刚度半径为

$$r = 0.537 h \sqrt[3]{E_c / E_t} = 0.537 \times 0.26 \times \sqrt[3]{31\,000/165} = 0.800(\text{m})$$

计算 100kN 单轴双轮的标准轴载在纵缝边缘中部产生的荷载疲劳应力。

按公式(8-3)计算使用初期设计车道内 100kN 单轴双轮的标准轴载作用次数

$$N_s = \sum_{i=1}^{n} \delta_i N_i \left(\frac{P_i}{100}\right)^{17.2} = 501(\text{次/d})$$

设计车道上标准轴载累计作用次数

$$N_e = \frac{N_s[(1+\gamma)^t - 1] \times 365}{\gamma} \cdot \eta = \frac{501 \times [(1+0.05)^{20} - 1] \times 365}{0.05} \times 0.36 = 2\,180\,695(\text{次})$$

根据公式(8-2),查表 8-10,计算 100kN 单轴双轮的标准轴载在纵缝边缘中部产生的荷载应力:$A = 0.000\,315$,$m = 0.925\,5$,$n = 0.973\,52$,$t = 2.844\,64$

$$\sigma_p = A r^m P^n / h^t = 0.000\,315 \times r^{0.925\,5} \times 100^{0.973\,52} \times h^{-2.844\,64}$$

$$= 0.028 \times 0.861^{0.925\,5} \times 0.26^{-2.844\,64} = 1.050(\text{MPa})$$

因纵缝为设拉杆平缝,接缝传荷能力的应力折减系数 $k_r = 0.87$。根据公路等级,查现行技术规范表 B.1.2,考虑偏载和动载等因素对路面疲劳损坏影响的综合系数 k_c 取为 1.20。计算考虑设计基准期内荷载应力累计疲劳作用的疲劳应力系数:$k_f = N^{0.057} = 552\,391^{0.057} = 2.125$。

按现行技术规范式(B.1.2)混凝土路面的纵缝边缘中部荷载疲劳应力:

$$\sigma_{pr} = k_r k_f k_c \sigma_{ps} = 0.87 \times 2.125 \times 1.20 \times 1.050 = 2.518(\text{MPa})$$

计算 100kN 单轴双轮的标准轴载在横缝边缘中部产生的荷载疲劳应力:

按公式(8-3)计算使用初期设计车道内 100kN 单轴双轮的标准轴载作用次数

$$N_s = \sum_{i=1}^{n} \delta_i N_i \left(\frac{P_i}{100}\right)^{16.1} = 40\,521(\text{次/d})$$

设计车道上标准轴载累计作用次数

$$N_e = \frac{N_s[(1+\gamma)^t - 1] \times 365}{\gamma} \cdot \eta = \frac{40\,521 \times [(1+0.05)^{20} - 1] \times 365}{0.05} \times 0.36 = 170\,658\,680(\text{次})$$

根据公式(8-2),查表 8-11,计算标准轴载在横缝边缘中部产生的荷载应力:

$$A = 0.000\,386, m = 0.810\,7, n = 0.908\,90, t = 2.640\,40$$

计算标准轴载在横缝边缘中部产生的荷载应力:

$$\sigma_p = Ar^m P^n / h^t = 0.000\,386 \times r^{0.810\,7} \times 100^{0.908\,90} \times h^{-2.640\,40}$$

$$= 0.025 \times 0.861^{0.810\,7} \times 0.26^{-2.640\,4} = 0.730(\text{MPa})$$

横缝传荷能力的应力折减系数 $k_r = 1.0$。根据公路等级,查现行技术规范表 B.1.2,考虑偏载和动载等因素对路面疲劳损坏影响的综合系数 k_c取为 1.20。计算考虑设计基准期内荷载应力累计疲劳作用的疲劳应力系数:$k_f = N^{0.057} = 170\,658\,680^{0.057} = 2.951$。

按现行技术规范式(B.1.2)混凝土路面的荷载疲劳应力:

$$\sigma_{pr} = k_r k_f k_c \sigma_{ps} = 1.0 \times 2.951 \times 1.20 \times 1.050 = 2.586(\text{MPa})$$

100kN 单轴双轮的标准轴载在纵缝边缘中部产生荷载疲劳应力 2.586 MPa 大于在横缝边缘中部产生荷载疲劳应力 2.250MPa,故 100kN 单轴双轮的标准轴载的临界荷位的荷载疲劳应力取 2.518 MPa 进行强度验算。

(6)计算温度疲劳应力

取最大温度梯度标准值取为 110℃/m,并考虑夏季施工最大固化温度梯度标准值为 32℃/m,春秋季施工最大固化温度梯度标准值为 16℃/m。由板长 5m,则 $l/r = 5/0.800 = 6.25$,由技术规范查得在板厚 $h = 0.26$m 时,$B_x = 0.57$。

计算夏季施工时混凝土板的最大温度梯度和最大固化温度梯度时的综合温度翘曲应力:

$$\sigma_{tcm} = \frac{\alpha_c E_c h(T_c + T_g)}{2} B_x = \frac{1 \times 10^{-5} \times 31\,000 \times 0.26 \times (110 + 32)}{2} \times 0.57 = 3.261(\text{MPa})$$

温度疲劳应力系数:

$$k_c = \frac{f_r}{\sigma_{tcm}}\left[0.824\left(\frac{\sigma_{tcm}}{f_r}\right)^{1.323} - 0.036\right] = \frac{5.0}{3.261} \times \left[0.824 \times \left(\frac{3.261}{5.0}\right)^{1.323} - 0.036\right] = 0.663$$

综合温度疲劳应力:

$$\sigma_{tcr} = k_{tc} \cdot \sigma_{tcm} = 3.261 \times 0.663 = 2.161(\text{MPa})$$

计算春秋季施工时最大温度梯度和最大固化温度梯度时综合温度翘曲应力:

$$\sigma_{tcm} = \frac{\alpha_c E_c h(T_c + T_g)}{2} B_x = \frac{1 \times 10^{-5} \times 31\,000 \times 0.26 \times (110 + 16)}{2} \times 0.57 = 2.894(\text{MPa})$$

温度疲劳应力系数:

$$k_c = \frac{f_r}{\sigma_{tcm}}\left[0.824\left(\frac{\sigma_{tcm}}{f_r}\right)^{1.323} - 0.036\right] = \frac{5.0}{2.894} \times \left[0.824 \times \left(\frac{2.894}{5.0}\right)^{1.323} - 0.036\right] = 0.628$$

综合温度疲劳应力：

$$\sigma_{tcr}=k_{tc}\cdot\sigma_{tcm}=2.894\times0.628=1.819(\text{MPa})$$

(7)路面强度验算

根据现行技术规范表3.0.1，二级公路安全等级为三级，相应于三级安全等级的变异水平等级为中级，目标可靠度为85%，最终确定可靠度系数 $\gamma_r=1.08$。对混凝土路面强度进行验算：

夏季施工

$$\gamma_r(\sigma_{pr}+\sigma_{tcr})=1.08\times(2.586+2.161)=5.13\text{MPa}\geqslant f_r=5.0(\text{MPa})$$

春秋季施工

$$\gamma_r(\sigma_{pr}+\sigma_{tcr})=1.08\times(2.586+1.819)=4.75\text{MPa}\leqslant f_r=5.0(\text{MPa})$$

春秋季节施工时，验算结果符合强度要求，所选的普通混凝土面层厚度26cm可以承受实际基准期内的荷载应力和温度应力的综合疲劳作用。

2. 聚丙烯腈纤维混凝土路面厚度计算示例

1）设计条件

福建省某地二级公路拟建聚丙烯腈纤维混凝土路面，设计标准为四车道，路基宽25.5m，行车道宽15m，设置中间带。经调查和预测，使用初期公路上设计车道交通组成如下：解放CA50为500辆/d，东风EQ140为2 000辆/d，黄河JN360为200辆/d，交通SH361为200辆/d，太脱拉138为150辆/d。交通量年平均增长率为5%。

2）设计步骤

(1)计算使用初期设计车道内标准轴载作用次数

根据式(8-7)进行轴载换算，计算结果如表8-16所示。

各种车型轴载换算 表8-16

车型	轴重力(kN)	轴数	换算系数	交通量	标准轴载作用次数
解放CA50	28.7	1	5.004×10^{10}	500	2.502×10^{7}
	68.2	1	6.729×10^{5}	500	0.033 65
东风EQ140	35	1	6.381×10^{8}	2 000	1.276×10^{4}
	70.15	1	1.366×10^{4}	2 000	0.273 1
黄河JN360	50	1	3.883×10^{4}	200	0.077 65
	220	2	0.374 2	200	74.84
交通SH361	60	1	0.033 38	200	6.677
	220	2	0.374 2	200	74.84
太脱拉138	51.4	1	7.623×10^{4}	150	0.114 3
	160	2	1.403×10^{4}	150	0.021 06
合计					156.87次/d

(2)计算设计年限内设计车道上标准轴载累计作用次数

由于本设计路面为二级公路,所以设计年限取为20年,轮迹横向分布系数取为0.36。则:

$$N_e = \frac{N_s[(1+\gamma)^t - 1] \times 365}{\gamma} \cdot \eta$$

$$= \frac{156.87 \times [(1+0.05)^{20} - 1] \times 365}{0.05} \times 0.36 = 681\ 586 \quad (次)$$

(3)拟定路面结构

考虑福建省的最大温度梯度最高可达110℃/m,初估聚丙烯腈纤维混凝土面板厚为22cm,基层选用水泥稳定粒料(水泥用量5%),厚0.18m;垫层为0.15m低剂量无机结合料稳定土;聚丙烯腈纤维混凝土板的平面尺寸为宽4.5m、长5.0m。纵缝为设拉杆平缝,横缝为不设传力杆的假缝。

(4)确定面板的设计弯拉强度和弹性模量

取聚丙烯腈纤维混凝土的设计弯拉强度为5.0MPa;根据聚丙烯腈纤维混凝土基本力学性能试验结果,弯拉弹性模量取为3.3GPa。

(5)确定基层顶面的当量回弹模量

查现行技术规范,路基回弹模量取30MPa,低剂量无机结合料稳定土垫层回弹模量取600MPa,水泥稳定粒料基层回弹模量取1 300MPa,计算基层顶面当量回弹模量过程如下:

$$E_x = \frac{h_1^2 E_1 + h_2^2 E_2}{h_1^2 + h_2^2} = \frac{1\ 300 \times 0.18^2 + 600 \times 0.15^2}{0.18^2 + 0.15^2} = 1\ 013(\text{MPa})$$

$$D_x = \frac{E_1 h_1^3}{12} + \frac{E_2 h_2^3}{12} + \frac{(h_1 + h_2)^2}{4}\left(\frac{1}{E_1 h_1} + \frac{1}{E_2 h_2}\right)^{-1}$$

$$= \frac{1\ 300 \times 0.18^3}{12} + \frac{600 \times 0.15^3}{12} + \frac{(0.18 + 0.15)^2}{4}\left(\frac{1}{1\ 300 \times 0.18} + \frac{1}{600 \times 0.15}\right)^{-1}$$

$$= 2.57(\text{MN} \cdot \text{m})$$

$$h_x = \sqrt[3]{12D_x/E_x} = \sqrt[3]{12 \times 2.57/1\ 013} = 0.312(\text{m})$$

$$a = 6.22\left[1 - 1.51\left(\frac{E_x}{E_0}\right)^{-0.45}\right] = 6.22 \times \left[1 - 1.51 \times \left(\frac{1\ 013}{30}\right)^{-0.45}\right] = 4.293$$

$$b = 1 - 1.44\left(\frac{E_x}{E_0}\right)^{-0.55} = 1 - 1.44 \times \left(\frac{1\ 013}{30}\right)^{-0.55} = 0.792$$

$$E_t = a h_x^b E_0 \left(\frac{E_x}{E_0}\right)^{1/3} = 4.293 \times 0.312^{0.792} \times 30 \times \left(\frac{1\ 013}{30}\right)^{1/3} = 165(\text{MPa})$$

(6)计算荷载疲劳应力

参考现行技术规范,聚丙烯腈纤维混凝土面层的相对刚度半径为:

$$r = 0.537h\sqrt[3]{E_c/E_t} = 0.537 \times 0.22 \times \sqrt[3]{33\ 000/165} = 0.691(\text{m})$$

参考现行技术规范,计算标准轴载在临界荷位处产生的荷载应力:

$$\sigma_{ps} = 0.077r^{0.60}/h^2 = 0.077 \times 0.691^{0.6}/0.22^2 = 1.274(\text{MPa})$$

因纵缝为设拉杆平缝,接缝传荷能力的应力折减系数$k_r = 0.87$。根据公路等级,考虑偏载和动载等因素对路面疲劳损坏影响的综合系数k_c取为1.2。计算考虑设计基准期内荷载应力累计疲劳作用的疲劳应力系数：

$$k_f = \frac{1}{1.0765} \times (681586)^{0.036} = 1.507$$

计算聚丙烯腈纤维混凝土路面的荷载疲劳应力：

$$\sigma_{pr} = k_r k_f k_c \sigma_{ps} = 0.87 \times 1.507 \times 1.2 \times 1.274 = 2.004(\text{MPa})$$

(7)计算温度疲劳应力

最大温度梯度取为110℃/m，并考虑夏季最大固化温度梯度为32℃/m和春秋季最大固化温度梯度为16℃/m。由板长5m，则 $l/r = 5/0.691 = 7.237$，由规范查得在板厚 $h = 0.22$m 时，$B_x = 0.72$。

计算夏季施工时最大固化温度梯度和最大固化温度梯度时聚丙烯腈纤维混凝土板的温度翘曲应力：

$$\sigma_{tcm} = \frac{\alpha_c E_c h(T_g + T_c)}{2} B_x$$

$$= \frac{1 \times 10^{-5} \times 33000 \times 0.22 \times (110 + 32)}{2} \times 0.72 = 3.711(\text{MPa})$$

根据规范相关系数，计算聚丙烯腈纤维混凝土路面的温度疲劳应力系数：

$$k_{tc} = \frac{f_r}{\sigma_{tcm}}\left[0.824\left(\frac{\sigma_{tcm}}{f_r}\right)^{1.323} - 0.036\right]$$

$$= 5.0/3.711 \times \left[0.824 \times \left(\frac{3.711}{5.0}\right)^{1.323} - 0.036\right] = 0.700$$

计算春秋季施工时最大固化温度梯度和最大固化温度梯度时聚丙烯腈纤维混凝土板的温度翘曲应力：

$$\sigma_{tm} = \frac{\alpha_c E_c h(T_g + T_c)}{2} B_x$$

$$= \frac{1 \times 10^{-5} \times 33000 \times 0.22 \times (110 + 16)}{2} \times 0.72 = 3.293(\text{MPa})$$

温度疲劳应力系数：

$$k_{tc} = \frac{f_r}{\sigma_{tcm}}\left[0.824\left(\frac{\sigma_{tcm}}{f_r}\right)^{1.323} - 0.036\right]$$

$$= 5.0/3.293 \times [0.824 \times (3.293/5.0)^{1.323} - 0.036]$$

$$= 0.665$$

分季节计算温度疲劳应力：

夏季施工

$$\sigma_{ctr} = k_{tc} \cdot \sigma_{tcm} = 0.700 \times 3.711 = 2.597(\text{MPa})$$

春秋季施工

$$\sigma_{tcr} = k_{tc} \cdot \sigma_{tcm} = 0.665 \times 3.293 = 2.191(\text{MPa})$$

(8)路面强度验算

根据现行技术规范，二级公路安全等级为三级，目标可靠度为85%，最终确定可靠度系数 $\gamma_r = 1.08$。对聚丙烯腈纤维混凝土路面强度进行验算：

夏季施工

$$\gamma_r(\sigma_{pr}+\sigma_{tcr})=1.08\times(2.004+2.597)=4.970\text{MPa}\leqslant f_r=5.0\text{MPa}$$

春秋季施工

$$\gamma_r(\sigma_{pr}+\sigma_{tcr})=1.08\times(2.004+2.191)=4.531\text{MPa}\leqslant f_r=5.0\text{MPa}$$

验算结果说明采用聚丙烯腈纤维混凝土作为路面面层材料时，厚度取22cm时，当夏、春、秋季节施工时可满足设计要求。

第二节　福建省公路水泥混凝土路面养护技术

公路基本建设一般会经历3个阶段：新建阶段、新建与养护并重阶段、养护与改建阶段。从我国公路发展及路网分布的状况分析来看，我国部分省份地区已进入到了新建与养护并重阶段，对于较发达的地区，则已进入以养护、改建为重点的阶段。另外近年来，由于交通量的大幅度增长和超重轴载的破坏作用，许多地区的水泥混凝土路面破损严重，都需要进行养护、维修和改建。对旧水泥混凝土路面进行养护维修与改建，提高路面服务质量，目前已逐渐成为各地公路交通养护部门的一项重要工作。

水泥混凝土路面养护工作必须贯彻"预防为主、防治结合"的方针。根据路面实际情况和具体条件，以及水文、地质、气候、交通和公路等级等情况，采取预防性、经常性和周期性的保养和相应修补，对于较大范围路面维修，应安排中修、大修或改建工程，使路面处于良好的使用状况。

水泥混凝土路面的养护必须加强计划及施工管理，根据计划做好进度安排、人员组织、物资设备供应，确保养护工作按照计划实施；必须加强养护工程质量管理和监督；必须加强水泥混凝土路面的养护经济核算和成本分析。水泥混凝土路面养护应依靠科技进步，加强养护技术管理，逐步采用先进的检测仪器设备，正确评价路况，提出科学的养护对策。积极推广采用新技术、新材料、新工艺，发展现代化水泥混凝土路面的养护技术。

水泥混凝土路面养护必须贯彻文明施工、安全生产、保护环境的方针，制订技术安全措施，加强安全教育、严格执行安全操作规程，确保安全生产。水泥混凝土路面养护，除按本技术标准的规定执行外，尚应符合国家和行业现行有关规范和标准的规定。

水泥混凝土路面的养护工程分为小修、中修、大修和改建工程等。

应定期对水泥混凝土路面质量进行检查。凡不符合养护质量标准的，应及时维修，或有计划地安排中修、大修或改建工程，予以改善和提高。

养护工程中的中修、大修和改建工程的质量标准，可参照《公路工程质量检验评定标准》(JTG F80/1)执行。

一、养护材料要求

水泥混凝土路面养护维修的常规和专用材料，必须具有足够的强度、耐久性和稳定性。水泥混凝土路面养护维修的常规材料的技术要求应符合《公路水泥混凝土路面设计规范》(JTG D40)和《公路水泥混凝土路面施工技术规范》(JTG F30)规定。

水泥混凝土路面养护维修所用的路面标线材料的技术要求应符合《道路交通标志和标线》(GB 5768)的规定;其它专用材料的技术要求应符合《公路水泥混凝土路面养护技术规范》(JTJ 073.1)的规定。填缝材料性能应符合《公路水泥混凝土路面接缝材料》(JT/T 203)规定的技术要求。

二级及二级以下公路填缝材料宜采用加热施工式填缝料。二级公路加热施工沥青基填缝材料技术指标应满足表8-17中FG—G技术标准要求。二级以下公路加热施工沥青基填缝材料技术指标应满足表8-17中FG—Z或FG—D技术标准要求。

沥青基填缝材料技术指标 表8-17

项目名称	单位	技术指标		
		FG—G	FG—Z	FG—D
针入度	0.1mm	<60	<50	<40
PI值	–	>0.2	>0.1	>0.0
弹性恢复率	%	>60	>40	>30
当量脆点	℃	<-20	<-18	<-15
塑性范围	℃	>60	>60	>60
拉伸量	mm	>15	>10	>10
灌入温度	℃	110~180		

二、养护机械配备

水泥混凝土路面的养护维修应根据需要与可能,参照《公路水泥混凝土路面养护技术规范》(JTJ 073.1)的规定要求配备一定数量的机械设备。养护维修机械应配备专业人员,加强机械的保养和维修,以提高机械设备的完好率和利用率,降低养护费用。水泥混凝土路面清灌缝宜使用节能、环保和恒温的专用机械。灌缝宜采用加温型的灌缝机械,清缝宜采用具有高压吹风功能的清缝机械,清缝机除了能清除缝隙内的沙石外,高压风还能吹净尘土,从而更有效地保证了灌缝质量。

国内外现有清、灌缝机械产品很多,灌缝机按行驶方式可分为:车载式、自行式、拖挂式和手推式,目前水泥路灌缝作业以手推式为多;按加热方式可分为:液化气、燃油、导热油及电加热形式,目前采用液化气加热方式较多;按输送方式可分为:自流式和压力式,压力式又可分为:泵送和气送,真是五花八门,各显其能;清缝机则为发动机或电机带一刀片旋转的手推式结构形式为多。

灌缝机国产的有鞍山森远和北京市政路通公司生产的拖挂式灌缝机,南京双立元公司、河南新乡、四川公路科技公司、福州公路局等生产的手推式灌缝机等。拖挂式的主要特点是:适用于大面积灌缝作业;手推式热灌缝机的特点是:体积小、操作方便、使用灵活、造价低,主要适用于热填缝料的灌缝作业。福建公路水泥混凝土路面养护地方标准推荐灌缝、清缝机械主要技术参数如下:

水泥混凝土路面灌缝机械主要技术参数:

(1)灌缝宽度:3~10mm;

(2)灌缝深度:30~60mm;

(3)灌缝速度：>10m/min；

(4)灌缝料温度：可控制；不超过180℃；局部不得过热；

(5)功率：4～6kW。

水泥混凝土路面清缝机械主要技术参数：

(1)清缝宽度：3～10mm；

(2)清缝深度：30～60mm；

(3)清缝速度：>5m/min；

(4)功率：10kW。

三、养护对策

1)符合以下情况之一可采用日常养护和局部或个别板块修补措施：

(1)高速公路及一级公路的路面破损状况等级为优和良；

(2)二级及二级以下公路的路面破损状况等级为中及中以上。

路面日常养护和局部或个别板块修补措施可参考表8-18。

各种病害的养护或修补措施　　表8-18

病害＼措施	可暂不修	填封缝裂	填封接缝	部分深度修补	全深度修补	换板	沥青混合料修补	板底堵封	板顶研磨	刻槽	边缘排水
纵、横、斜裂缝和角隅断裂	L	L,M,H			H						
交叉裂缝和断裂板		L,M				M,H					
纹裂或网裂和起皮	L,M			M,H			M,H				
沉陷、胀起	L,M						M,H	H	M,H		
唧泥、错台	L		L,M					H	H		M,H
脱空	L							H			
接缝碎裂	L			M,H	H		M,H				
拱起	L				M,H	H					
纵缝张开			L,H								
填缝料损坏	L		M,H								
磨损和露骨	磨损						露骨			磨光	
活性集料反应	L					H	M				

注：表中L、M、H表示病害轻重程度等级：L-轻度；M-中等；H-严重。

2)符合以下情况之一可采取全路段改建或重铺措施：

(1)高速公路及一级公路的路面破损状况等级为中和中以下；

(2)二级及二级以下公路的路面破损状况等级为次及次以下；

(3)特重和重交通等级路段断板率达10%以上；

(4)中和轻交通等级路段断板率达20%以上。

3)符合以下情况之一可采取刻槽、罩面或加铺层等措施改善路面的平整度：

(1)高速公路及一级公路的行驶质量等级为中和中以下;

(2)二级及二级以下公路的行驶质量等级为次及次以下。

4)符合以下情况之一可采取刻槽、罩面等措施提高路表面的抗滑能力:

(1)高速公路及一级公路的抗滑能力等级为中和中以下;

(2)二级及二级以下公路的抗滑能力等级为次及次以下。

5)特重和重交通等级路段宜每年集中修补置换一次,中和轻交通等级路段宜两年集中修补置换一次。裂缝维修、错台、沉陷、接缝维修等路面破损处理的技术要求,依据《公路水泥混凝土路面养护技术规范》(JTJ 073.1)的规定执行。

6)日常养护

(1)行车道与硬路肩上的泥土和杂物,应经常予以清扫。对于国道、交通量达到重交通等级的省道、城市出入口和通向旅游景区的公路宜采取机械化的保洁方式。

(2)路面接缝的填缝料出现缺损或溢出,应及时填补或清除,并应防止泥土、砂石及其它杂物进入接缝内,影响混凝土路面板的正常伸缩。

(3)水泥混凝土路面清灌缝应由专职人员使用专业设备进行作业。

(4)水泥混凝土路面填缝料应每两年更换一次。

(5)路基路面(包括路肩、中央分隔带)排水设施,应经常检查和疏通,防止积水,以保护路面不受地面水和地下水的损害。

(6)路面标线、导向箭头及文字标志,应及时清洗和恢复,保持标线和标志完整、清晰醒目。辅助和加强标线作用的凸起路标,应无损坏、松动或缺失,并保持其反射性能。

(7)路肩外和中央分隔带内种植的树木、绿篱和花草,应及时浇灌、剪修,以保持路容整齐、美观。如有空缺或老化,应适时补植或更新。对病虫害,应及时防治。对影响视距和路面稳定的绿化栽植,应予以处理。对路面、路肩和路缘石等的局部损坏,采取措施进行修复,保持路面正常的使用状态和服务水平。

7)水泥混凝土路面性能改善与修复方法

对路面的较大损坏,应按本标准对路面检查评定结果确定的养护对策,安排中修、大修或改建工程。对承载能力不足或不适应交通发展要求的路面,可进行加铺、加宽,以提高承载能力和通行能力。水泥混凝土路面改建技术适用范围和选择可参考表8-19。水泥混凝土路面性能改善与修复方法按《公路水泥混凝土路面养护技术规范》(JTJ 073.1)的规定执行。

水泥混凝土路面改建技术适用范围和选择 表8-19

改建技术		适用范围	技术工艺特点
沥青混凝土加铺	打裂压稳	适用于旧混凝土路面整体结构坚固,只是表现出一定的平整度、剥落等病害,有或者没有修补区域	在加铺面层之前,将旧有水泥混凝土路面敲裂,碾压破裂混凝土至稳定为止。理想状况下,打裂压稳处理后,对于扩散性裂缝的深度应不小于25mm,施工时严禁将路面和基层振碎。打裂压稳通常用于消除沥青面层的反射裂缝
	断裂压稳	适用于钢筋混凝土路面,加强区域必须破坏或断裂,钢筋和混凝土之间连接必须破坏,这种显著的降低结构承载力,必须在计算沥青加铺厚度时加以考虑	该技术应用取决于旧水泥混凝土路面的退化显著水平,如果由于严重的工作性裂缝,接缝退化,错台,或不均匀沉降,断裂破碎后板的整体性保留很小,可考虑碎石化技术或者重建

续上表

改建技术		适用范围	技术工艺特点
沥青混凝土加铺	碎石化	适用于在没任何保留潜力的板整体性和路面承载力的情况下,设计者必须考虑旧混凝土路面显著的整体结构能力的丧失	采用移动式单头共振式破碎机或者多头冲击式破碎机将旧混凝土面板打成碎块的过程。碎块粒径范围从砂粒尺寸到200mm左右,细颗粒集中在路面上部,粗颗粒集中在路面下部。该技术的特点是将旧水泥面板破碎,形成“高强粒料基层”,再加铺混凝土面层
水泥混凝土加铺	分离式	当原有路面结构损坏严重,板块裂缝多,旧水泥路面的状况为“次”,不易修复;或新旧混凝土路面的尺寸不同,原有路面接缝不合理,新旧路面坡度不一致;或路面要进行拓宽时,为提高路面通行能力,应采用分离式加铺层	加铺层铺筑前,应对旧路面严重破碎、脱空、裂缝继续发展的板块,进行破碎、清除,用混凝土补平。隔离层材料应采用油毡、沥青砂、细粒式沥青混凝土等稳定性较好的材料。隔离层的厚度为15～20mm
	结合式	当旧水泥路面的状况为“优”,混凝土路面板基本完好,板块的平面尺寸和接缝布置合理,新旧路面路拱坡度基本一致,接缝基本对齐,为提高水泥路面的承载能力,宜采用结合式加铺层	加铺层铺筑前应首先对路面结构性损坏进行修复,对旧混凝土板表面凿毛并仔细清洗,清除旧混凝土表面油污、剥落及接缝中的杂物,重新封缝,并在洁净的混凝土毛面上涂以水泥浆,铺筑水泥混凝土加铺层
	直接式	当旧水泥混凝土路面状况为“良”、“中”,路拱坡度基本符合要求,板的平面尺寸和接缝布置合理,为提高水泥混凝土路面的承载能力,宜采用直接式加铺层	加铺层铺筑前,应先对路面结构性损坏进行修复,对旧混凝土路面表面仔细清洗,清除旧混凝土表面剥落碎块及接缝中的杂物,并重新封缝
水泥混凝土路面或沥青路面重建	冲击压实	当结构寿命完全丧失,或者过多的裂缝;过大的板沉降隆起;接缝破坏严重;由于“D”型裂缝或集料缺陷导致的混凝土耐久性能低下。宜采用冲击压实技术破碎旧路面,然后铺筑基层和水泥混凝土或沥青混凝土加铺层	当旧水泥路面状况为“差”时,应将旧水泥混凝土板破碎,灌浆、碾压稳定,作为垫层使用,在垫层之上铺筑一层半刚性基层,半板刚性基层最小厚度不小于150mm,然后铺筑水泥混凝土或沥青混凝土加铺层

注:①沥青混凝土加铺:使用机械对旧水泥混凝土路面进行破碎后,直接加铺沥青混凝土面层的改建技术;

②水泥混凝土加铺:根据旧水泥混凝土路面的使用状况,采取不同的旧路表面处理措施后,在旧路面上直接加铺水泥混凝土面层的改建技术;

③水泥混凝土重建:对旧水泥混凝土路面进行破碎和补充压实后,作为新修路面结构的垫层或路基,重新加铺路面基层和水泥混凝土面层(或沥青混凝土面层)的改建技术;

④冲击压实:采用冲击压路机对碾压面的压实,主要作用是提高被压对象的密实度与破碎度,冲压效果与土质状况、冲击压路机的型号、行驶速度等有关;

⑤打裂压稳:在加铺面层之前,将旧水泥混凝土路面敲裂,碾压破裂混凝土至稳定。打裂压稳处理后,对于扩散性裂缝的深度应不小于25mm,严禁将路面和基层振碎。该技术通常用于消除沥青面层的反射裂缝;

⑥断裂压稳:该技术仅用于钢筋混凝土路面,以破坏混凝土和钢筋之间的联结,从而减小工作缝和裂缝之间的差异性位移。在加铺面层之前,将旧水泥混凝土路面敲裂,碾压破裂混凝土至稳定。断裂压稳的裂缝间距为1 50～600mm;

⑦碎石化:采用移动式单头共振式破碎机或者多头冲击式破碎机将旧混凝土面板打成碎块的过程。碎块粒径范围从砂粒尺寸到200mm左右的尺寸,细颗粒集中在路面上部,粗颗粒集中在路面下部。该技术的特点是将旧水泥面板破碎,形成“高强粒料基层”,再加铺混凝土面层。

第三节　福建省冲压碾压改建旧水泥混凝土路面施工技术

一、冲击碾压改建技术

近年来，福建省公路大力推广应用冲击压实改建旧水泥混凝土路面新技术。冲击碾压改建技术是采用冲击压路机冲击破碎旧水泥混凝土路面，对旧路进行破碎、补充压实和再生利用。冲击碾压施工采用的冲击压路机是一种具有高冲击能量的压实机械。它一改传统的拖式光轮压路机的圆形钢轮为三角形或正方形，当机器行走时，冲击压路机以 1.5 ~ 2.2 次/s 的低频率连续周期性的高振幅撞击力直接冲击破碎混凝土板面（如图 8-3），冲击路面产生的强烈冲击波还可以向板下基层和土基传播，对旧路基进行补充压实。

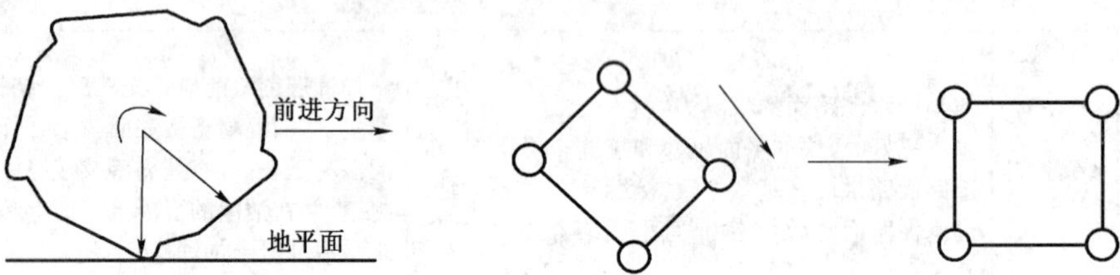

图 8-3　冲击碾压技术原理

通过这样的冲击碾压破碎施工，不仅能有效发挥旧板的残余承载能力，使混凝土碎块形成块状料嵌锁型高强度基层结构，大大减少和缓解原路面板反射裂缝，而且还能消除旧路基的病害，最终为后续路面加铺层提供一个均匀稳定的支承体系。此项技术不仅改建修复质量高，而且特别在修复大面积破损旧水泥混凝土路面时，还有以下优点：

（1）修复质量高；

（2）施工速度快；

（3）工程成本低、影响交通时间短；

（4）环境污染少；

（5）多种用途，既可进行冲击碾压破碎，也可打裂压稳；

（6）经济效益明显等。

2003 年以来，福建省在各地区广泛推广应用冲击碾压技术进行旧水泥混凝土路面改建。2003 年龙岩市公路局、2005 年福州市公路局和福州大学合作相继开展了有关冲击压实技术在旧水泥混凝土路面修复中的应用及其路面设计方面的课题研究。通过近几年来对旧路的冲击碾压改建，福建省公路水泥混凝土路面综合承载能力和抗重载能力明显增强，水泥混凝土路面的修复改建质量有了显著提高。为规范和指导冲击压实改建旧水泥混凝土路面施工，2009 年福建省公路管理局和福州大学根据研究成果，结合国内其它冲击压实改建旧水泥混凝土路面的工程实践经验和技术资料，制定了冲击碾压改建水泥混凝土路面的施工技术标准。

二、一般要求

（1）冲击压实改建旧水泥混凝土路面施工应根据具体的地形地貌、土质条件、公路等

级、路面状况、工期要求等因素综合确定。冲击压实旧水泥混凝土路面产生的噪声和振动力，对沿线构造物和环境有较大的影响，应对受影响的构造物进行强度等验算，并采取弥补措施。

(2)冲击压实改建旧水泥混凝土路面施工应精心组织，严格按设计要求施工，不断总结完善施工工艺、检测方法与质量管理措施，加强施工过程的检测和记录，确保工程质量。冲击压实改建旧水泥混凝土路面施工应制定相关安全保障措施，做到安全生产。

(3)满足下列情况之一时可采用冲击压实改建旧水泥混凝土路面。

①路面破损状况属差级；

②路面板破损率大于10%；

③路面存在大量的结构性病害，结构失去承载力；

④路面存在严重的碱集料反应的情形。

(4)存在下列情况之一时不应采用冲击压实改建旧水泥混凝土路面。

①加筋土挡土墙路段；

②挡土墙、桥梁和涵洞等的承载力不足以承受冲击压实荷载的路段；

③沿线有敏感的设备、构造物，不能承受冲击引起的振动和噪声影响的路段；

④冲压面积或工作面达不到要求的路段；

⑤旧路下埋设重要光缆、电缆的路段。

(5)冲击压路机应在距离冲压路段前30m起步，冲压最短直线距离不宜小于100m。

(6)不同类型冲击压路机的适用条件列于表8-20。

不同类型冲击压路机的适用条件　　表8-20

冲击压路机类型	冲击能量(kJ)	旧水泥混凝土路面冲压施工
三边形	25	不宜采用
四边形	25～30	适合
五边形	25～30	适合

(7)每台冲击压路机应配备2名操作机手，每名操作机手连续作业时间不宜超过2h。

(8)施工应合理安排时间，尽量避免噪声对环境的影响。应及时清扫路面冲击破碎形成的石屑。

(9)施工应采取交通安全措施，设置施工指示标志。夜间施工应满足操作要求的照明条件，设置夜间警示标志。

三、构造物和建筑物的保护

(1)施工前应对周围工程环境进行调查，查明冲压范围内的地下管线及附近各种构造物，特别应查明已存在开裂、或结构已出现损坏的建筑物和构造物情况。

(2)对沿线已存在开裂和结构已出现损坏的构造物和建筑物，在调查的基础上，正确预测冲击压实振动引起的地面振动特征和对周围环境可能产生的影响，在不能确定或保证最小安全距离的情况下，不宜采用冲击压实技术。

(3)对于拟保护的构造物，应在保护范围的外围设置明显的标志，并采取相应的保护措施，确保施工安全距离。冲击压实最小净水平安全距离可参考表8-21。

冲击压实最小净水平安全距离　　表 8-21

构造物类型		冲击压实最小净水平安全距离
涵洞	覆土高度 $H>4$m	可直接冲压
	覆土高度 $H=3\sim4$m	2.5 m
	覆土高度 $H<3$m	3.5 m
U 形桥台和涵洞通道		5m
其余类型桥台		10m
重力式挡墙		距墙背内侧横向 2.5m
地下管线	横向距离	3m
	纵向距离	8m
建筑物	结构安全	15m
	考虑人的影响	20m
电力通讯杆		10m
路基边坡高度 $H=8$m		侧向 1.5 m

(4)对于河沟等有明显隔振效果的情况，经确认不会造成影响时可适当减小安全距离。

(5)在现场可进行现场振动监测试验，根据试验检测结果确定适当的安全距离。考虑冲压振动对周围构筑物的安全有影响时，以径向加速度小于 1m/s^2，垂直加速度小于 2m/s^2 或振动速度小于 10mm/s 为控制指标。考虑人的感受时，可取振动速度 5mm/s 为控制指标。

(6)对于不符合上述安全距离的可采用小型机械设备。

(7)对于冲压施工场地周围的构造物(包括冲压区内和离冲压区 30m 之内的桥涵、地下管线、民居、挡墙、临时用房、工棚等)，在冲击压实施工期间应派人观察，发现墙体开裂、挡墙外鼓等异常情况必须立即停止施工，并向监理单位、业主报告，在调查分析其原因后应采取相应措施。

四、施工准备

(1)应熟悉设计文件、工程地质报告、土工试验报告和地下管线、构造物等资料，核实工程数量，按工期要求、施工难易程度、气候条件等，编制施工组织计划，合理安排冲击压路机的数量、型号与操作机手。

(2)调查施工路段上的涵洞、通道、桥台的位置，标明破碎压实范围和控制点。

(3)对于大坑槽，冲压前应用碎石填平，压实坑槽底部，防止压路机大轴因高低不平、软硬不均而断轴。

(4)落实油料供应；调试校核检测仪器设备；配备相应洒水车；准备维修场地、维修工具、易损件及相应的维修人员。

(5)施工场地应满足冲击压路机转弯的要求：自行式冲击压路机的转弯直径为 8m；胶轮牵引式的转弯直径为 12m；履带式牵引车的转弯直径为 16m。

(6)冲击压实施工的路段应进行交通管制，施工路段前后应有专人负责指挥交通。

五、施工工艺

(1)必须安排专人负责记录压实遍数、压实路段桩号、碾压宽度、行驶速度、构造物观察、

工作时间等施工过程，并备案。

(2)冲击压实需分车道进行，压实行驶路线应设置易辨识的临时标志。

(3)土路基路段，冲击时首先沿板中线施工，当路面板被充分破碎后，再沿路面板边缘行驶，并根据破碎情况改变冲压机的起步位置。

(4)岩质路基路段，采用先沿板边缘冲击破碎，逐渐向中部推进的方法进行。

(5)冲压边角及转弯区域等受条件限制造成破碎效果较差时，应采用小型机械破碎，并用振动压路机压实。

(6)同一条路因地质状况、路面强度等不同，会产生不同的破碎程度，施工时应根据实际破碎状况及时调整冲压遍数，防止出现过度破碎或破碎不够等现象。

(7)冲压时若发现地基土有“弹簧”现象，应挖除“弹簧”土，换填碎石、砂砾等，用压路机具分层压实至旧路面高度后再用冲击压路机冲压。

(8)冲击压实完成后，应及时扫除碎屑颗粒和进行找平处理，尽快进行下一道工序的施工。具体流程图可见图8-4。

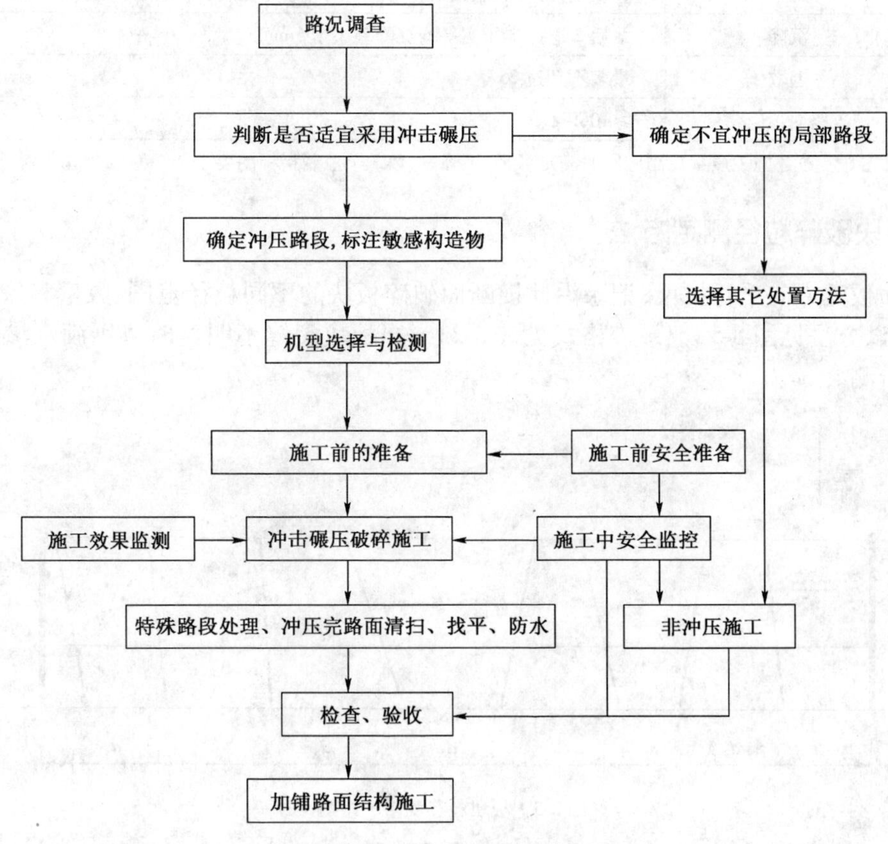

图8-4　冲击压实施工工艺流程图

六、施工质量要求

(1)旧水泥混凝土路面的改建冲压质量要求以粒径、沉降、遍数为主要指标控制，结合破碎路面顶面模量为参考指标进行控制。

(2)冲击碾压各检测指标的方法与频度要求

①粒径:可通过尺量、人工描绘等方式确定混凝土面板的破碎程度,每车道每50m抽检一处;

②沉降量:沉降量的检测每车道每50m抽检一处,计算时取其算术平均值;

③弯沉:每车道每100m抽检一处;

④回弹模量:每车道每50m抽检一处。

(3)旧水泥混凝土路面改建冲压检测项目和质量应满足表8-22要求。

旧混凝土路面冲击压实质量要求 表8-22

指标			标准
控制指标	粒径	结构性病害路段	填方路段和一般土质挖方路段控制粒径全幅60%以上小于30cm,最大粒径小于60cm
			石质挖方路段:全幅60%以上小于60cm控制粒径,最大粒径小于100cm
		非结构性病害路段	填方路段和一般土质挖方路段控制粒径全幅60%以上小于40cm,最大粒径小于60cm
			石质挖方路段:全幅60%以上小于80cm控制粒径,最大粒径小于120cm
	沉降		最后2遍冲击压实平均沉降差小于5mm
	遍数		最多不超过25遍
参考指标	破碎路面顶面模量		≥40MPa

注:现场冲击压实改建施工质量控制应同时满足粒径、沉降、遍数3个控制指标的要求。

七、板块破碎粒径测定方法

沿路面板宽方向平行拉尺,记录沿此横断面破碎板块的不同粒径范围、数量和最大最小粒径,具体测试方法见图8-5,记录表格式见表8-23。当板块裂缝不明显时可用洒水渗透痕迹的方法进行量测。

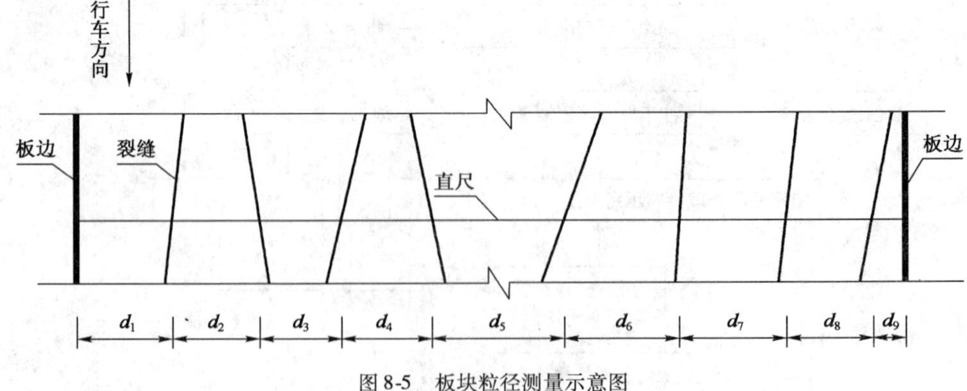

图8-5 板块粒径测量示意图

板块粒径量测表 表8-23

路线名称:×××××× 桩号:×××× 日期:××年××月××日 记录人员:×××

粒径(mm)	>1200	800~1200	600~800	400~600	300~400	<300	合计
数量							
比例							
最小粒径值		最大粒径值		备注			

第九章　公路水泥混凝土路面应用技术发展研究展望

通过研究，本书从福建省公路水泥混凝土路面的区域特点出发，基于“重交通、温度场、山区路基、施工、材料”等影响因素，较系统地对水泥混凝土路面的结构性能以及破坏机制进行了分析，提出了技术对策，这对于下阶段进一步推进福建省水泥混凝土路面应用技术的进步具有重要意义。

然而，公路建造技术的发展始终是一个产生矛盾、克服困难往复循环螺旋上升的过程。随着社会经济的发展，福建省公路的交通特性会不断变化，社会需求对于路面的耐久性、舒适性、环保性、节约性也将提出更高的要求。为迎接未来福建公路不断涌现的新挑战，福建省公路水泥混凝土路面仍需进一步开展以下几方面的研究工作。

1. 进一步加强福建省公路水泥混凝土路面区域特性理论与技术研究

公路是一种三维带状的工程结构物，其使用和服务性能的好坏直接受到当地局部地理、地质、气候、水文地质的显著影响，但由于一些地区区域性问题过于细化，国家规范往往很难具体体现，直接造成各地区域性的个性问题往往无据可循，甚至成为各地路面性能改善的难点和瓶颈。因此，要想有效改善福建省公路水泥混凝土路面的结构性能，除了不断地进行传统研究领域的基础理论和技术创新外，考虑福建各地区的气候地理、路面结构、材料选择、施工、养护的区域特点，将路面研究和创新进一步细化，因地制宜地进行公路的设计施工和材料选择。路面工程的区域化特性和技术研究是对国家规范的有效补充，可以预见，随着经济和科技的发展，进一步加强区域化研究，势必是未来发展的趋势。

总结福建省公路水泥混凝土路面区域特性研究，可包括四个方面内容：

（1）区域地理地质、水文气候及其对路面性能的影响特性和处置技术研究。

（2）区域水泥混凝土路面结构形式和方式演变规律研究。

（3）本地的建筑材料特性研究与材料开发应用技术。

（4）交通荷载特性与本地区域环境和路面典型结构的综合影响特性与处置技术。

2. 进一步加强现代信息化公路养护管理和新技术的引进与研发

水泥混凝土路面建成后，很多工程技术人员和管理人员都认为除了清扫路面外没事可干，一直等到面板断裂再去翻修。而事实证明，在我国现有的路基环境和超载运输条件下，预防性养护措施极为重要。

同时，福建省现在大量服役的水泥混凝土路面在接近使用寿命时，需要进行维修改建，如何决策养护维修方案，是我省公路路面建设养护管理需要重点解决的问题。

福建省现有数万公里水泥混凝土路面，如何通过科技推动，大力开发节能环保的新材料、

再生利用旧水泥混凝土路面材料，实现“节约型交通、绿色交通”交通发展战略，也是需要研究的问题。

因此基于以上，福建省公路在养护方面，须进一步加强基于现代信息技术的路面系统化养护管理、高速无损的路面测试评估技术、预防性养护新技术、水泥混凝土路面再生新技术以及新型高性能养护材料的引进与研发。

3. 水泥混凝土路面现代施工、改建新技术的引进与研发

施工技术的革新与提高，是获得良好路面质量的根本保证。在目前水泥混凝土路面现有施工技术的基础上，未来福建仍需引进消化推广更现代化和先进的机械化施工设备和技术，例如推广滑模施工技术，提高路面平整度和降低施工变异性，引入缩缝传力杆自动设置设备，进一步提高水泥混凝土路面的施工的现代化质量控制水平与施工监控问题等。

在施工设备自动化和技术革新方面，须进一步研发高速、高质量的混凝土铺设设备，特别是二次再生混凝土的计量配料和铺筑设备，以及养护、表面处置、设置接缝的设备，机械化设置和控制地下排水与其它地基基础构件的设备，一次性成型的施工设备，提高维修流程的设备等。

同时，针对福建不同季节的不利气候条件，还要建立在各种气象条件下的水泥混凝土路面实时监控施工质量和技术参数的智能施工控制系统。

在快速改建和施工技术方面也有很多方面亟须改进和提高，具体包括水泥混凝土路面快速改建与施工的规划与仿真技术，路面的预制和模块化技术，水泥混凝土路面的快速施工和改建技术，高速施工和改建产品研发、评估和技术转化研究等。

4. 基于性能要求的高性能水泥混凝土路面结构与材料研究

为了能够适应越来越大、越来越重的汽车交通量和复杂多变的地形、地质及水文环境的需要，许多低噪声新型水泥混凝土路面结构形式迅速发展起来。同时，随着社会经济发展，人们对路面的服务性能要求也越来越高，如何建造更高服务性能的安静、安全、舒适、高速的水泥混凝土路面是今后需要重点研究的问题。

目前水泥混凝土路面多元化发展趋势相当明显。例如素混凝土路面有：普通混凝土路面、缩缝带传力杆混凝土路面、振碾混凝土路面、镶嵌混凝土路面和轮迹混凝土路面等；配筋混凝土路面有：间断钢筋混凝土路面、连续钢筋混凝土路面、预应力钢筋混凝土路面、钢或其它纤维混凝土路面等；特种混凝土路面有：高强混凝土路面、彩色混凝土路面、低噪声混凝土路面、快通混凝土路面、聚合物混凝土路面和树脂混凝土路面等十几种路面形式。

实现这种多元化结构形式的技术前提是：一方面，传统材料正在经历革命性变革，如高强和高性能混凝土使高耐久、低噪声路面的实现成为可能；另一方面，高新材料，如纤维混凝土、聚合物混凝土、树脂混凝土等更多地涌现，使减薄路面厚度，延长接缝间距、更快更好地修复水泥混凝土路面变为现实可能性。

因此，进一步深入研究适合福建省省情的高性能水泥混凝土路面结构和材料，提出基于福建各类路面性能要求的路面结构与混凝土材料设计方法，也必将是未来福建省水泥混凝土路面质量改善、适应未来交通发展的必由之路。

目前国内外已提出要建设更长寿命(60 年)的水泥混凝土路面,总结以上可以看到,福建省公路水泥混凝土路面的技术发展仍然任重道远。可以预见,继续加强养护管理监督,依靠科技提高生产力水平,加强福建省的水泥混凝土路面的区域化研究,进一步提高福建省的路面性能,迎接和解决不断涌现的现代交通新需求和新问题,仍然是下阶段需要进一步深化和持续进行的重要工作。

参 考 文 献

［1］ 福建省地方志编纂委员会编. 福建省志地理志［M］. 北京:方志出版社. 2001

［2］ 鹿世瑾. 福建气候［M］. 气象出版社. 2002.

［3］ 谢兰捷主编. 福建公路［M］. 北京:人民交通出版社,2007

［4］ 福建省地方志编纂委员会编. 福建省志交通志［M］. 北京:方志出版社. 1998

［5］ 杨肩宇,胡昌斌. 福建省重载交通水泥混凝土路面结构研究技术报告［R］. 2007.

［6］ 陈宜国,胡昌斌. 福建省公路水泥混凝土路面温度场与温度应力研究技术报告［R］. 2007. 10

［7］ 林国仁,胡昌斌. 福建省公路水泥混凝土路面病害成因与防治技术研究技术报告［R］. 2009. 7

［8］ 曾惠珍,胡昌斌. 福建省水泥混凝土路面温度场与温度应力研究［D］. 硕士论文,福州大学,2008. 3.

［9］ 林玉燕,胡昌斌. 基于影响线分析方法的水泥混凝土路面受力特性研究［D］. 硕士论文,福州大学,2008. 3

［10］ 邹雪英,胡昌斌. 福建省重载交通水泥混凝土路面结构研究［D］. 硕士论文,福州大学,2008. 3.

［11］ 陈锦峰,胡昌斌. 福建省重载水泥混凝土路面的路基受力与变形特性研究［D］. 硕士论文,福州大学,2008. 3.

［12］ 杨建军,胡昌斌. 福建省水泥混凝土路面基层结构与材料研究［D］. 硕士论文,福州大学,2008. 3.

［13］ 林欣,胡昌斌. 基于车板耦合振动的重载车辆动荷载特性研究［D］. 硕士论文,福州大学,2009. 2.

［14］ 傅智,金志强. 水泥混凝土路面施工与养护技术［M］. 北京:人民交通出版社,2003.

［15］ 侯荣国. 重载标准与基层当量回弹模量研究［D］. 长安:长安大学,2003.

［16］ 蒋应军. 重载交通水泥混凝土路面材料与结构研究［D］. 长安:长安大学,2005.

［17］ 黄文远. 沥青路面超载车辆轴载换算初步研究［J］. 公路交通科技,2000,14(1):5 ~ 6.

［18］ 庄继德. 汽车轮胎学［M］. 北京:北京理工大学出版社,1996.

［19］ 孙立军. 沥青路面结构行为理论［M］. 人民交通出版社. 2005.

［20］ 胡伟. 水泥混凝土路面三维数值分析及轴载换算［D］. 西南交通大学硕士学位论文. 2005.

［21］ 孟书涛等. 轴载、轮胎内压与轴载换算的研究［J］. 公路交通科技,2004,21(6):4 ~ 6.

［22］ 王选仓,王新歧. 重载水泥混凝土路面研究［J］. 中国公路学报,1999,12(1):15 ~ 19.

［23］ 唐伯明等. 欧美水泥混凝土路面设计使用现状综述［J］. 公路,2003,(10):37 ~ 39.

［24］ 张军等. 刚性路面结构动力反应的试验研究［J］. 土木工程学报,2005,38(11):118 ~ 122.

［25］ 田波等. 承受特重车辆的水泥混凝土路面应力分析［J］. 中国公路学报. 2000,13(2):17-19.

［26］ 赵炜城. 重载作用下贫混凝土基层混凝土路面设计方法初步研究［D］. 上海:同济大学,2003.

［27］ 中华人民共和国行业标准. 公路水泥混凝土路面设计规范(JTG D40-2002). 北京:人民交通出版社,2002.

［28］ T. D. Gillespie. Effects of Heavy-Vehicle Characteristics on Pavement Response and Performance. NCHRP Report 353,1993.

［29］ Hiller,J. E. ,and Roesler,J. R. Determination of Critical Concrete Pavement Fatigue Damage Locations Using Influence Lines. Journal of Transportation Engineering,ASCE. Vol. 131,No. 8:599-607. ,2005.

［30］ Rasmussan. R. O and Rozycki. D. K. . Characterization and modeling of axial slab-support restraint. TR 1778, 2001:1-25.

［31］ Kenji Himeno,Tsuyoshi kamijima,Taluya Ikeda. Distribution of Tire Contact Pressure of Vehicles and its Influence on Pavemen Distress. 8th International Conference on AsPhalt Pavement. Washington:International Society for Asphalt Pavement,1997,179 ~ 227.

[32] Ikeda. T. and Itoh. M. Consideration on Equations for Estimating Tire Contact Pressure of a Large Truck. Pros. The 60th Annual Conference of the JaPan Society of Civil Engineers. 1985,(5):465 ~ 466.

[33] M. de. Beer,C. Fisher and Fritz J. Jooste. Determination of Pneumation Tyre. PavementInterface Contact Stresses under Moving Loads Some Effects on Pavements with ThinAsPhalt Surfacing Larges. 8th International Conference on AsPhalt Pavement. Washington:International Society for Asphalt Pavement,1996,128 ~ 140.

[34] 邓学钧,陈荣生. 刚性路面设计(第二版)[M]. 北京:人民交通出版社,2005.

[35] 王丽. 路面结构温度场实测研究[J]. 公路. 2003,8(下):31-35.

[36] 胡昌斌,曾惠珍. 福建省水泥混凝土路面结构温度场监测试验研究[J]. 公路,2007,(8):69-76.

[37] 韩子东. 路面结构温度场研究[D]. 长安大学硕士学位论文. 2001.

[38] 陈廷国,王宪年,段红波. 水泥混凝土路面温度场研究[J]. 公路. 2002,6:73-74.

[39] 谈至明,姚祖康. 水泥混凝土路面疲劳温度应力的计算[J]. 中国公路学报. 1994,7(1):1-7.

[40] 谈至明. 路面温度翘曲型反射裂缝产生机理的分析[J]. 同济大学学报. 1997,26(4):363-366.

[41] 谈至明,周玉民,刘伯莹. 水泥混凝土路面板温度翘曲应力[J]. 公路. 2004,11:64-67.

[42] 谈至明,姚祖康. 层间约束引起的双层水泥混凝土路面板的温度应力[J]. 交通运输工程学报. 2000,1(1):26-28.

[43] 谈至明,姚祖康,刘伯莹. 水泥混凝土路面的温度应力分析[J]. 公路. 2002,8:20-22.

[44] 谈至明,姚祖康,刘伯莹. 双层水泥混凝土路面板的温度应力[J]. 中国公路学报. 2002,16(2):11-13.

[45] 戴经梁,王秉纲. 双层水泥混凝土路面荷载应力分析[J]. 西安公路学院学报,1981,No.4.

[46] 戴时云,胡长顺,王秉纲. 碾压水泥混凝土与沥青混凝土复合式路面结构的温度应力分析[J]. 西安公路交通大学学报. 1994,15(2):2-6.

[47] 顾兴宇,倪富健,董侨. AC + CRCP 复合式路面温度场有限元分析[J]. 东南大学学报. 2006,36(5):805-809.

[48] 严作人. 层状路面温度场分析[D]. 同济大学硕士研究生论文. 1982.

[49] 徐世法. 沥青路面温度分布分布规律的研究[J]. 北京公路,1991(8).

[50] 谈至明,姚祖康. 非线性温度场下的水泥混凝土路面温度应力[J]. 中国公路学报. 1993,6(4):9-17.

[51] 吴赣昌. 半刚性路面温度应力分析[M]. 科学出版社. 1995.

[52] 景天然,严作人. 水泥混凝土路面温度状况的研究[J]. 同济大学学报. 1980(3).

[53] 谢国忠,袁宏,姚祖康. 水泥混凝土路面最大温度梯度值[J]. 华东公路. 1982,(6):9-19.

[54] 袁宏,姚祖康. 考虑温度应力和荷载应力共同作用的混凝土路面结构设计方法[J]. 同济大学学报. 1986,14(4):480-490.

[55] 俞建荣,陈荣生. 碾压水泥混凝土与沥青混凝土复合式路面中碾压水泥混凝土板的最大温度梯度[J]. 中国公路学报. 1995,9(4):30-37.

[56] 顾文均,俞建荣. 水泥混凝土与沥青混凝土复合式路面温度梯度分析[J]. 东南大学学报. 1997,27(3):24-27.

[57] 贺晓东. 水泥混凝土路面最大温度梯度值的推算[J]. 工程论坛. 2005(20).

[58] 中华人民共和国交通部行业标准. JTJ003-86,公路自然区划标准[S]. 北京:人民交通出版社,1987.

[59] 福建省地方志编纂委员会编. 福建省志地质矿产志[M]. 北京:方志出版社. 1996

[60] 陈谦应,蒋树屏,柴贺军,杨建国. 山区公路路基稳定理论与实践[M]. 北京:人民交通出版社,2005.

[61] 傅智,李红. 论长寿命水泥混凝土路面的整体结构优化[J]. 公路,2008. 第 10 期. 67-74.

[62] 武红娟. 土基回弹模量变化对路面设计的影响分析[硕士学位论文]. 西安:长安大学. 2005.

[63] 谈至明,姚祖康. 软土地基不均匀沉降对铺面结构影响的分析[J]. 岩土工程学报. 1989,11(2):54-63.

[64] 唐蓓华. 软土地基水泥混凝土路面足尺板的静载试验研究[J]. 江苏交通科技. 1998,(3):6-10.

[65] 罗翥.水泥混凝土路面板底支承不均匀的力学分析[硕士学位论文].北京:交通部公路科学研究所,2003.

[66] 孔道志,王慎堂,张庆贺.非均匀地基上弹性地基板的变形特征[J].河海大学学报.2002,32(1):91-94.

[67] 巨锁基,李宇峙.地基支承不良条件下连续配筋混凝土路面荷载应力分析.耒宜高速公路论文集[C].2002:78-84.

[68] 何兆益,周虎鑫.软土地基容许工后不均匀沉降指标值探讨[J].华东公路.1996,(1):16-17.

[69] 朱学雷.成都绕城高速公路软土地基不均匀沉降对路面结构性能影响的研究[D].[硕士学位论文].四川:西南交通大学,2002.

[70] 张嘉凡,张慧梅.软土地基路基不均匀沉降引起的路面结构附加应力[J].长安大学学报.2003,23(3):21-25.

[71] 刘飞禹.交通荷载作用下软土地基动力特性及加筋道路动力响应研究[D].[博士学位论文].杭州:浙江大学,2007

[72] 王园,禹忠耀,武移风,王普,王润民,吕大惠.高速公路横向半填半挖路基特殊病害研究.2000年道路工程学术交流会论文集[C].北京:人民交通出版社.2000:303-307.

[73] 凌建明,王伟,邬洪波.交通荷载作用下湿软路基残余变形的研究[J].同济大学学报,2002,30(11):1315-1320.

[74] 公路水泥混凝土路面施工技术规范(JTG F30-2003)[M].北京:人民交通出版社,2003.

[75] 傅智,水泥混凝土路面滑模施工技术[M].北京:人民交通出版社,2000.

[76] 梁军林,傅智.水泥混凝土路面三辊轴机组铺筑施工中应注意的几个问题[J].公路2003,7,75-79

[77] 交通部专家委员会编,县乡公路水泥混凝土路面的设计与施工[M].北京:人民交通出版社,2003.

[78] 福建省公路管理局,福州大学,福建省公路水泥混凝土路面施工技术规范[R].福建省技术监督局,2009.

[79] 李冬梅,胡昌斌.福建省公路水泥混凝土路面的典型病害与成因机理研究[D].硕士论文,福州大学,2009.3.

[80] 王蓉,胡昌斌.夏季高温季节施工时水泥混凝土路面的早龄期性状及其影响研究[D].硕士论文,福州大学,2009.3.

[81] 孙保原,孝万国.水泥混凝土路面施工热应力计算[J].中国公路学报.1993,6(1):1-7.

[82] 水中和,刘松,刘道斌等.事前反馈质量控制技术在汉宜公路加铺工程中的应用[J].公路.2007,1:28-31.

[83] 余宗明.按混凝土强度龄期曲线推算混凝土早期强度[J].施工技术,1994,(10):5-8.

[84] 余宗明.混凝土早期强度推算法及实用分析[J].低温建筑技术,1996,(2):6-9.

[85] 钱匡亮,朱耀台.混凝土收缩开裂相关理论与模型的研究[J].施工技术,2006,35(4):79-81.

[86] Shreenath Rao, S. M. and Jeffery R. Roesler, M. Characterizing Effective Built-In Curling from Concrete Pavement Field Measurements. Journal of Transportation Engineering, ASCE Vol. 131, No. 4:320-327, 2005.

[87] Hatt, W. K. The Effect of Moisture on Concrete. Transactions, ASCE, Paper No. 157, pp. 270 - 315. 1925.

[88] Carlson, R. W. Drying Shrinkage of Concrete as Affected by Many Factors. Proceedings of the American Society for Testing and Materials, ASTM, West Conshohocken, PA, Vol. 38, Pt. II, pp. 419 - 440. 1938.

[89] Hveem, F. N. Slab Warping Affects Pavement Joint Performance. Proceedings American Concrete Institute, Vol. 47, pp. 797 - 808, 1951.

[90] Darter, M., Khazanovich, L., Snyder, M., Rao, S., and Hallin, J. Development and calibration of a mechanistic design procedure for jointed plain concrete pavements. Proc., 7th Int. Conf. on Concrete Pavements, Orlando, Fla. 2001.

[91] Zollinger, D. G. , and Barenberg, E. J. Proposed mechanisticbased design procedure for jointed concrete pavements. Illinois Cooperative Highway Research Program Project IHR-518, Univ. of Illionis, Urbana, Ill. 1989.

[92] Hiller, J. E. , and Roesler, J. R. Transverse joint analysis for use in mechanistic - empirical design of rigid pavements. Transp. Res. Rec. , 1809, Transportation Research Board, Washington, D. C. , 42 - 51. 2002.

[93] Byrum, C. R. Analysis by High-Speed Profile of Jointed Concrete Pavement Slab Curvatures. In Transportation Research Record 1730, TRB, National Research Council, Washington, D. C. , 2000, pp. 1 - 9.

[94] Rao, C. , Barenberg, E. J. , Snyder, M. B. , and Schmidt, S. Effects of temperature and moisture on the response of jointed concrete pavements. Proc. , 7th Int. Conf. on Concrete Pavements, Orlando, Fla. 2001.

[95] Beckemeyer, C. A. , Khazanovich, L. , and Yu, H. T. Determining the amount of built-in curling in JPCP: A case study of pennsylvaniaI-80. Transportation Research Record 1809, Transportation ResearchBoard, Washington, D. C. , 85 - 92. 2002.

[96] Hansen, W. , Smiley, D. L. , Peng, Y. , and Jensen, E. A. Validating top-down premature transverse slab cracking in jointed plain concrete pavement. Transp. Res. Rec. , 1809, Transportation Research Board, Washington, D. C. , 52 - 59. 2002.

[97] Rao, S. , and Roesler, J. R. Analysis and estimation of effective built-in temperature difference for North Tangent slabs. Draft Rep. , Univ. of California-Berkeley Pavement Research Center, Univ. of Illinois, Urbana, Ill. 2003.

[98] Jeong, J. H. , Wang, L. , and Zollinger, D. G. . A temperature and moisture module for hydrating portland cement concrete pavements. Proc. , 7th Int. Conf. on Concrete Pavements, Orlando, Fla. 2001.

[99] Jeong, J. H. , and Zollinger, D. G. . Insights on early-age curling and warping behavior from a fully instrumented test slab system. Proc. , Paper Presentation at 2004 Annual Transportation Research Board Meeting, National Research Council, Washington, D. C. 2004.

[100] Yu, H. T. , Khazanovich, L. , Darter, M. I. , and Ardani, A. . Analysis of concrete pavement responses to temperature and wheel loads measured from instrumented slabs. Transp. Res. Rec. , 1639, Transportation Research Board, Washington, D. C. , 94 - 101. 1998.

[101] S. N. Shoukry. et. al. Validation of 3DFE Analysis of Rigid Pavement Dynamic Response to Moving Traffic and Nonlinear Temperature Gradient Effects. International Journal of Geomechanics, Vol. 7, No. 1, February 1, 2007. ASCE, 2005.

[102] Hveem, F. N. A Report of an Investigation to Determine Causes for Displacement and Faulting at the Joints in Portland Cement Concrete Pavements on California Highways, Research Report, Materials and Research Department, Division of Highways, State of California, Sacramento, CA, 1949.

[103] Salsilli, R. A. , Barenberg, E. J. , and Darter, M. I. Calibrated Mechanistic Design Procedure to Prevent Transverse Cracking of Jointed Plain Concrete Pavements. Proceedings, 5th International Conference on Concrete Pavements, West LaFayette, IN, 1993.

[104] Barenberg, E. J. and Thompson, M. R. Calibrated Mechanistic Design Procedure for Pavements, Phase 2 NCHRP 1-26. National Cooperative Highway Research Program/Transportation Research Board, National Research Council, Washington, D. C. , 1992.

[105] Yu, H. T. , Khazanovich, L. , and Darter, M. I. Consideration of JPCP Curling and Warping in the2002 Design Guide. Paper presented at 2004 TRB Annual Meeting, TRB, National Research Council, Washington, D. C. , 2004.

[106] Khazanovich, L. , Selezneva, O. I. , Yu, H. T. , and Darter, M. I. . Development of rapid solutions for prediction of critical continuouslyreinforced concrete pavement stresses. . TransportationResearch Record P. 1778, Transportation Research Board, Washington, D. C. , 64 - 72. 2001.

[107] Khazanovich, L., and Roesler, J. R.. DIPLOBACK: Neuralnetwork-based backcalculation program for composite pavements. Transportation Research Record P. 1570, Transportation ResearchBoard, Washington, D. C., 143 - 150. 1997.

[108] W. Hansen et. al. Effects of paving conditions on built-in curling and pavement performance. International Journal of Pavement Engineering. Vol 7 No. 4. 291-296, 2006.

[109] Steven A. Wells, Brian M Phillips and Julie M. Vandenbossche. Quantifying built-in construction gradients and early-age slab deformation caused by environmental loads in a jointed plain concrete pavement. Vol 7 No. 4. 275-289, 2006.

[110] Seungwook Lim, Jin-Hoon Jeong and Dan G. zollinger. Moisture profiles and shrinkage in early-age concrete pavements. International Journal of Pavement Engineering. Vol 10 No. 1. 29-38, 2009.

[111] Kaenvit Vongchusir, Neeraj Buch. Analysis of rigid pavements under traffic loads using influence surfaces. International Journal of Pavement Engineering. Vol 7 No. 4. 297-310, 2006

[112] Anton K. schinder, Treey Dossey, B. Frank McCullough. Temperature control during consturction to improve the long term performance of portland cement concrete pavements[R]. Center for transportation reserch, University of texas 2002.

[113] Shreenath Rao and Jeffery Roesler. Characterization of effective built-in curling and concrete pavement cracking on the palmdale test sections, Draft. Rep. University of Illinois at Urbana-Champaign, 2005.

[114] 唐晶宗,王静等. 浅谈混凝土的技术性质及其质量控制[J]. 施工技术,2003,(10).

[115] 西德尼·明德斯,J·弗朗西斯,戴维·达尔文. 混凝土(第二版)[M]. 北京:化学工业出版社,2005.

[116] 杨华舒,邓学会. 用配合比分析方法控制混凝土工程的质量[J]. 云南工学院学报,1994,1(10).

[117] 混凝土结构工程施工技术与质量验收标准规范[M]. 中国知识出版社,2006.

[118] TRNaik. 冬季条件下养护混凝土的成熟度研究[J]. 低温技术,1995,1(57).

[119] 黄玉华,刘松. 混凝土成熟度的原理与应用[J]. 国外建材科技,2004,6(25).

[120] J. Mauricio Ruiz, etc. Computer-Based Guidelines for Concrete Pavements Volume I—Project Summar. Report No FHWA-HRT-04-121. February 2005.

[121] J. Mauricio Ruiz, etc. Computer-Based Guidelines for Concrete Pavements Volume II Design an Construction Guidelines and HIPERPAV II User's Manual. Report No FHWA-HRT-04-122. February 2005.

[122] J. Mauricio Ruiz, etc. Computer-Based Guidelines for Concrete Pavements, Volume III: Technical Appendices. Report No FHWA-HRT-04-127. January 2006.

[123] Anton K Schindler, Terry Dossey, B. Frank McCullough. Temperature control during construction to improve the long term performance of portland cement concrete pavements. Reseash Report No 0-1700-2. May 2002

[124] 公路工程混凝土外加剂(JT. T523-2004). 中华人民共和国交通部. 北京:人民交通出版社,2004

[125] 交通部公路科学研究院编. 公路工程水泥混凝土外加剂与掺和料应用技术指南[M]. 北京:人民交通出版社,2006

[126] 林国仁,罗素蓉. 福建省公路管理局,福州大学,外加剂在水泥混凝土路面工程中的应用研究技术报告[R]. 福州:福州大学,2007.

[127] 林国仁,卓卫东. 福建省公路管理局,福州大学,聚丙烯腈纤维混凝土路面技术应用研究技术报告[R]. 福州:福州大学,2007.

[128] ACI Committee 544. State-of-the-Art Report on Fiber Reinforced Concrete. In: Fiber Reinforced Concrete (ACI-Sp-44). 1974

[129] 许荣熹. 新型纤维增强水泥复合材料[M]. 北京:中国建材工业出版社,2004

[130] Romualdi J P, Batson G B. Mechanics of crack arrest in concrete[J].. ASCE J of Engineering Mechanics Division, 1963, 89(EM3): 147 ~ 168

[131] Romualdi J P, Mandel J A. Tensile Strength of Concrete Affected by Uniformly Distributed and Closely Spaced Short Lengths of Wire Reinforcement[J]. . ACI Journal, 1964, 6(2):567 ~ 670

[132] 钢纤维混凝土结构设计与施工规程(CECS38:92). 北京:中国建筑工业出版社,1992

[133] 赵国藩. 钢纤维混凝土结构. 北京:中国建筑工业出版社,1999

[134] 易成. 局部高密度钢纤维混凝土疲劳、断裂性能及结构应用研究[D]. 哈尔滨:哈尔滨建筑大学,2000

[135] 倪铁权. 层布式钢纤维混凝土路面结构设计研究[D]. 武汉:武汉理工大学,2005

[136] 吴婕. 采用 CT 技术研究聚丙烯纤维在混凝土中的防裂增韧机制[J]. 甘肃农业,2005,12:248 ~ 249

[137] 陈拴发. 聚丙烯纤维混凝土弯曲疲劳性能[J]. 西安公路交通大学学报,2001,21(2):18 ~ 20

[138] 孟彬,赵晶,李学英. 改性聚丙烯纤维混凝土耐久性的研究[J]. 低温建筑技术,2004,3:4 ~ 6

[139] 纤维混凝土结构技术规程(CECA38:2004). 北京:中国计划出版社,2004

[140] Feret, R. Etude Experimentale du ciment Arme. Gauthier-Villiers[M], Paris, 1990

[141] 石小平,姚祖康等. 水泥混凝土的弯曲疲劳特性[J]. 土木工程学报,1990,23(3):11 ~ 22

[142] 孙伟,高建明. 路用钢纤维混凝土抗折疲劳特性研究[J]. 东南大学学报,1993,21(2):80 ~ 87

[143] Wang J. Low cycle fatigue and cycle dependent creep with continuum mechanics[J]. Int. J Damage Mech., 1992, 1(2):237 ~ 244.

[144] 公路水泥混凝土路面养护技术规范(JTJ073.1)[M]. 北京:人民交通出版社,2002

[145] 福建省公路管理局,福州大学. 福建省公路水泥混凝土路面设计规范. 福建省技术监督局,2009.

[146] 福建省公路管理局,福州大学. 冲击压实改建旧水泥混凝土路面施工技术规范. 福建省技术监督局,2009.

[147] 胡昌斌著,冲击压路机改建旧水泥混凝土路面技术[M]. 北京:人民交通出版社,2007.7

[148] 交通部公路科学研究院. 公路冲击碾压技术指南[M]. 北京:人民交通出版社,2006.